Zu diesem Buch

Dieses Skriptum behandelt das Betriebsverhalten aller derzeit wichtigen Arten elektrischer Maschinen einschließlich der Transformatoren. Als einführendes Lehrbuch beschränkt sich die Darstellung im wesentlichen auf die Wirkung des Maschinen-Grundfeldes. Die Antriebe werden durchweg elektromagnetisch und mechanisch im eingeschwungenen Zustand angenommen.

Zum Verständnis des Skriptums sind Grundkenntnisse von Mathematik und Grundlagen der Elektrotechnik notwendig. Auf dem Gebiet der elektrischen Maschinen und Antriebe werden keine Vorkenntnisse unterstellt. Das Skriptum wendet sich an Studenten von Technischen Universitäten oder Fachhochschulen und ist auch zum Selbststudium geeignet.

Grundlagen elektrischer Maschinen und Antriebe

Von Dr.-Ing. Hans Otto Seinsch

o. Professor an der
Universität Hannover

2., neubearbeitete
und erweiterte Auflage
Mit 107 Bildern

B. G. Teubner Stuttgart 1988

Professor Dr.-Ing. Hans Otto Seinsch

1934 in Remscheid geboren. 1955 bis 1960 Studium der Elektrotechnik an der Technischen Hochschule Aachen. 1960 bis 1964 Wissenschaftlicher Assistent am Institut für Starkstromtechnik der Technischen Hochschule Aachen. 1962 Promotion zum Dr.-Ing. 1964 bis 1976 bei der Schorch GmbH in Mönchengladbach als Entwicklungsingenieur für Induktionsmaschinen (1964 bis 1966), Leiter der Technischen Entwicklung für drehende elektrische Maschinen (1966 bis 1970), Werkleiter des Motorenwerkes (1970 bis 1971), Geschäftsführer (1971 bis 1976). Seit 1975 o. Professor für Elektrische Maschinen an der Universität Hannover und Direktor des Institutes für Elektrische Maschinen und Antriebe.

CIP-Titelaufnahme der Deutschen Bibliothek

Seinsch, Hans Otto:
Grundlagen elektrischer Maschinen und Antriebe/von Hans Otto Seinsch. - 2., neubearb. u. erw. Aufl. - Stuttgart : Teubner, 1988
(Teubner-Studienskripten ; 90 : Elektrotechnik)
ISBN 3-519-10090-8
NE: GT

Printed in Germany
Gesamtherstellung: Druckhaus Beltz, Hemsbach/Bergstraße
Umschlaggestelung: M. Koch, Reutlingen

Vorwort zur 2. Auflage

Für die 2. Auflage wurde das Skriptum vollständig überarbeitet. Dabei wurde das Verhalten der Maschinen im Antrieb stärker in den Vordergrund gerückt. Die Erweiterungen betreffen vor allem die Abschnitte über das Anfahren, das Drehzahlstellen und das elektrische Bremsen der verschiedenen Maschinenkategorien. Dadurch werden die Schnittstellen zu den Schaltungen der Leistungselektronik und zu den mechanischen Arbeitsmaschinen besser beleuchtet. Bei anderen Kapiteln (z.B. 4.1, 4.2, 4.3, 4.5, 5.3) sollen durch die Neufassung die physikalischen Grundlagen und die für alle Maschinenarten gültigen Gesetzmäßigkeiten noch prägnanter aufgezeigt werden. Auf der anderen Seite werden verschiedene in der Zwischenzeit technisch überholte Einrichtungen, wie z.B. der Einphasenreihenschlußmotor als Bahnantrieb, nicht mehr behandelt.

Die Zielsetzungen des Skriptums sind unverändert geblieben: Einerseits sollen die Grundlagen der Elektrotechnik an konkreten Schaltungen und Geräten vertieft, andererseits soll die Basis gelegt werden für ein vertiefendes Fachstudium der elektrischen Maschinen und Antriebe. Ich habe mich darum bemüht, die Vorgänge für den Fachmann in genügender Strenge abzuhandeln und den Anfänger dennoch nicht durch eine Fülle von Vorbehalten zu verschrecken. Das Skriptum ist so aufgebaut, daß die Abschnitte über die verschiedenen Maschinengattungen hinweg aufeinander aufbauen. Auf den Ballast ständiger Verweise wurde absichtlich verzichtet.

Ich danke allen Fachkollegen, die mich durch Kritik und Vorschläge zu Verbesserungen gegenüber der 1. Auflage angeregt haben. Mein Dank gilt auch meiner Sekretärin, Frau Waltraud Haake, für Ihren Einsatz bei der Anfertigung dieses Skriptums und Herrn Dipl.-Ing. Ekkehard Pittius, der sich mit Sachverstand der Mühsal des Korrekturlesens unterzog. Besonderen Dank schulde ich Herrn cand. ing. Holger Weth, der mit Interesse, Fleiß und Sorgfalt die Reinschrift des Manuskriptes und die Anfertigung der Bilder besorgte.

Hannover, im Sommer 1988 Hans Otto Seinsch

Inhalt

1 Einteilung und Bedeutung der Maschinenarten 11

2 Gleichstrommaschinen 14

2.1 Grundlegendes zu Aufbau und Wirkungsweise 14
2.2 Induzierte Spannung und Drehmoment 23
2.3 Kennzeichen von Nebenschluß- und Reihenschlußverhalten . 26
2.3.1 Nebenschlußverhalten 27
2.3.2 Reihenschlußverhalten 30
2.4 Ausführung von Kommutatorwicklungen 33
2.5 Grundlegendes zur Stromwendung 40
2.6 Begriffserklärung und technische Bedeutung der Ankerrückwirkung 43
2.6.1 Berechnung des resultierenden Luftspaltfeldes 43
2.6.2 Segmentspannung, Bedeutung der Kompensationswicklung 47
2.7 Betriebsschaltungen von Gleichstrommaschinen 48
2.7.1 Stellen der Ankerspannung bei Nebenschlußmotoren am Wechsel- bzw. Drehstromnetz 48
2.7.2 Gleichstromsteller zur Speisung von Reihenschlußmotoren 50
2.7.3 Selbsterregter Gleichstrom-Nebenschlußgenerator 53
2.7.4 Schaltungen zum Vierquadrantenbetrieb 55
2.8 Anlassen eines Nebenschlußmotors 56
2.9 Bremsen bei Gleichstrommaschinen 59
2.10 Stabilität und Ankerrückwirkung 62

3 Transformatoren 65

3.1 Spannungsgleichungen und Ersatzschaltbild eines “Knäuel-Transformators” 65
3.2 Kernbauformen und Wicklungsarten technischer Transformatoren 68

3.3 Berechnung der Reaktanzen von Transformatoren 74
3.3.1 Hauptreaktanz 74
3.3.2 Streureaktanz 75
3.4 Ersatzschaltbild des technischen Transformators 78
3.5 Parallelbetrieb von Transformatoren 82
3.6 Schaltgruppen von Drehstrom-Transformatoren 84
3.7 Kurvenform von Spannungen und Strömen im Leerlauf 86
3.8 Abhängigkeit des Wirkungsgrades von der Belastung 89
3.9 Spartransformatoren 90
3.10 Unsymmetrische und einphasige Belastungen von Drehstrom-Transformatoren 92
3.11 Leerlauf- und Kurzschlußversuch 96
3.12 Wichtige Ausgleichsvorgänge bei Transformatoren 98
3.12.1 Zuschalten eines leerlaufenden Einphasen-Transformators ans Netz 98
3.12.2 Kurzschluß eines Transformators 101

4 Allgemeine Gesetzmäßigkeiten von Drehfeldmaschinen 103

4.1 Erregung eines Wechselfeldes 103
4.2 Resultierender Wicklungsfaktor 107
4.3 Reaktanzen einer Wechselstromwicklung 111
4.4 Das Luftspaltfeld einer symmetrischen Mehrphasenmaschine 113
4.5 Spannungsgleichungen der allgemeinen Drehfeldmaschine 120
4.6 Gesetz über die Aufspaltung der Luftspaltleistung 126

5 Induktionsmaschinen 129

5.1 Grundlegendes zur Ausführung der Drehstromwicklungen 131
5.2 Stromdiagramm der Induktionsmaschine 134
5.3 Drehzahl-Drehmoment-Kennlinien 141
5.4 Käfigläufer, Prinzip des Stromverdrängungsläufers 143
5.5 Anlauf von Antrieben mit Induktionsmotoren 151
5.6 Anlaßschaltungen von Käfigläufern 155
5.7 Drehzahlstellen bei Induktionsmotoren 157
5.8 Bremsen bei Induktionsmotoren 167
5.9 Grundsätzliches zu Wechselstrom-Induktionsmotoren 173

6 Synchronmaschinen 176

6.1 Entstehung des Läufer-Drehfeldes 180
6.2 Synchronisation, Phasenschieber-Betrieb 184
6.3 Grundfeldtheorie der Vollpolmaschine 186
6.4 Drehmoment-Verhalten der Schenkelpolmaschine 196
6.5 Synchronmaschine als motorischer Antrieb 201
6.6 Aufgaben der Dämpferwicklung 207

7 Kommutatormotoren für Wechselstrom und Drehstrom .. 211

7.1 Läufergespeister Drehstrom-Nebenschlußmotor 212

1. Einteilung und Bedeutung der Maschinenarten

Unter elektrischen Maschinen versteht man Geräte, die durch elektromagnetische Vorgänge der Energiewandlung dienen. Man unterscheidet zwischen drei Arten von Energiewandlern:

- In *Transformatoren* und *Umformern* wird elektrische Energie in elektrische Energie einer anderen Darbietungsform gewandelt.
- In *Motoren* wird elektrische Energie in mechanische Energie umgesetzt.
- In *Generatoren* wird mechanische Energie in elektrische Energie umgeformt.

Bei den Transformatoren handelt es sich um ruhende Bauteile, bei den übrigen Energiewandlern um drehende Maschinen. Transformatoren besorgen die Umspannung der elektrischen Energie in Drehstrom- und Wechselstromnetzen auf die verschiedenen Spannungsebenen zwischen den Kraftwerken und Verbrauchern. In Umformern wird Gleichstrom in Wechselstrom oder Wechselstrom einer bestimmten Frequenz in Wechselstrom einer anderen Frequenz umgewandelt. Bei Umformern kann es sich um Einzelmaschinen oder Kaskadenschaltungen mehrerer elektrischer Maschinen handeln. Ein Beispiel für den Einsatz von Umformern ist die Umwandlung von Drehstrom der Frequenz 50 Hz in Wechselstrom der Frequenz 16 2/3 Hz für die Bahnstromversorgung. Insgesamt ist die wirtschaftliche Bedeutung von Umformern verglichen mit den übrigen Einsatzarten elektrischer Maschinen bescheiden.

Die Begriffe Motor und Generator kennzeichnen nicht die physikalische Wirkungsweise oder das Konstruktionsprinzip einer elektrischen Maschine. Bei dem Motor- oder Generatorbetrieb handelt es sich vielmehr um unterschiedliche Betriebszustände derselben Maschine. Die Unterteilung der verschiedenen Arten von Energiewandlungen zeigt, daß elektrische Maschinen in allen Gliedern der Kette von Erzeugung, Verteilung und Anwendung elektrischer Energie benötigt werden. Die wirtschaftliche Bedeutung elektrischer Maschinen ist deshalb direkt an den Verbrauch elektrischer Energie gekoppelt. Im Jahr 1987 wurden in der Bundesrepublik und Westberlin elektrische Maschinen im Wert von rd. 8,1 Mrd. DM produziert. Davon entfallen ca. 6,2 Mrd. DM auf rotierende Maschinen, also Motoren und Generatoren bzw. Umformer, etwa 1,9 Mrd. DM auf Transformatoren. Der Elektromaschinenbau stellt also einen bedeutenden Industriezweig dar.

Aus Tafel 1 geht die Aufteilung des genannten Produktionsvolumens auf Leistungsbereiche und Maschinenarten hervor.

Tafel 1 Aufteilung des Produktionsvolumens elektrischer Maschinen nach Erzeugnisgruppen (Quelle: abgeleitet aus ZVEI-Statistik)

Gesamtproduktion 1987 in der Bundesrepublik 8,1 Mrd. DM

Elektrische Maschinen	100 %
rotierende elektrische Maschinen	77 %
Transformatoren	23 %

Rotierende elektrische Maschinen	100 %
Maschinen mit $P_N < 0{,}375$ kW	33 %
Maschinen mit $P_N > 0{,}375$ kW	53 %
Sonstiges (Zubehör, Sondermaschinen usw.)	14 %

Rotierende elektrische Maschinen mit $P_N > 0{,}375$ kW	100 %
Drehstrom-Induktionsmotoren	57 %
Wechselstrommotoren	4 %
Synchronmaschinen	12 %
Gleichstrommaschinen	17 %
Stromerzeugungsaggregate	6 %
Gleichstrom- und Wechselstrom-Bahnmotoren	2 %
Drehstrom-Kommutatormotoren	2 %

Rund ein Drittel des Produktionswertes fällt in den Bereich unterhalb der statistischen Leistungsgrenze von 375 W. Diese sogenannten Kleinmaschinen werden als Antriebsmotoren in Haushaltsgeräten, Büromaschinen, Automobilen, Phonogeräten, Uhren usw. verwendet. Die für Industrieantriebe eingesetzten elektrischen Maschinen, auf welche die Darstellungen dieses Skriptums im wesentlichen zugeschnitten sind, liegen praktisch ausschließlich im Leistungsbereich oberhalb 375 W.

Eine überragende Bedeutung besitzen bei den Industrieantrieben die Drehstrom-Induktionsmaschinen, häufig auch Drehstrom-Asynchronmaschinen genannt, mit 57 % des Produktionswertes. Gut ein Sechstel des Volumens entfällt auf Gleichstrommaschinen, die überwiegend bei drehzahlveränderlichen Antrieben eingesetzt werden, und deren Anteil in den letzten 10 Jahren etwa um die Hälfte gewachsen ist. Im Gegensatz dazu war der Anteil der Synchronmaschinen, welche überwiegend als Generatoren in der Energieerzeugung Verwendung finden, rückläufig. Dies hängt mit dem geringen Zuwachs des Verbrauches an elektrischer Energie und dadurch bedingt dem verzögerten Ausbau der Kraftwerkskapazitäten zusammen. Das Produktionsvolumen an Synchronmaschinen teilt sich auf die sogenannten Vollpol- oder Turbomaschinen – alle Generatoren in thermischen Kraftwerken sind Turbogeneratoren – bzw. auf die Einzelpol- oder Schenkelpolmaschinen auf. Als Synchronmotoren gelangen sowohl Vollpol- als auch Einzelpolläufer zur Anwendung.

Die Drehstrom-Kommutatormotoren, die vom Aufbau her die kompliziertesten und auch in der theoretischen Durchdringung die schwierigsten elektrischen Maschinen darstellen, haben sich in bestimmten Stell- und Regelantrieben behauptet.

Im Vergleich zu den ortsfesten Antrieben ist die wirtschaftliche Bedeutung der Traktions-Motoren gering. Bahnmotoren werden in Deutschland als Gleichstrom-Reihenschlußmotoren für Straßen- und U-Bahnen, als umrichtergespeiste Induktionsmotoren für U- und Vollbahnen sowie als Einphasen-Reihenschlußmotoren für 16 2/3 Hz Netzfrequenz für den Ersatzbedarf der Deutschen Bundesbahn gebaut.

In Tafel 1 sind die sogenannten Stromerzeugungsaggregate der statistischen Vollständigkeit halber aufgeführt. Es handelt sich hierbei durchweg um Maschinensätze bestehend aus einem Dieselmotor und einem Synchrongenerator, welche überwiegend als Notstromaggregate oder zur Baustellenversorgung eingesetzt werden.

2. Gleichstrommaschinen

Am Beispiel der Gleichstrommaschine (abgekürzt: GM) werden die grundlegenden Begriffe, welche für alle Arten elektrischer Maschinen Bedeutung haben, erläutert.

Mit der Entdeckung des sogenannten elektrodynamischen Prinzips, auf welchem die Wirkungsweise des selbsterregten Gleichstromnebenschlußgenerators beruht, durch Werner v. Siemens im Jahre 1866 nahm der Elektromaschinenbau und mit ihm die gesamte Elektrotechnik einen stürmischen Aufschwung. Für motorische Antriebe stellen Gleichstrommaschinen nach den Asynchronmotoren die mit Abstand häufigste Ausführungsform von drehenden elektrischen Maschinen dar. Ihre heutige Bedeutung resultiert einerseits aus der Entwicklung der Leistungselektronik, welche den Betrieb von Gleichstrommotoren am Drehstromnetz gestattet, und andererseits aus der Eigenschaft, auf einfache Weise die Drehzahl praktisch verlustlos stellen zu können. Wegen der fortschreitenden Automatisierung industrieller Prozesse weisen Gleichstromantriebe im Vergleich zu den übrigen elektrischen Maschinen die höchsten Zuwachsraten auf. Das Anwendungsgebiet der drehzahlveränderlichen Gleichstromantriebe liegt insbesondere in der Papier-, Kunststoff- und Textilindustrie bei kleinen und mittleren Leistungen, in Walzwerken und Prüffeldern bei großen Einheiten. Gleichstrommaschinen werden bis zu Grenzleistungen von etwa 10.000 kW gefertigt.

2.1 Grundlegendes zu Aufbau und Wirkungsweise

Bild 1 zeigt das schematisierte Querschnittsbild einer zweipoligen Gleichstrommaschine. Die Darstellung ist zur Einführung und Begriffserklärung geeignet, sie stellt keine praktische Ausführung einer modernen Maschine dar.

Bei elektrischen Maschinen unterscheidet man zwischen dem *Aktivteil*, in welchem sich die für die Energiewandlung wichtigen elektrischen und magnetischen Vorgänge abspielen, und dem *Inaktivteil*. Man bezeichnet den ruhenden Teil der Maschine als *Ständer*, den drehenden Teil als *Läufer*. Die für den Betrieb unerläßlichen inaktiven Teile umfassen beispielsweise im Läufer die Welle zur Übertragung der Drehmomente zwischen elektrischer Maschine und hiermit gekuppelter Arbeitsmaschine, im Ständer das Gehäuse, die Lagerschilde oder Lagerböcke und die Lager selbst.

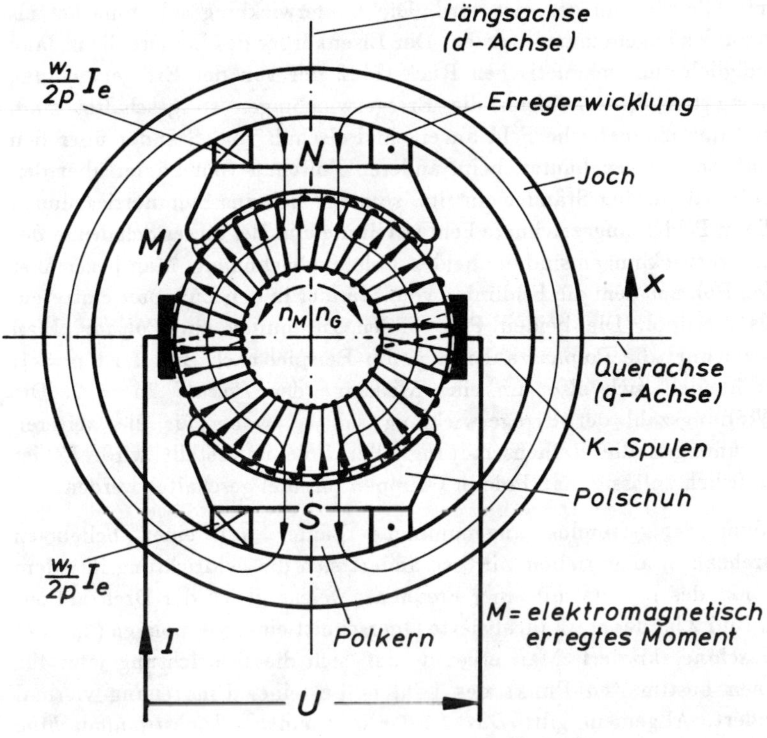

Bild 1 Schematisierter Querschnitt einer zweipoligen Gleichstrommaschine mit einer zweigängigen Ringwicklung

In Bild 1 ist nur der Aktivteil dargestellt. Der Ständer besteht aus dem kreisringförmigen *Joch* und den *Polen*, welche sich in den *Polkern* und den *Polschuh* gliedern. Der Eisenkörper des Ständers einer Gleichstrommaschine kann grundsätzlich aus massivem Eisen gefertigt sein; die Pole sind dann meist mit dem Joch verschraubt. Bei modernen stromrichtergespeisten Gleichstrommaschinen wird der Ständer-Aktivteil meist aus Blechen paketiert und kann im Komplettschnitt gestanzt werden.

Die Polkerne werden von der *Erregerwicklung* umschlossen, welche mit Gleichstrom gespeist wird. Die Läuferwicklung soll zunächst als stromlos angenommen werden. Der Eisenkörper des Läufers dient dann lediglich zum magnetischen Rückschluß der von der Erregerwicklung bewirkten Felder. Wenn die Erregerwicklungen so geschaltet sind, daß das magnetische Feld an einem Polschuh vom Ständer über den *Luftspalt* in den Läufer, beim anderen Polschuh vom Läufer über den Luftspalt in den Ständer eintritt, so stellt sich aus Symmetriegründen die in Bild 1 eingezeichnete Feldverteilung ein. Bei dieser Schaltung der Erregerwicklungen sind die beiden Pole ungleichnamig. Man bezeichnet den Pol, aus dem die Feldlinien vom Ständer in den Luftspalt eintreten, als Nordpol. Die beiden Pole bilden zusammen ein *Polpaar*. Man bezeichnet die Polpaarzahl mit p. Im Beispiel nach Bild 1 ist $p = 1$, es handelt sich also um eine Maschine der *Polzahl* $2p = 2$. Die Windungszahl der Erregerwicklung sei w_1, wobei für die weiteren Rechnungen die Reihenschaltung aller Pole unterstellt wird. Es ist natürlich zulässig, daß Pole in Gruppen parallel geschaltet werden.

Wenn der stromlos angenommene Läufer mit einer beliebigen Drehzahl n angetrieben wird, so ändert sich die Feldrichtung in jedem Punkt des Läufers mit einer Frequenz, welche gleich der Drehzahl ist. In Bild 2 ist der stark idealisierte Querschnitt einer vierpoligen ($2p = 4$) Maschine skizziert. Man erkennt, daß sich die Feldrichtung jetzt für einen bestimmten Punkt des Läufers bei einer Umdrehung viermal ändert. Allgemein gilt: *Das Läufereisen einer Gleichstrommaschine wird mit der Frequenz*

$$f = p \cdot n \tag{1}$$

ummagnetisiert.

In diesem Skriptum sind sämtliche Gleichungen als *Größengleichungen* geschrieben, d.h. die Buchstaben bedeuten physikalische Größen, wobei eine Größe gleich dem Produkt aus Zahlenwert und Einheit ist.

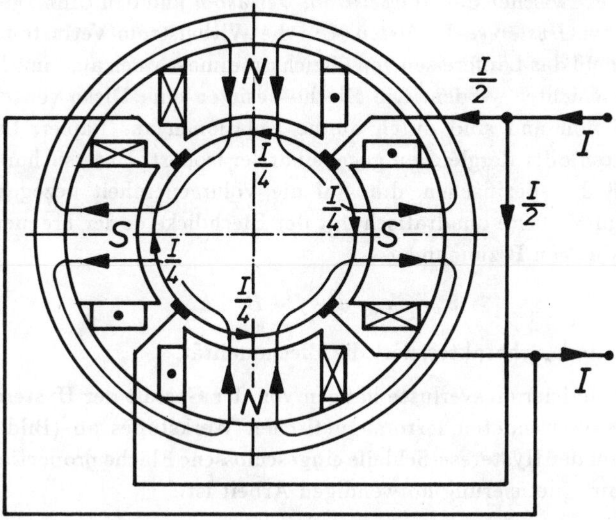

Bild 2 Idealisierter Querschnitt einer vierpoligen Gleichstrommaschine

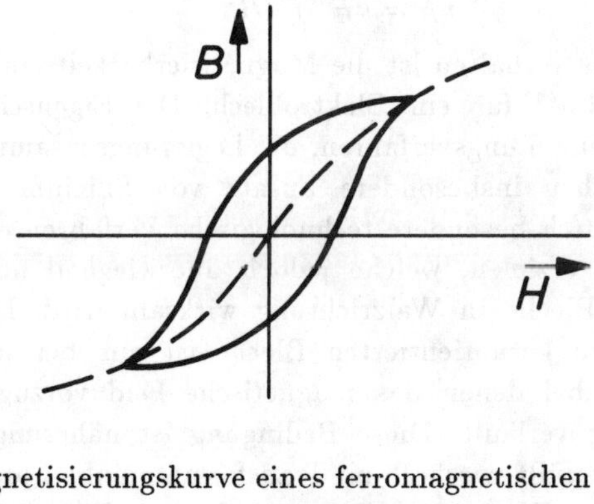

Bild 3 Magnetisierungskurve eines ferromagnetischen Werkstoffes

Durch die Ummagnetisierung entstehen im Läufereisen Verluste, welche durch den Antrieb, d.h. mechanisch, gedeckt werden müssen. Man unterscheidet zwischen den *Wirbelstrom-Verlusten* und den Ummagnetisierungs- bzw. *Hysterese-Verlusten*. Um die Wirbelstrom-Verluste klein zu halten, muß das Läufereisen von Gleichstrommaschinen aus einzelnen Blechen geschichtet werden. Die Bleche besitzen eine Dicke von etwa 0,5 bis 0,7 mm und sind durch dünne Isolationen aus Papier, Lack, Oxidschichten oder dergleichen gegeneinander isoliert. Untersuchungen zeigen, daß die spezifischen, d.h. auf die Volumeneinheit bezogenen, Wirbelstrom-Verluste quadratisch mit der Blechdicke d, der Frequenz f und der Induktion B zunehmen.

$$v_w = k_w \cdot d^2 \cdot f^2 \cdot B^2 \tag{2}$$

Die Konstante k_w charakterisiert die Blechqualität.

Die Ummagnetisierungsverluste hängen von der Gestalt der Hysterese-Schleife des verwendeten ferromagnetischen Werkstoffes ab (Bild 3), wobei die von der Hysterese-Schleife eingeschlossene Fläche proportional der pro Ummagnetisierung notwendigen Arbeit ist.

Im Bereich der bei elektrischen Maschinen vorkommenden Induktionen sind die spezifischen Hysterese-Verluste näherungsweise proportional dem Quadrat der Induktion und hängen linear von der Ummagnetisierungsfrequenz ab.

$$v_H = k_H \cdot f \cdot B^2 \tag{3}$$

Neben dem Verlustverhalten ist die Magnetisierbarkeit ein kennzeichnendes Gütemerkmal für ein Elektroblech. Die Eigenschaften sind u.a. durch das Herstellungsverfahren, die Legierungszusammensetzung (bei Dynamoblechen insbesondere Zusatz von Silicium) bestimmt. Man kann z.B. durch besondere technologische Verfahren eine weitere Verlustabsenkung erzielen, welche jedoch überwiegend nur bei Magnetisierung der Bleche in Walzrichtung wirksam wird. Der Einsatz dieser sogenannten kornorientierten Bleche ist nur bei solchen Apparaten sinnvoll, bei denen das magnetische Feld vorzugsweise nur in einer Richtung verläuft. Diese Bedingung ist näherungsweise bei Transformatoren erfüllt, weshalb im Transformatorenbau praktisch nur noch kornorientierte Bleche zum Einsatz gelangen. Für alle drehenden elektrischen Maschinen werden praktisch ausschließlich Bleche ohne ausgeprägte magnetische Vorzugsrichtung eingesetzt.

Eine wichtige Größe zur Kennzeichnung der Qualität eines Dynamobleches ist der sog. Magnetisierungsverlust P 1,5 bzw. P 1,0, welcher die bei Wechselstrommagnetisierung mit 50 Hz auftretende spezifische Verlustleistung für den Scheitelwert der sinusförmigen Induktion von 1,5 bzw. 1,0 T bezeichnet. Der Ummagnetisierungsverlust kann im Epstein-Apparat gemessen werden. Im Elektromaschinenbau werden Bleche mit Verlustziffern im Bereich etwa P 1,0 = 1,5 bis 6 W/kg eingesetzt. Neben dem Ummagnetisierungsverlust und der Magnetisierbarkeit müssen die Eigenschaften beim Stanzen in die Beurteilung von Blechen einbezogen werden.

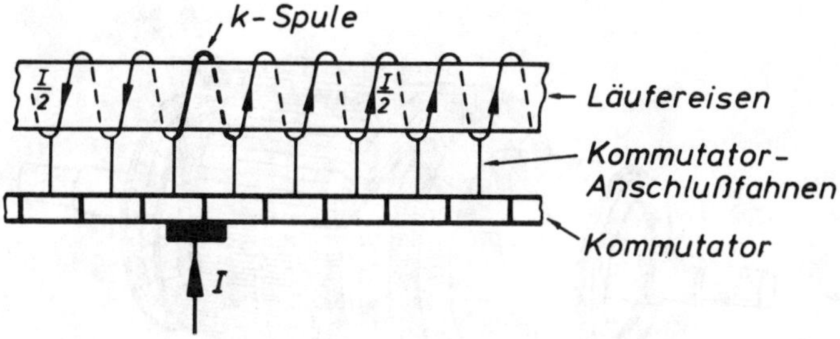

Bild 4 Schematisierte Abwicklung einer eingängigen Ringwicklung mit Kommutator

Um die Wirkungsweise der Läuferwicklung nach Bild 1 zu erklären, wird zunächst angenommen, daß die Erregerwicklung stromlos und das oben erwähnte magnetische Feld darum Null ist. Das Läuferblechpaket wird von einer in sich geschlossenen Ringwicklung umschlungen. In Bild 1 besteht die Wicklung aus zwei galvanisch getrennten Ringwicklungen, von denen eine stark, die andere dünn ausgezogen ist. Man spricht von einer zweigängigen Wicklung und nennt allgemein die *Gangzahl* m. Ringwicklungen sind mit dem Namen des Erfinders Gramme verknüpft. Sie werden etwa seit 1900 praktisch nicht mehr gefertigt, sind jedoch hervorragend geeignet, die grundlegenden Gesetzmäßigkeiten und die physikalischen Eigenschaften einer Kommutatorwicklung aufzuzeigen, ohne daß hierbei für das Betriebsverhalten wichtige

Einflußgrößen verloren gehen. Die heute üblichen Ausführungsformen von Kommutatorwicklungen werden in Abschnitt 2.4 vorgestellt. In Bild 1 ist die äußere Oberfläche der Ringwicklung blank angenommen und dient so der Stromzufuhr über zwei Kohlebürsten. In der praktischen Ausführung werden die einzelnen Windungen der Ringwicklung jeweils mit den Segmenten eines *Kommutators* oder *Stromwenders* verbunden (Bild 4).

Kommutatoren werden meist aus schwalbenschwanzförmigen Kupferlamellen gefertigt, die in tangentialer Richtung durch Glimmerplättchen gegeneinander isoliert sind (Bild 5).

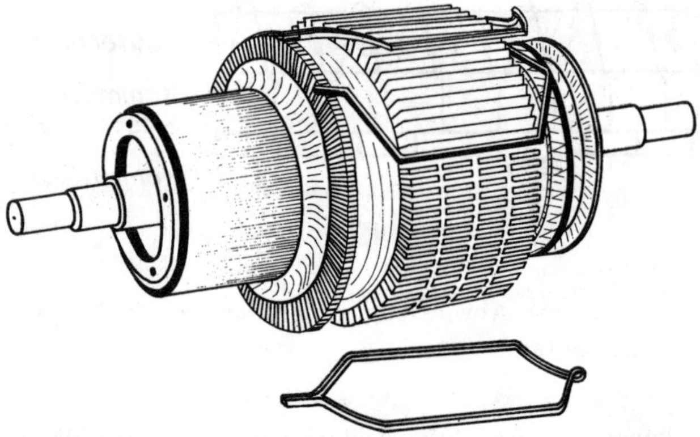

Bild 5 Skizze eines Kommutatorankers mit Schleifenwicklung

Die sogenannten Bürsten sitzen in Halterungen, die am feststehenden Teil der Maschine befestigt sind. Sie werden durch Federkraft auf den Kommutator gedrückt. Von den Kunstkohleherstellern wird eine breite Palette unterschiedlicher Qualitäten angeboten, die von reinen Elektrographitbürsten bis hin zu Bürsten mit sehr hohem Metallanteil (Kupfer) reicht. Auf die schwierigen Kontaktprobleme beim Übergang Bürste – Kommutator kann hier nicht eingegangen werden.

Man entnimmt Bild 1, daß die Ringwicklung in jedem Gang durch das Aufsetzen der beiden Bürsten in zwei parallele Zweige aufgeteilt wird. Bei der zweipoligen Maschine mit zweigängiger Ringwicklung entstehen demnach 2a=4 parallele Wicklungszweige. Da bei einer vierpoligen Maschine jeweils zwei Bürsten parallel geschaltet sind (vgl. Bild 2), wächst die Zahl der parallelen Wicklungszweige proportional mit der Polpaarzahl. *Eine m-gängige Ringwicklung besitzt demnach allgemein 2a=2pm parallele Wicklungszweige.*

Wenn man den dem Netz entnommenen Läuferstrom mit I bezeichnet, fließt in jedem Wicklungszweig der *innere Ankerstrom* I/2a. Durch Schaltungszwang wechselt der Strom an den Zuführungspunkten der Bürsten seine Richtung. Während beispielsweise in Bild 1 im Luftspalt unter dem Nordpol der Läuferstrom in die Zeichenebene fließt, tritt der Läuferstrom im Luftspalt unter dem Südpol aus der Zeichenebene aus. Die Stromaufteilung stellt sich unabhängig von der Drehzahl n ein, mit welcher der Läufer angetrieben wird. *Bei Drehung fließt also in den Ankerleitern ein Wechselstrom der Frequenz* $f = p \cdot n$. Ausschließlich unter der Wirkung der geometrischen Anordnung wird aus Gleichstrom Wechselstrom: *Ein Kommutatoranker wirkt als Frequenzwandler.*

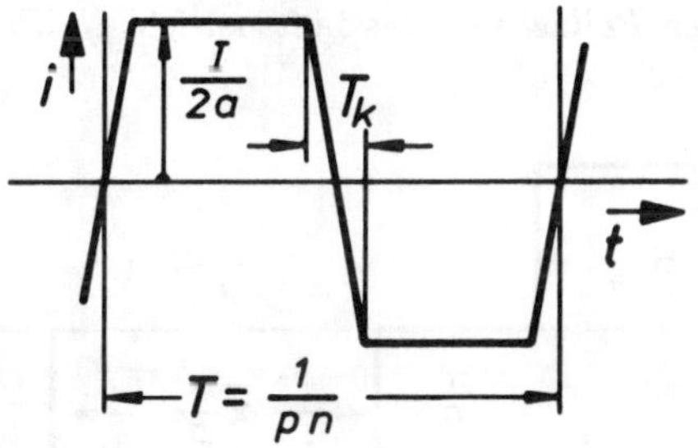

Bild 6 Zeitverlauf des inneren Ankerstromes

Der innere Ankerstrom wechselt seine Richtung während der Zeit T_k, während der sich die Ankerspule im Bürstenkurzschluß befindet. In Bild 1 sind die gerade von den Bürsten kurzgeschlossenen Spulen mit k-Spule beschriftet. Auf die Vorgänge in der k-Spule, die sogenannte

Kommutierung, wird in Abschnitt 2.5 detaillierter eingegangen. In Bild 6 ist ein geradliniger Zeitverlauf des inneren Ankerstromes während der Kurzschlußzeit T_k unterstellt.

Im Grenzfall unendlich kleiner Kurzschlußzeit ist der innere Ankerstrom ein rechteckförmiger Wechselstrom der Frequenz $f = p \cdot n$.

Die aus Bild 1 sichtbaren Symmetriebedingungen einer Gleichstrommaschine gestatten es, mit Hilfe des Durchflutungssatzes in einfacher Weise die *Feldkurve* des von der Erregerwicklung bei stromlosem Läufer erregten magnetischen Feldes im Luftspalt zu errechnen. Bei ideal angenommenem Eisen ($\mu_{Fe} = \infty$) ist der *Feldverlauf* im Luftspalt rein *radial*. Man bezeichnet den Innenhalbmesser des Ständers im Bereich der Polschuhe als *Bohrungsradius* R. Wenn der Luftspalt δ unter den Polschuhen konstant ist, so erhält man mit der Erregerwindungszahl w_1 und dem Erregergleichstrom I_e im Bereich der Polschuhe die konstante Luftspaltinduktion B aus

$$2 \frac{B}{\mu_0} \delta = 2 \frac{w_1}{2p} I_e. \tag{4}$$

In der sogenannten *Pollücke* ist das Luftspaltfeld *Null* (Bild 7).

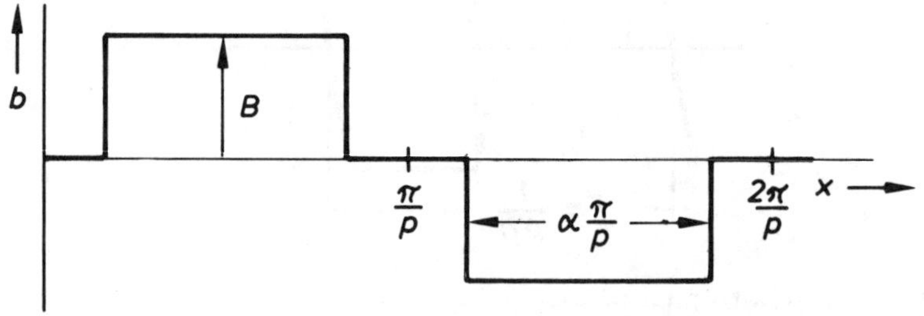

Bild 7 Idealisierte Feldkurve einer Gleichstrommaschine bei Leerlauf

Der Umfangswinkel x ist willkürlich mit der Bürstenachse x = 0 beginnend gezählt worden. Würden sich die Polschuhe bis in die

Bürstenachse fortsetzen, so wäre die magnetische Induktion B nach Gl. (4) über die gesamte *Polteilung*

$$\tau = \frac{\pi R}{p} \tag{5}$$

konstant. Tatsächlich ist der *Polbedeckungsgrad* α kleiner und liegt in der Größenordnung $\alpha = 0{,}7$. Die Erregerwicklung magnetisiert nur in der *Längsachse* (direct axis, d-Achse) der Maschine, in der *Querachse* (quadrature axis, q-Achse) erregt sie kein Feld. Bei einer Maschine mit p Polpaaren wiederholt sich die in Bild 7 dargestellte Feldverteilung p-mal über den Umfang.

2.2 Induzierte Spannung und Drehmoment

Bei der in Bild 1 schematisiert dargestellten Maschine seien der Läuferkreis offen (Ankerstrom I = 0), die Erregerwicklung vom Strom I_e durchflossen und der Läufer mit der Drehzahl n angetrieben. Durch die Drehung im magnetischen Feld der Erregerpole wird in den Leitern des Läufers eine Spannung induziert. Man nennt den Läufer einer Gleichstrommaschine auch *Anker* und versteht hierunter im Elektromaschinenbau allgemein denjenigen Maschinenteil, in welchem von dem für die Betriebsweise maßgebenden magnetischen Feld Spannungen induziert werden. Wenn der Aktivteil die Länge l besitzt, so wird in einem Ankerleiter die Spannung

$$U_{iL} = \int_l (\vec{v} \times \vec{B})\, d\vec{s} \tag{6}$$

induziert. Mit $v = 2\pi R n$ ist die Umfangsgeschwindigkeit des Ankerleiters bezeichnet. Die Buchstaben auf der rechten Seite von Gl. (6) kennzeichnen Vektoren. Nach Bild 1 stehen die Vektoren $\vec{v}$ und $\vec{B}$ senkrecht aufeinander und ihr äußeres Produkt weist in die Richtung des Vektors $\vec{s}$. Gl. (6) nimmt deshalb die Form an

$$U_{iL} = v\,B\,l = 2p\,\tau\,n\,B\,l\,. \tag{7}$$

Wenn die Zahl aller Ankerleiter am Umfang z beträgt, so gilt für die Zahl

- der Leiter je Ankerzweig z/2a,
- die Zahl der im Erregerfeld liegenden Leiter je Ankerzweig α (z/2a).

Die *im Anker induzierte Spannung* U_i lautet somit

$$U_i = \alpha \frac{z}{2a} U_{iL} = \frac{z}{a} p \alpha \tau l B n. \tag{8}$$

Mit dem *Fluß je Pol*

$$\phi = \alpha \tau l B \tag{9}$$

gilt abgekürzt

$$U_i = \frac{z}{a} p \phi n = k_1 \phi n \qquad k_1 = \frac{z}{a} p. \tag{10}$$

Jede Spule der Ringwicklung in Bild 1 besteht aus zwei *Spulenseiten* (Hin- und Rückleiter) sowie den *Stirnverbindern* außerhalb des Blechpaketes. Bei der Ringwicklung liegt nur eine Spulenseite im Luftspaltfeld, die andere hingegen im feldfreien Raum. Die Kupferausnutzung einer Ringwicklung ist demnach sehr schlecht.

Die Kenntnis der induzierten Spannung gestattet das Anschreiben der Gleichung für das Spannungsgleichgewicht im Ankerkreis. Die in Bild 1 eingetragenen Pfeilrichtungen gelten für die Verbraucher- oder *Motorschreibweise*. Wenn man den Widerstand der Ankerwicklung (einschl. des Bürstenübergangswiderstandes) R_a und einen eventuellen Vorwiderstand R_v zum resultierenden Widerstand R_A zusammenfaßt, so gilt

$$U = U_i + R_A I. \tag{11}$$

Die Multiplikation der Spannungsgleichung mit dem Ankerstrom liefert die Leistungsbilanz des Ankerkreises

$$U \cdot I = U_i \cdot I + R_A \cdot I^2. \tag{12}$$

Nach Gl. (12) teilt sich die dem Netz entnommene Leistung in die sogenannte innere Leistung $U_i \cdot I$ und die Stromwärmeverluste im

Ankerkreis $R_A \cdot I^2$ auf. Die innere Leistung kann nur in mechanische Leistung umgesetzt werden, und aus dieser Erkenntnis läßt sich unmittelbar ein analytischer Ausdruck für das *Drehmoment* einer Gleichstrommaschine ableiten.

$$P_i = U_i \cdot I = k_1 \phi n \cdot I = M_i \cdot 2\pi n$$

$$M_i = \frac{k_1}{2\pi} \phi I = k_2 \phi I \tag{13}$$

Das innere Moment M_i greift am Ankermantel an. Das Moment am Wellenzapfen unterscheidet sich hiervon um das Drehmoment, welches zur Überwindung der Luft- und Lagerreibung notwendig ist, sowie die Energie, welche mechanisch zur Deckung der Eisenverluste im Anker aufgebracht werden muß. Wegen der vergleichsweise geringen Größe der Differenz soll im folgenden von der Näherung $M \approx M_i$ Gebrauch gemacht werden.

Anstelle der "buchhalterischen" Berechnung des Drehmomentes aus der Leistungsbilanz kann der auf den ersten Blick anschaulichere Weg gewählt werden, das Drehmoment aus der Kraft auf die stromdurchflossenen Ankerleiter im magnetischen Feld unter den Erregerpolen zu errechnen. Man erhält den resultierenden Kraftvektor

$$\vec{F} = z\,\alpha \frac{I}{2a} \int_l d\vec{s} \times \vec{B}\,, \tag{14}$$

welcher in tangentiale Richtung weist. Für den Betrag des Drehmomentes folgt hieraus ein mit Gl. (13) identischer Ausdruck

$$M_i = R \cdot F = \frac{p\,\tau}{\pi} \frac{z}{2a} \alpha\, I\, l\, B = \frac{k_1}{2\pi} \phi I. \tag{15}$$

Dieses erwartete Ergebnis soll in Abschnitt 2.4 erneut diskutiert werden, wenn die tatsächliche geometrische Anordnung der Leiter einer modernen Ankerwicklung bekannt ist. Es wird sich zeigen, daß die Leiter in Wirklichkeit in einem nahezu feldfreien Raum liegen.

Ersetzt man in Gl. (13) bzw. (15) den Ankerstrom durch den Ausdruck nach Gl. (11) und substituiert die induzierte Spannung U_i durch Gl. (10)

$$M_i = k_2 \phi \frac{1}{R_A} (U - k_1 \phi n) \ , \tag{16}$$

so erhält man den für das Verhalten eines Antriebes eminent wichtigen Ausdruck für die *Drehzahl-Drehmoment-Kennlinie*

$$n = \frac{U}{k_1 \phi} - M_i \frac{R_A}{k_1 k_2 \phi^2} . \tag{17}$$

2.3 Kennzeichen von Nebenschluß- und Reihenschlußverhalten

Um die Abhängigkeit der Drehzahl vom Drehmoment entsprechend Gl. (17) deuten zu können, müssen die möglichen Schaltungsarten der Gleichstrommaschine betrachtet werden. Man unterscheidet *Nebenschluß-*, *Reihenschluß-*, *Doppelschluß- und fremderregte* Maschinen.

Das speisende *Netz* wird in diesem Skriptum stets als *starr* unterstellt, d.h. als Spannungsquelle mit dem Innenwiderstand Null aufgefaßt.

Bei der Nebenschlußmaschine sind die Erreger- und die Ankerwicklung in Parallelschaltung an eine Gleichspannungsquelle angeschlossen, bei der fremderregten Maschine liegen die Wicklungen an unterschiedlichen Spannungsquellen. Da in beiden Fällen der Erregerstrom unabhängig von der Größe des Ankerstromes konstant ist, unterscheidet sich das Betriebsverhalten von Nebenschlußmaschinen am Netz und von fremderregten Maschinen nicht. Der Sonderfall des selbsterregten Nebenschlußgenerators wird später detailliert behandelt.

Bei der Reihenschlußmaschine liegen Erreger- und Ankerwicklung in Reihenschaltung am Netz. Doppelschlußmaschinen besitzen auf den Erregerpolen zwei getrennte Wicklungen, von denen eine im Nebenschluß geschaltet oder fremderregt ist, die andere (sog. Hilfsreihenschlußwicklung) mit der Ankerwicklung in Reihe geschaltet wird.

2.3.1 Nebenschlußverhalten

Bild 8 zeigt die Schaltung einer Nebenschlußmaschine. Die mit P und N gekennzeichnete Sammelschiene ist in den meisten Fällen über eine Stromrichterschaltung mit einem Wechsel- oder Drehspannungsnetz verbunden. Im üblichen Sprachgebrauch wird der Vorwiderstand R_{ve} im Erregerkreis als *Feldsteller*, der Vorwiderstand R_v im Ankerkreis als *Anlasser* bezeichnet. Zum Start ("Anlassen") der Maschine aus dem Stillstand wird der Feldsteller kurzgeschlossen ($R_{ve} = 0$), so daß sich der größtmögliche Erregerfluß $\Phi = \Phi_{max}$ ausbildet. Im Stillstand ist der Ankerstrom nur durch die ohmschen Widerstände bestimmt und muß über den Anlasser auf einen zulässigen Wert begrenzt werden. Mit diesem Strom und dem größtmöglichen Fluß stellt sich ein Anfahrdrehmoment entsprechend Gl. (13) ein, welches bei abgekuppelter Arbeitsmaschine, dem sogenannten Leerlauf, zur Massenbeschleunigung dient.

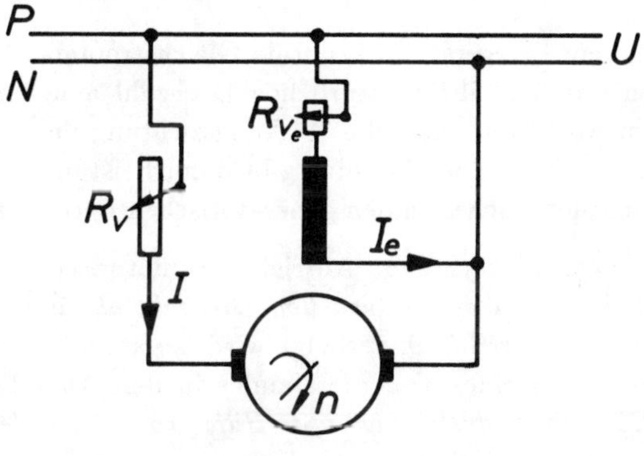

Bild 8 Prinzipschaltung einer Nebenschlußmaschine

$$M = J \frac{d}{dt}(2\pi n) = k_2 \, \phi_{max} I \tag{18}$$

Mit J ist das Massenträgheitsmoment des Läufers bezeichnet. Nach Abklingen der Ausgleichsvorgänge, im *stationären Leerlauf*, ist das

Drehmoment Null und daher bei endlichem Fluß auch der Ankerstrom Null. Die Leerlaufdrehzahl bei vollem Feld

$$n_0 = \frac{U}{k_1\, \phi_{max}} \tag{19}$$

wird als *natürliche Drehzahl* bezeichnet. Wird die Maschine nunmehr belastet ($M_i \neq 0$), so entsteht nach Gl. (17) ein Drehzahlabfall, welcher bei konstanter Erregung und festem Ankerwiderstand linear mit dem Lastmoment wächst (Bild 9).

In Bild 9 ist gestrichelt ein für viele Arbeitsmaschinen typischer Verlauf des Gegenmomentes eingetragen. Das Losbrechdrehmoment im Stillstand ist häufig größer als das Belastungsmoment bei geringen Drehzahlen. Im weiteren Verlauf steigt das Moment der Arbeitsmaschine näherungsweise quadratisch mit der Drehzahl an. Der Antrieb würde unter den getroffenen Annahmen im Betriebspunkt P_1 verharren.

Bei maximalem Erregerstrom kann die Gleichstrommaschine nur dann Drehzahlen oberhalb ihrer natürlichen Drehzahl annehmen, wenn sie angetrieben wird, d.h. wenn die Wirkungsrichtung des Drehmomentes in Bild 9 negativ ist. Die Maschine gibt dann Leistung in das Netz ab, sie geht vom motorischen in den generatorischen Betriebszustand über.

Wenn bei dem betrachteten Antrieb im motorischen Bereich eine *Drehzahlstellung von der natürlichen Drehzahl abwärts*, z.B. auf den Betriebspunkt P_2 in Bild 9, verlangt wird, so kann dies nach Gl. (17) durch Einschalten eines Vorwiderstandes in den Ankerkreis realisiert werden. Die *Drehzahlstellung mit Hilfe von Vorwiderständen im Ankerkreis ist verlustbehaftet* und deshalb wirtschaftlich nur sinnvoll, wenn die Anordnung in diesem Drehzahlbereich nur für kurze Zeit betrieben werden soll. Aus Gl. (17) geht auch eine zweite Möglichkeit zur Drehzahlstellung unmittelbar hervor, nämlich durch *Verkleinern der Ankerspannung* U. Die Kennlinien in Bild 9 verschieben sich parallel gegenüber derjenigen an voller Netzspannung. In der Praxis wird das Absenken der Ankerspannung mit Hilfe eines Umformers (sogenannter Leonard-Umformer) oder in modernen Anlagen meist durch Speisung

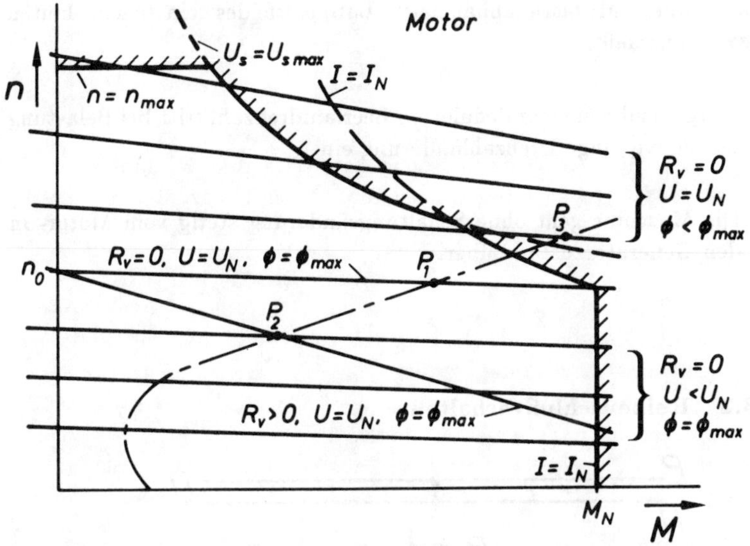

Bild 9 n/M-Kennlinien einer GM mit Nebenschlußverhalten

aus Stromrichterschaltungen mit steuerbaren Halbleitern vorgenommen (vgl. Abschnitte 2.7.1 und 2.7.4).

Die *Drehzahlstellung von der natürlichen Drehzahl ausgehend aufwärts*, z.B. in den Betriebspunkt P_3 nach Bild 9, geschieht durch *Feldschwächung*. Die Verkleinerung des Erregerstromes mit Hilfe des Feldstellers führt nach Gl. (17) zu einem etwas größeren Drehzahlabfall bei Belastung als bei maximalem Fluß. Die *Drehzahlstellung* nach oben ist *begrenzt* einerseits durch die maximal zulässige *Fliehkraft* mit Rücksicht auf die mechanischen Konstruktionsteile und andererseits durch die zulässige *maximale Stegspannung* U_s zwischen zwei Kommutatorlamellen (vgl. Abschnitt 2.6). Außerdem kann das Kennlinienfeld in Bild 9 nur insoweit ausgenutzt werden, als der im Hinblick auf die Maschinenerwärmung zulässige Ankerstrom nicht überschritten wird. In Bild 9 ist das ausnutzbare Kennlinienfeld im 1. Quadranten durch Schraffur abgegrenzt.

Die *typischen Merkmale des Nebenschlußverhaltens*, die sich aufgrund des weitgehend lastunabhängigen Luftspaltfeldes einstellen, lauten zusammengefaßt:

- Ausgehend von einer definierten Leerlaufdrehzahl tritt bei Belastung nur eine geringe Drehzahländerung ein.

- Die Maschine geht ohne Schaltungsänderung stetig vom Motor- in den Generatorzustand über.

2.3.2 Reihenschlußverhalten

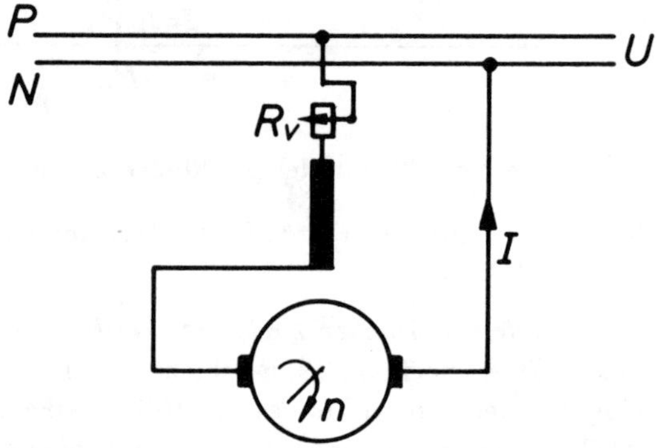

Bild 10 Prinzipschaltung einer Reihenschlußmaschine

Bei Reihenschaltung von Erreger- und Ankerwicklung nach Bild 10 sind die magnetische Induktion im Luftspalt B und der Fluß je Pol Φ eine Funktion des Ankerstromes I. Wegen der Eisensättigung ist die Abhängigkeit nicht linear (Bild 11). Das Anfahrdrehmoment bestimmt sich aus Gl. (13), wobei der Strom im Stillstand, der nur durch die ohmschen Widerstände bestimmt ist, durch den Anlasser R_v auf zulässige Werte, z.B. den Nennstrom I_N, begrenzt werden muß.

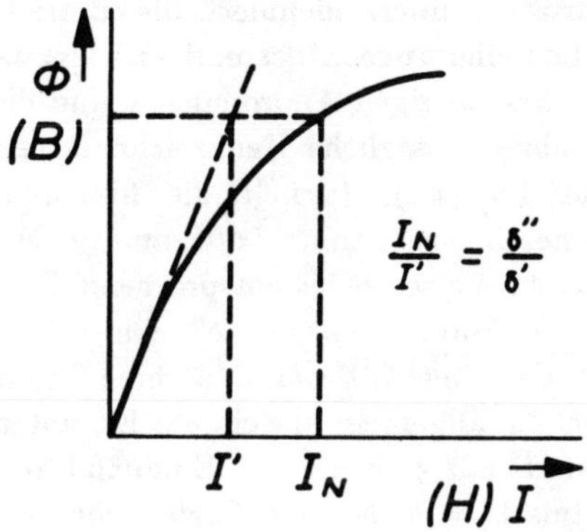

Bild 11 Abhängigkeit des Flusses vom Ankerstrom bei einer Reihenschlußmaschine

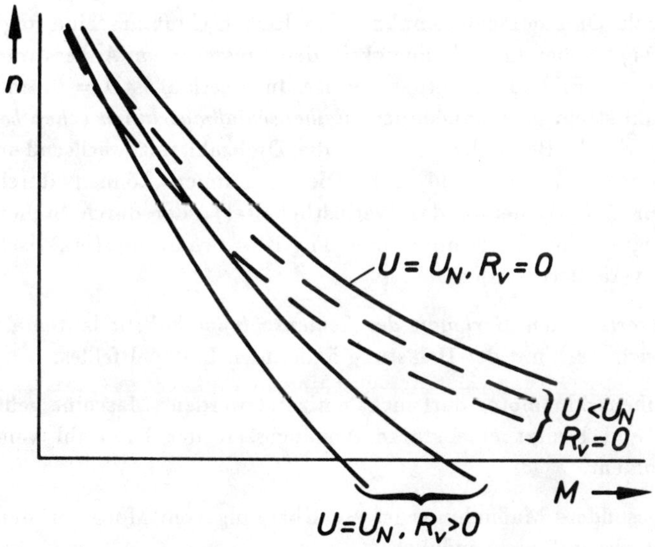

Bild 12 n/M-Kennlinien einer Reihenschlußmaschine

Mit dem Index N sind die sogenannten *Nenngrößen* gekennzeichnet. Der Nennbetrieb umfaßt nicht einen durch physikalische Eigenschaften ausgezeichneten Betrieb, sondern definiert die Betriebsart, wie sie der Maschine vom Hersteller zugeordnet und auf dem Leistungsschild angegeben ist. Bei mehrsträngigen Anordnungen sind die Nenngrößen in diesem Skriptum ohne zusätzliche Kennzeichnung als Strangwerte geschrieben. In Bild 11 ist gestrichelt die fiktive Kennlinie der ungesättigten Maschine, die sogenannte *Luftkennlinie*, eingetragen. Bei Anwendung des Durchflutungsgesetzes entsprechend Gl. (4) mit $I_e = I$ muß der *magnetisch wirksame Luftspalt* δ'' eingesetzt werden. Den wirksamen Luftspalt der ungesättigten Maschine kennzeichnet man im Elektromaschinenbau allgemein durch δ'. Er unterscheidet sich vom geometrischen Luftspalt δ durch den Einflußfaktor aufgrund der Nutung. Das Verhältnis $k_c = \delta'/\delta$ heißt *Carter'scher Faktor*. Auf die Berechnung des Carter'schen Faktors aus der Maschinengeometrie und die Durchrechnung des magnetischen Kreises soll hier nicht weiter eingegangen werden.

Die Drehzahl-Drehmoment-Kennlinie der Reihenschlußmaschine folgt aus Gl. (17), wobei die Abhängigkeit des Flusses vom Ankerstrom punktweise aus Bild 11 zu entnehmen ist. Im Leerlauf ist $I = 0$, und die Drehzahl strebt gegen unendlich. *Reihenschlußmaschinen gehen bei Entlastung durch.* Bei Belastung fällt die Drehzahl mit wachsendem Drehmoment stark ab (Bild 12). Die Kennlinien können durch Vorschalten eines Widerstandes (verlustbehaftet) oder durch Stellen der angelegten Spannung über eine Thyristor-Schaltung (praktisch verlustlos) verändert werden.

Die *charakteristischen Merkmale des Reihenschlußverhaltens* lauten als Folge des sich stark mit der Belastung ändernden Luftspaltfeldes:

- Ein Reihenschlußmotor darf nicht entlastet werden (Maschine geht durch) und besitzt eine starke Abhängigkeit der Drehzahl vom Drehmoment.

- Ohne besondere Maßnahmen ist ein Übergang vom Motor- in den Generatorbetrieb nicht möglich.

2.4 Ausführung von Kommutatorwicklungen

Wegen der schlechten Kupferausnutzung bei Ringwicklungen (nur eine Spulenseite liegt im magnetischen Feld der Erregerpole) werden Kommutatorwicklungen seit etwa 1900 ausschließlich als *Trommelwicklungen* gefertigt, deren Erfindung mit dem Namen v. Hefner-Alteneck verknüpft ist. Zur Aufnahme der Trommelwicklungen werden *Nuten* in die Ankerbleche gestanzt. Trommelwicklungen werden durchweg als sogenannte *Zweischichtwicklungen* ausgeführt, bei denen eine Spulenseite in der Oberlage, die andere in der Unterlage einer Nut liegt (Bild 13).

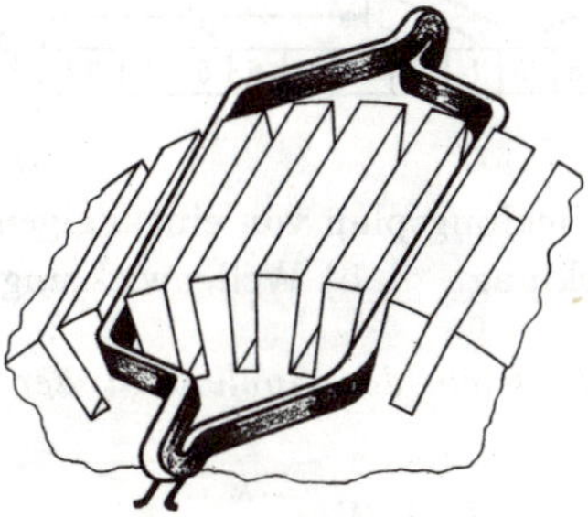

Bild 13 Spule einer Trommelwicklung

Man unterscheidet zwischen *Schleifenwicklungen* und *Wellenwicklungen.* Die grundsätzliche Art der Schaltung ist für beide Wicklungsarten in Bild 14 dargestellt. Der einfacheren Darstellung wegen ist der zylindrische Ankermantel durch seine ebene Abwicklung ersetzt worden. Die Lage der Pole ist in den Abbildungen durch Begrenzungslinien mit Schraffur angedeutet. Die Kommutatorstege und die Ankernuten sind in den Wicklungsplänen fortlaufend durchnumeriert.

Alle dargestellten Wicklungen enthalten nur eine Windung je Spule, man spricht dann von *Stabwicklungen.* Durch die Ausführung als Trommelwicklung liegen im Gegensatz zur Ringwicklung beide Spulenseiten am Luftspalt. Der erste Wicklungsschritt ist mit y_1 bezeichnet und kennzeichnet die *Spulenweite* W. *Die Zahl der*

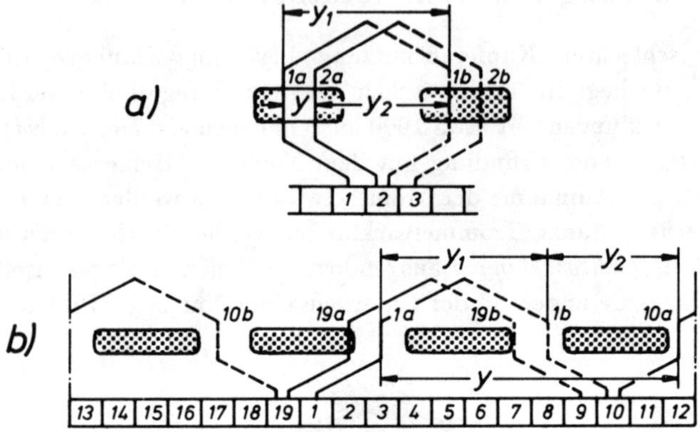

Bild 14 Prinzipieller Wicklungsplan von eingängigen Wicklungen
a) Schleifenwicklung b) Wellenwicklung

Kommutatorstege k ist gleich der Spulenzahl der Wicklung. Wenn demnach

$$y_1 = W = \frac{k}{2p} \tag{20}$$

ist, stimmen Spulenweite und Polteilung überein und man spricht von einer *Durchmesserwicklung*. Ist hingegen

$$y_1 = W \gtrless \frac{k}{2p}\,, \tag{21}$$

so liegt eine *gesehnte Wicklung* vor. Die Begriffe sind der Anschauung bei zweipoligen Maschinen entlehnt, werden jedoch nach den Festlegungen von Gl. (20) und (21) für Maschinen mit beliebigen Polzahlen benutzt.

Mit y_2 ist der zweite Wicklungsschritt bezeichnet, bei Schleifenwicklungen auch Schaltschritt genannt. Der resultierende Wicklungsschritt y ist bei den Schleifenwicklungen identisch mit dem Kommutatorschritt.

Es gilt also

$y = y_1 - y_2 = \pm m$ für Schleifenwicklungen (Pluszeichen für ungekreuzte, Minuszeichen für gekreuzte Wicklungen)

$y = y_1 + y_2 = \frac{k \mp m}{p}$ für Wellenwicklungen (Minuszeichen für ungekreuzte, Pluszeichen für gekreuzte Wicklungen)

Der Einfachheit halber wurden Ausführungsbeispiele gewählt, bei denen die *Zahl der in einer Nut nebeneinander liegenden Spulenseiten* u = 1 ist. Dann stimmen Nutzahl und Zahl der Kommutatorstege überein.

Wenn man die *Windungszahl je Spule* mit w_s und die *Ankerwindungszahl* mit w bezeichnet, gelten allgemein die einfachen Zusammenhänge

$$k = N \cdot u, \tag{22}$$

$$z = 2\, w_s\, k\,, \tag{23}$$

$$w = \frac{z}{4a}\,. \tag{24}$$

Als Beispiel für eine Schleifenwicklung ist in Bild 15 eine vierpolige Maschine mit Stabwicklung ausgewählt.

Die Wicklung ist als Durchmesserwicklung mit einer Spulenweite von W=36/4=9 Nutteilungen ausgeführt. Die Spulenseiten der Ober- und Unterschicht, welche im fertigen Anker in radialer Richtung übereinander liegen, sind im Wicklungsplan dicht nebeneinander gezeichnet. Die Spulenseiten der Unterschicht sind gestrichelt dargestellt.

Der Abstand von einer positiven zu einer negativen Bürste ist stets der 2p-te Teil des Ankerumfangs. Sie sind in Bild 15 also auch um neun Stromwenderteilungen voneinander entfernt. Alle Bürstensätze gleicher Polarität sind galvanisch miteinander verbunden.

Aus den einführenden Überlegungen in Abschnitt 2.1 ist bekannt, daß die Bürsten mit Spulenseiten verbunden sind, welche in der Querachse der Maschine liegen. Vordergründig entnimmt man Bild

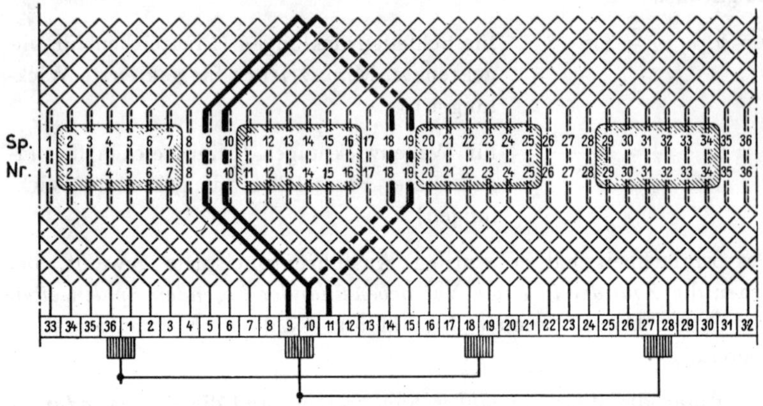

Bild 15 Wicklungsplan einer eingängigen, ungekreuzten Schleifenwicklung ($2p=4$, $u=1$, $N=k=36$, $y_1=9$, $y_2=8$)

15 (und auch der Betrachtung einer realen Maschine), daß in axialer Richtung Bürstenachse und Polmitte übereinstimmen. Bedingt durch die Abkröpfung der Stirnverbinder sind die von den Bürsten kurzgeschlossenen Stromwenderstege jedoch mit Spulenseiten verlötet, welche in der Querachse liegen. Bei der über die Kommutatorstege 9 und 10 durch die Bürste kurzgeschlossenen Ankerspule in Bild 15 handelt es sich um eine von insgesamt vier k-Spulen.

Bei einer eingängigen Schleifenwicklung liegen benachbarte Spulen in direkt nebeneinander liegenden Nuten. Durch Verfolgen der galvanischen Verbindungen durch die Wicklung zwischen den jeweils parallel geschalteten Bürsten gleicher Polarität erkennt man, daß die Zahl der parallelen Ankerzweige bei einer eingängigen Schleifenwicklung gleich der Polzahl, bei einer m-gängigen Schleifenwicklung m-mal so groß ist. *Ein Gleichstromanker mit Schleifenwicklung besitzt $2a=2pm$ parallele Wicklungszweige.*

Wegen der relativ großen Zahl von parallelen Wicklungszweigen verwendet man Schleifenwicklungen vorzugsweise dann, wenn es sich um Maschinen mit vergleichsweise kleinen Spannungen und hohen Strömen handelt.

Bei der eingängigen Wellenwicklung nach Bild 14b) gelangt man erst zu dem Nachbarsteg, wenn man p Spulen durchlaufen hat. Wie bei der Schleifenwicklung muß man k/(2p) nebeneinander liegende Kommutatorstege weiterschreiten, um von einer positiven zu einer negativen Bürste zu gelangen. Bei der Wellenwicklung werden dabei p·k/(2p)=k/2 Spulen durchlaufen. Bei einer eingängigen Wellenwicklung bildet folglich unabhängig von der Polzahl die Hälfte der Spulen einen Ankerzweig. Die Zahl der parallelen Ankerzweige ist deshalb bei der eingängigen Wicklung 2a=2, allgemein besitzt ein *Kommutatoranker mit Wellenwicklung 2a=2m parallele Wicklungszweige*.

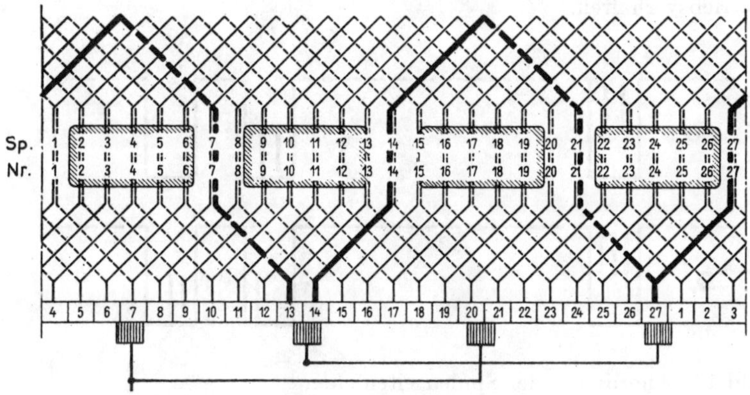

Bild 16 Wicklungsplan einer eingängigen, ungekreuzten Wellenwicklung ($2p=4$, $u=1$, $N=k=27$, $y_1=7$, $y_2=6$)

Da bei der eingängigen Wellenwicklung immer 2a=2 ist, wäre es grundsätzlich möglich, bei solchen Ankern mit nur einem Bürstensatzpaar auszukommen, die um eine Polteilung oder ein ungeradzahliges Vielfaches davon gegeneinander versetzt sind. Von dieser Möglichkeit macht man in der Praxis nur in begründeten Ausnahmefällen Gebrauch, wenn z.B. konstruktive Gründe die Anordnung von mehr als zwei Bürstensätzen schwierig gestalten. Mit Rücksicht auf eine gute

Ausnutzung der Stromwenderoberfläche ordnet man im Regelfall so viele Bürstensätze an, wie Pole vorhanden sind.

In Bild 16 ist der Wicklungsplan einer eingängigen Wellenwicklung für eine vierpolige Maschine mit Stabwicklung eingetragen. Da das Verhältnis von Nutzahl und Polzahl gebrochen ist, muß die Wicklung als gesehnte Wicklung ausgeführt werden. Das Beispiel in Bild 16 mit $y_1 = 7$ und $y_2 = 6$ führt auf eine sogenannte *ungekreuzte Wicklung*, die dadurch gekennzeichnet ist, daß sich Anfang und Ende einer Spule beim Zugang zum Stromwender nicht überschneiden. Die in Bild 16 betrachtete Maschine könnte mit $y_1 = 7$ und $y_2 = 7$ auch als gekreuzte Wicklung ausgeführt werden. Die Art der Kreuzung nimmt bei Schleifen- und Wellenwicklung keinen Einfluß auf das Betriebsverhalten.

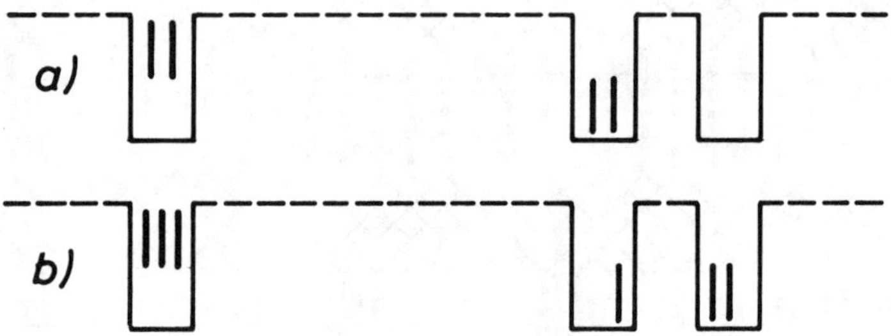

Bild 17 Anordnung der Spulenseiten einer
a) ungetreppten und
b) getreppten Zweischicht-Ankerwicklung

Wenn mehr als zwei Spulenseiten in der Nut nebeneinander liegen ($u > 1$), muß man prüfen, ob der *Nutenschritt* $\eta_1 = y_1/u$ eine ganze oder eine gebrochene Zahl ergibt. Wicklungen mit ganzzahligem Nutenschritt nennt man *ungetreppte Wicklungen* (Bild 17). Sie werden bei Spulenwicklungen ($w_s > 1$) bevorzugt. Ergibt sich der *Nutenschritt als gebrochene Zahl, muß eine getreppte Wicklung* ausgeführt werden. Treppenwicklungen bieten bei Stabwicklungen ($w_s = 1$) kommutierungstechnische Vorteile.

Bei den Kommutatorwicklungen existieren Punkte der Wicklung mit theoretisch gleichem Potential, die jedoch wegen unvermeidlicher Ungenauigkeiten und Unsymmetrien beim Bau solcher Maschinen in der Praxis geringe Spannungsunterschiede aufweisen können. Mitunter werden solche elektrisch gleichwertigen Punkte der Wicklung durch Ausgleichsverbinder miteinander verbunden. Auf weitere Einzelheiten und Begründungen zu den vielfältigen Ausführungsformen und Erscheinungen soll in diesem Skriptum nicht eingegangen werden.

In Zusammenhang mit der Anordnung der Spulenseiten in Nuten, entsprechend Bild 13, wird an die Herleitung des Drehmomentes nach Gl. (16) erinnert. Das Drehmoment wurde aus der Kraftwirkung auf die stromdurchflossenen Leiter im magnetischen Feld der Erregerpole ermittelt. Es stellt sich die Frage, ob diese Stromkräfte auch auf die in den Nuten liegenden Ankerleiter einwirken, ob sie also für die Berechnung der Flächenpressung der Nutisolation und die mechanische Beanspruchung der Zahnköpfe am Nutgrund zugrunde gelegt werden müssen. In Wirklichkeit liegen die Ankerleiter in den Nuten im praktisch feldfreien Raum, denn die vom Ständer über den Luftspalt in den Läufer tretenden Feldlinien werden bei idealem Eisen ($\mu_{Fe} = \infty$) über die Zähne in das Läuferjoch eintreten und nicht längs durch die Nut. Das im Einklang mit meßtechnischen Erfahrungen aus einer Energiebilanz gewonnene Drehmoment nach Gl. (13) wurde auch mit Hilfe von Gl. (14) aus einer falschen physikalischen Vorstellung heraus jedoch offensichtlich korrekt errechnet.

Dieses Beispiel zeigt auf, daß man bei elektrischen Maschinen der Drehmomentberechnung aus bilanziellen energetischen Betrachtungen stets den Vorzug geben sollte gegenüber vermeintlich anschaulichen Lösungen. Den physikalischen Gegebenheiten würde eine Ermittlung der tangentialen Kräfte auf den Läufer aus der Änderung der magnetischen Feldenergie am besten gerecht werden. Wegen der schwierigen analytischen Feldbeschreibung wäre dieser Lösungsweg wenig ökonomisch.

2.5 Grundlegendes zur Stromwendung

Bei Kommutatorwicklungen werden zu jedem Zeitaugenblick eine oder mehrere Ankerspulen von den Bürsten kurzgeschlossen. Aus den Bildern 1, 15 und 16 geht hervor, daß die k-Spule mit dem Erregerfeld voll verkettet ist, also in der d-Achse magnetisiert (Bild 18).

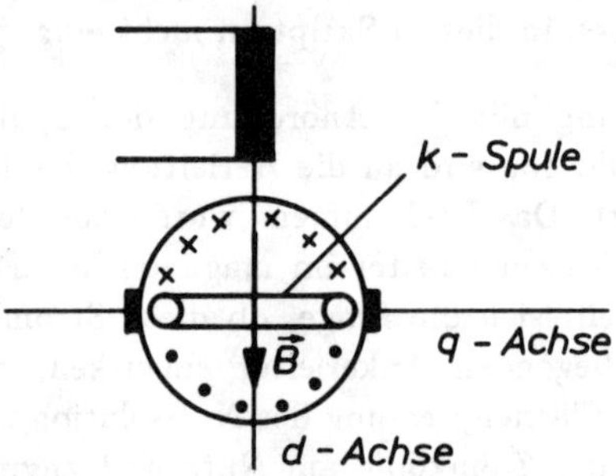

Bild 18 Zur magnetischen Verkettung zwischen Erregerwicklung, Ankerwicklung und k-Spule

Aus der Kennzeichnung des Vorzeichens der Ankerdurchflutung in Bild 18 erkennt man, daß die Ankerwicklung in der q-Achse magnetisiert, mit anderen Worten formuliert: *Die Gegeninduktivität zwischen Erreger- und Ankerwicklung einer Gleichstrommaschine ist Null.*

Der innere Ankerstrom wechselt während der Kurzschlußzeit T_K das Vorzeichen.

In der k-Spule wird die Selbstinduktionsspannung

$$u_{is} = L_s \frac{di}{dt} \tag{25}$$

induziert, deren linearer Mittelwert nach Bild 19 beträgt:

$$U_{is} = L_s \frac{2\frac{I}{2a}}{T_k}. \tag{26}$$

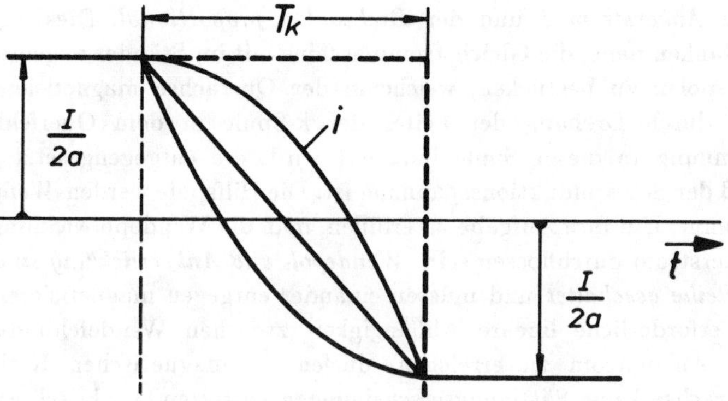

Bild 19 Zum Zeitverlauf des Stromes in der k-Spule

Mit L_S ist die Selbstinduktivität der k-Spule bezeichnet.

Bei *widerstandsloser* k-Spule wäre die induzierte Spannung gleich der Klemmenspannung und damit gleich Null. Hieraus resultiert unmittelbar ein zeitlich konstanter Strom (sogenanntes *Schaltgesetz*).

$$u = u_{is} = 0 = L_s \frac{di}{dt}: \qquad i = konst.$$

Da der innere Ankerstrom während der Kurzschlußzeit durch Schaltungszwang sein Vorzeichen wechseln muß, ist ohne zusätzliche Maßnahmen ein Zeitverlauf des Stromes in der k-Spule entsprechend der gestrichelten Linie von Bild 19 zu erwarten. Wegen $di/dt \to \infty$ entsteht an der ablaufenden Bürstenkante eine hohe Spannung, welche zu Funkenbildung am Kommutator führt. Mit Rücksicht auf die Standzeit der Bürsten und die Lebensdauer des Stromwenders ist Bürstenfeuer denkbar unerwünscht. Zur Abhilfe muß eine Fremdspannung in der k-Spule induziert werden, welche die Selbstinduktionsspannung aufhebt. Die konstruktiven Möglichkeiten hierzu liest man aus Gl. (26) heraus, wenn man dort die Kurzschlußzeit durch den Ausdruck $T_k = b/(\pi D_k n)$ (b = Bürstenbreite, D_k = Kommutatordurchmesser) ersetzt.

$$U_{is} = L_s \frac{I}{a\,T_k} = \frac{L_s \pi D_k}{a\,b} n\,I \tag{26a}$$

Der *lineare Mittelwert der Selbstinduktionsspannung* in der k-Spule ist dem *Ankerstrom I* und der *Drehzahl n proportional.* Dies legt den Gedanken nahe, die Gleichstrommaschine mit im Ständer angebrachten Hilfspolen zu bestücken, welche in der Querachse magnetisieren, so daß durch Drehung der Leiter der k-Spule in dem Querfeld eine Spannung in dieser Spule induziert wird, die entgegengesetzt gleich groß der Selbstinduktionsspannung ist. Die Hilfspole werden *Wendepole* genannt. Um ihre Aufgabe zu erfüllen, muß die Wendepolwicklung vom Ankerstrom durchflossen sein. *Wendepol- und Ankerwicklung sind stets in Reihe geschaltet* und müssen einander entgegen magnetisieren. Um die erforderliche lineare Abhängigkeit zwischen Wendefeldinduktion und Ankerstrom zu erreichen, dürfen im magnetischen Kreis der Querachse keine Sättigungserscheinungen auftreten. Praktisch erreicht man dies durch geringe Eiseninduktionen und eine Vergrößerung des Luftspaltes unter den Wendepolen gegenüber dem Luftspalt unter den Hauptpolen.

Der in Bild 19 gestrichelt eingetragene Stromverlauf stellt den Grenzfall einer *Unterkommutierung* dar. Ist das Wendefeld hingegen zu stark, tritt eine beschleunigte Stromwendung ein, und man spricht von *Überkommutierung.* Bei richtiger Einstellung des Wendefeldes wird der Stromverlauf in der k-Spule ausschließlich durch die ohmschen Widerstände bestimmt (*Widerstandskommutierung*).

Es läßt sich zeigen, daß die Widerstandskommutierung nur dann zu einem *geradlinigen Stromverlauf* während der Kurzschlußzeit T_k führt, wenn der Bürstenübergangswiderstand groß ist gegenüber dem ohmschen Widerstand der k-Spule.

Die zuletzt genannte Bedingung muß bei der Wahl der Bürstenqualität beachtet werden. Relativ große Übergangswiderstände führen zu nicht vernachlässigbaren Stromwärmeverlusten in der Übergangszone Bürste – Stromwender, welche den Kommutator aufheizen. Dieser Nachteil muß mit Rücksicht auf eine einwandfreie Kommutierung in Kauf genommen werden. Man kann im übrigen leicht nachprüfen, daß nur bei geradliniger Kommutierung die Stromdichte unter der gesamten Bürstenschleiffläche konstant ist.

2.6 Begriffserklärung und technische Bedeutung der Ankerrückwirkung

2.6.1 Berechnung des resultierenden Luftspaltfeldes

Es soll zunächst ein Verfahren zur Berechnung des von der Ankerwicklung allein erregten magnetischen Feldes im Luftspalt unter den Hauptpolen abgeleitet werden, welches generell für alle Wicklungen mit in Nuten liegenden Einzelleitern anwendbar ist. Man bezeichnet die von einer stromdurchflossenen Wicklung bewirkte *Durchflutung je Einheit des Umfanges* als *Strombelag* $a(x,t)$, welcher eine Funktion des Umfangswinkels x und der Zeit t sein kann. Unterstellt man als allgemeinen Fall auch eine Orts- und Zeitabhängigkeit des Luftspaltes $\delta(x,t)$ zwischen Ständer und Läufer, so liefert der Durchflutungssatz, angewandt auf ein Element der tangentialen Breite $R \cdot \Delta x$ entsprechend Bild 20

$$v(x + \Delta x, t) - v(x,t) = a(x,t)\, R\, \Delta x,$$

$$\frac{\partial v(x,t)}{\partial x} = R\, a(x,t)\,, \tag{27}$$

$$v(x,t) = \int a(x,t)\, R\; dx + c(t)\,. \tag{28}$$

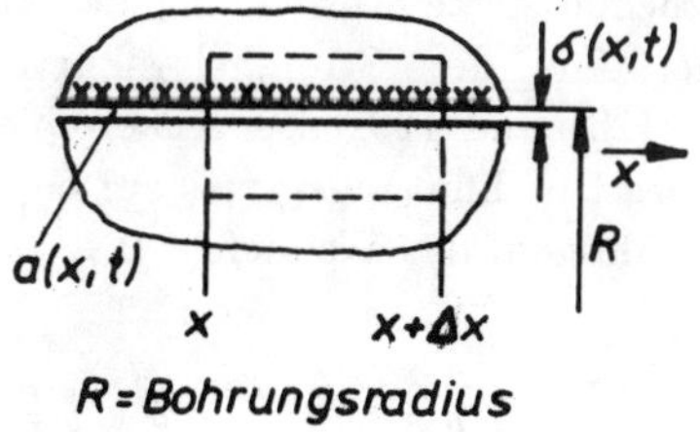

Bild 20 Zur Herleitung der Felderregerkurve

In Bild 20 ist das Eisen als hochpermeabel ($\mu_{Fe} = \infty$) angenommen worden, bzw. die magnetischen Spannungen im Eisen sollen in einen fiktiven vergrößerten Luftspalt verlegt gedacht sein. Man bezeichnet die magnetische Spannung zwischen zwei am Luftspalt gegenüberliegenden Punkten von Ständerbohrung und Läuferoberfläche als *Felderregung*. Nach Gl. (28) ist die *Felderregerkurve* "im wesentlichen" gleich der *Integralkurve der Strombelagskurve*. Aus der Felderregerkurve folgt direkt die *Feldkurve*

$$b(x,t) = \frac{\mu_0}{\delta(x,t)} v(x,t)\,, \tag{29}$$

welche *bei konstantem Luftspalt ein Abbild der Felderregerkurve* darstellt.

Bei elektrischen Maschinen treten in der Regel keine *Unipolarflüsse* auf, d.h. das Integral der Luftspaltinduktion über die Mantelfläche der Bohrung muß Null sein:

$$\int\limits_{x=0}^{x=2\pi} b(x,t)\, Rl\; dx = 0 \tag{30}$$

Durch diese Bedingung ist bei einer bestimmten Wahl des *Koordinatenursprungs* x=0 die Integrationskonstante c(t) in Gl. (28) festgelegt. Es empfiehlt sich, den Koordinatenursprung so zu legen, daß c(t) gleich Null ist.

Bild 21 zeigt die schematisierte Abwicklung des Querschnittes einer Gleichstrommaschine. Aus der Strombelagskurve b) folgt durch Anwendung von Gl. (28) und (29) das Anker-Querfeld nach Kurve c). Die Anwendung des Durchflutungssatzes auf einen Integrationsweg durch die Querachse führt auf das Wendefeld B_w.

$$2\frac{B_w}{\mu_0} \cdot \delta''_w = 2 \cdot \frac{w_w}{2p} I - A \cdot \tau = \frac{1}{p}(w_w - w) I \tag{31}$$

Bei nicht kompensierten Wicklungen ist die Wendepolwindungszahl w_w stets größer als die Ankerwindungszahl w nach Gl. (24).

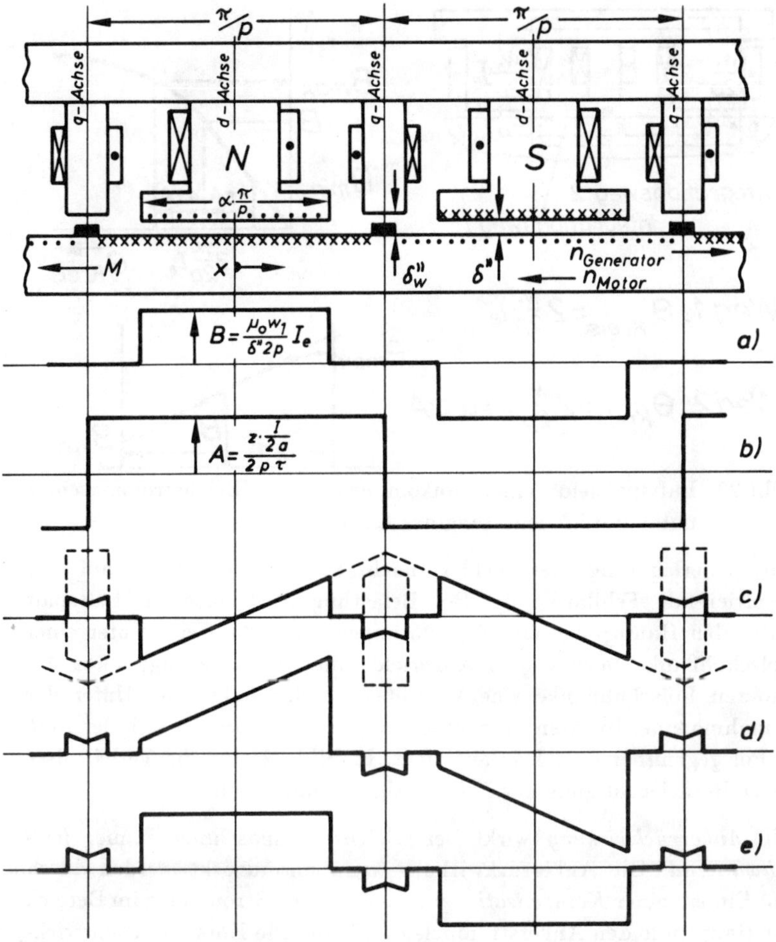

Bild 21 Zur Ermittlung des Luftspaltfeldes einer Gleichstrommaschine
a) Feldkurve im Leerlauf
b) Strombelagskurve des Ankers
c) Ankerquerfeld
d) resultierendes Luftspaltfeld einer unkompensierten GM
e) resultierendes Luftspaltfeld einer kompensierten GM

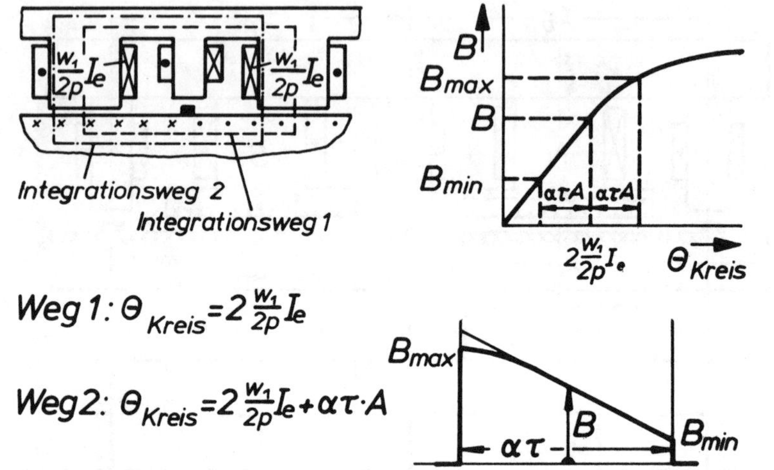

Bild 22 Luftspaltfeld einer unkompensierten Gleichstrommaschine unter Berücksichtigung der Eisensättigung

Die Überlagerung der Felder nach a) und c) führt auf die resultierende Feldkurve d). Bei Belastung stellt sich im Luftspalt unter den Hauptpolen ein trapezförmiger Feldverlauf ein. Unter einer Polschuhflanke bewirkt das Ankerfeld eine Verkleinerung, unter der anderen Polschuhflanke eine Vergrößerung der Induktion. Unter der Annahme einer linearen Magnetisierungskennlinie ändert sich der Fluß je Pol gegenüber dem Leerlauf nicht. In Bild 22 sind die Verhältnisse unter Berücksichtigung der Eisensättigung dargestellt.

Die *Ankerrückwirkung* wirkt bei Gleichstrommaschinen immer *feldschwächend*. Die Ankerrückwirkung kann unterdrückt werden durch den Einbau einer *Kompensationswicklung*, deren Strombelag im Bereich der Hauptpole den Ankerstrombelag aufhebt. Die Kompensationswicklung wird darum mit dem Anker in Reihe geschaltet, ihre Leiter liegen in Nuten der Polschuhe. Die Durchflutung der Kompensationswicklung ist in den schematisierten Querschnitt nach Bild 21 eingetragen. Die Feldkurve unter den Hauptpolen einer kompensierten Gleichstrommaschine bei Belastung nach Kurvenzug e) ist identisch mit derjenigen im Leerlauf nach Kurve a).

2.6.2 Segmentspannung, Bedeutung der Kompensationswicklung

Unter *Segmentspannung* versteht man die Spannung zwischen zwei benachbarten Kommutatorsegmenten. Sie kann z.B. mit Hilfe von Tastspitzen gemessen werden. Wegen der Gefahr des Rundfeuers am Kommutator darf die Segmentspannung eine obere Grenze nicht überschreiten. Der Grenzwert hängt von verschiedenen Einflußgrößen ab und liegt in der Größenordnung 25 V (große Maschinen) und 50 V (kleine Maschinen).

Da alle Ankerspulen zum Kommutator geführt sind, ist die Segmentspannung bei Vernachlässigung der ohmschen Spannungsabfälle identisch mit der in der jeweiligen Spule induzierten Spannung, und somit stellt die *Segmentspannungskurve ein Abbild der Feldkurve dar*. Die Kurven d) und e) von Bild 21 zeigen also qualitativ den Verlauf der Segmentspannung bei Maschinen ohne bzw. mit Kompensationswicklung. Der Mittelwert der Segmentspannung über den beaufschlagten Teil der Polteilung

$$U_{s\,m} = U\,\frac{2p}{k}\,\frac{1}{\alpha} \qquad (32)$$

ist bei kompensierten Maschinen identisch mit der an jeder Stelle tatsächlich auftretenden Spannung. Bei nicht kompensierten Maschinen stehen die maximale und die mittlere Segmentspannung im Verhältnis

$$\frac{U_{s\,max}}{U_{s\,m}} = \frac{B_{max}}{B} = 1 + \frac{\alpha w}{w_1} \cdot \frac{I}{I_e} \qquad (33)$$

zueinander, welches im Nennbetrieb in der Größenordnung 1,5 liegt. Bei kompensierten Maschinen gilt stets $U_{s\,max} = U_{s\,m}$. Hierin liegt die *wesentliche Bedeutung der Kompensationswicklung.* Insbesondere Maschinen mit Drehzahlstellung im Feldschwächbereich müssen nach Gl. (33) mit Kompensationswicklung ausgerüstet werden.

In Abschnitt 2.6.1 wurde erläutert, daß eine Feldschwächung durch Ankerrückwirkung bei kompensierten Maschinen nicht auftritt. Hierbei handelt es sich jedoch um einen Nebeneffekt, der allein nicht den Einbau einer relativ aufwendigen Kompensationswicklung rechtfertigt. Wenn die Feldschwächung durch Ankerrückwirkung das Betriebsverhalten stört, so kann sie mit vergleichsweise kleinem Aufwand durch Einbau einer *Zusatz-Reihenschlußwicklung* (abgekürzt: ZRW) verhindert werden.

2.7 Betriebsschaltungen von Gleichstrommaschinen

2.7.1 Stellen der Ankerspannung bei Nebenschlußmotoren am Wechsel- bzw. Drehstromnetz

Im Abschnitt 2.3.1 wurde das verlustlose Drehzahlstellen von Nebenschlußmotoren von der natürlichen Drehzahl abwärts durch Verkleinern der Ankerspannung erläutert.

Bei Speisung der Motoren aus einem Wechselstromnetz wird dies durch zweipulsige Stromrichterschaltungen mit gesteuerten Halbleitern (meist Thyristoren) realisiert. Die wichtigsten Schaltungen sind in Bild 23 zusammengestellt. Die Mittelpunktschaltung und die vollgesteuerte

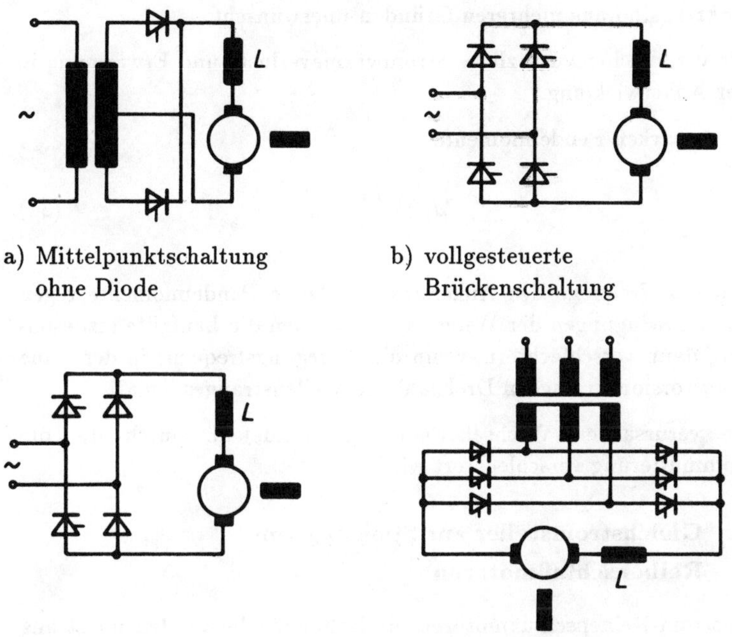

a) Mittelpunktschaltung ohne Diode

b) vollgesteuerte Brückenschaltung

c) halbgesteuerte Brückenschaltung (unsymmetrisch)

d) Drehstrom-Brückenschaltung, vollgesteuert (Trafo nicht unbedingt erforderlich)

Bild 23 Stromrichterschaltungen zur Stellung der Spannung von Gleichstromnebenschlußmotoren aus Wechselstrom- (Schaltungen a) bis c)) bzw. Drehstrom-Netzen (Schaltung d))

Brückenschaltung sind in ihrer Wirkung äquivalent. Bei der halbgesteuerten Brückenschaltung stellt sich ein anderer Oberschwingungsgehalt der Ausgangsspannung ein.

Bei der Speisung von Erregerwicklungen aus Stromrichterschaltungen spielt die Welligkeit der Spannung praktisch keine Rolle, weil die große Erregerinduktivität Wechselströme unterdrückt. Die Ankerinduktivität hingegen ist sehr klein, so daß ohne Vorschalten einer sog. *Glättungs-*

drossel L zu große Wechselströme fließen würden. Wechselströme i_w im Ankerkreis sind aus mehreren Gründen unerwünscht:

- Sie verursachen zusätzliche Stromwärmeverluste und Erwärmung in der Ankerwicklung.
- Sie bewirken Pendelmomente

$$M_p = \frac{k_1}{2\pi} \phi i_w \tag{34}$$

  von der Frequenz des Ankerstromes. Diese Pendelmomente regen Drehschwingungen der Welle an und können die Laufgüte insbesondere dann verschlechtern, wenn die Anregungsfrequenz in der Nähe einer torsionskritischen Drehzahl des Wellenstranges liegt.
- Sie verursachen Wechselanteile im Wendefeld, durch die die Kommutierung verschlechtert wird.

2.7.2 Gleichstromsteller zur Speisung von Reihenschlußmotoren

Gleichstrom-Reihenschlußmotoren für Bahnantriebe werden meist aus Gleichstromnetzen gespeist. Zur Einstellung der Spannung am Motor dient ein Thyristorschalter in der Prinzipschaltung von Bild 24a).

Die Anordnung wirkt wie ein Schalter, den man zu einem bestimmten wählbaren Zeitpunkt schließen und zu einem anderen wählbaren Zeitpunkt öffnen kann. Schließen und Öffnen des Thyristorschalters erfolgen periodisch mit einer Frequenz in der Größenordnung von einigen 100 Hz. Parallel zum Gleichstrommotor ist eine sogenannte Freilauf-Diode geschaltet, welche bei geöffnetem Thyristorschalter den Stromfluß übernimmt. Bei einem Stromabriß in unendlich kurzer Zeit würden anderenfalls Dirac-Impulse in der Spannung entstehen und die Wicklungsisolierung gefährden. Spannung und Strom des Gleichstrommotors nehmen prinzipiell den Verlauf nach Bild 24b) an.

Bei geschlossenem Thyristorschalter liegt die Netzspannung am Motor, und der Motorstrom steigt mit der Zeitkonstanten T =

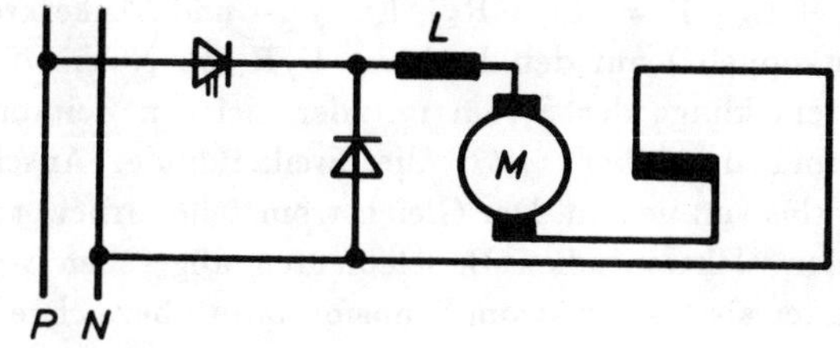

a) Prinzipschaltung

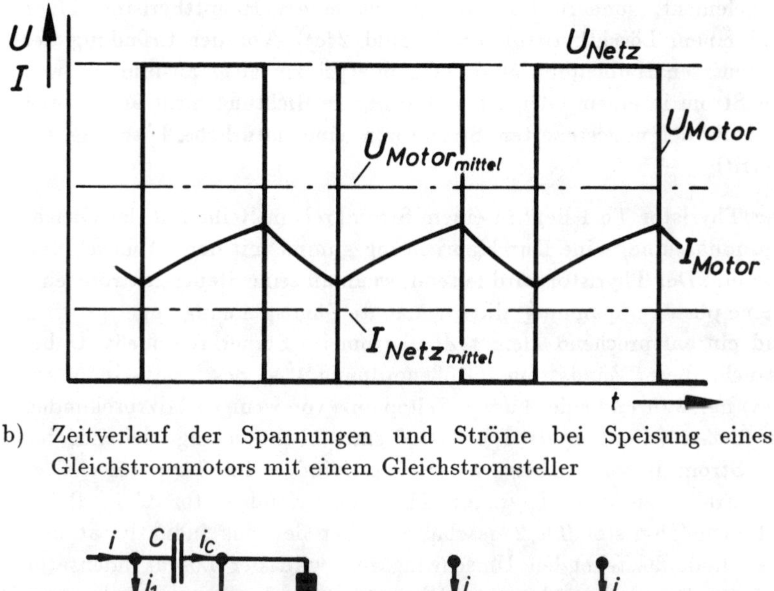

b) Zeitverlauf der Spannungen und Ströme bei Speisung eines Gleichstrommotors mit einem Gleichstromsteller

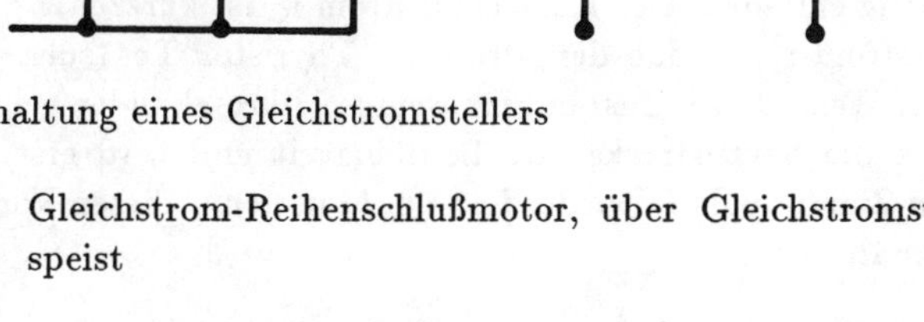

c) Schaltung eines Gleichstromstellers

Bild 24 Gleichstrom-Reihenschlußmotor, über Gleichstromsteller gespeist

L/R ($L = L_A + L_E$, $R = R_A + R_E$. Erreger- und Ankerkreis sind magnetisch entkoppelt!) auf den Endwert U/R an. Nach Öffnen des Thyristorschalters klingt der Strom mit der gleichen Zeitkonstanten auf Null ab und durchfließt jetzt die Freilaufdiode. Anschließend beginnt der Zyklus von neuem. Der Gleichstromsteller arbeitet von den Verlusten in den elektronischen Bauelementen abgesehen verlustfrei und wird mitunter als "Gleichstrom-Transformator" bezeichnet.

Der Thyristorschalter besteht tatsächlich nicht aus einem einzigen Bauelement, sondern im Prinzip aus einem Hauptthyristor Th 1 und einem Löschthyristor Th 2 (Bild 24c)). Vor der Erfindung der gesteuerten Halbleiter war das Chopperprinzip nicht ausführbar, weil der Strom in einem Gleichstromkreis seine Richtung nicht ändert und deshalb bei ungesteuerten Stromtoren eine natürliche Löschung nie eintritt.

Der Thyristor Th 1 liegt in einem Stromkreis in Reihe mit der Gleichstrommaschine, seine Durchlaßrichtung stimmt mit der Stromrichtung überein. Der Thyristor wird leitend, wenn an seine Steuerelektrode eine kleine positive Spannung, die sogenannte Zündspannung angelegt wird, und ein entsprechend kleiner Zündstrom im Steuerkreis fließt. Dabei braucht dieser Zündstrom (Größenordnung $1^0/_{00}$ des Ventil-Nennstromes) nur während einer kurzen Zeitspanne von wenigen Mikrosekunden zu fließen (Zündimpuls I_1). Das Ventil bleibt solange leitend, bis der Strom i_1 von selbst wieder verschwindet. Im Thyristorschalter ist parallel zu dem Thyristor Th 1 der Kondensator C in Reihe mit dem Thyristor Th 2 geschaltet. Über den aus Induktivität und Sperrdiode bestehenden Umschwingkreis wird der Löschkondensator C beim Einschalten des Hauptthyristors Th 1 wieder auf die zum Löschen erforderliche Polarität umgeladen. Mit dem Zündimpuls I_2 wird das Hilfsventil Th 2 leitend, und der Kondensator kann sich kurzschlußartig entladen. Der Kurzschlußstrom i_C ist kurzzeitig größer als der Laststrom i_1, so daß der Strom im Thyristor Th 1 den Wert Null erreicht. Wenn dieser Zustand für wenige Mikrosekunden gehalten wird, verliert die Ventilstrecke ihre Leitfähigkeit und wird erst nach einem neuen Zündimpuls I_1 wieder leitend. Man nennt diesen Vorgang *Zwangskommutierung*.

Die Thyristorschaltung wirkt somit wie ein Schalter, den man mit Hilfe des Zündimpulses I_1 zu jeder beliebigen Zeit schließen und mit Hilfe des Löschimpulses I_2 wieder öffnen kann. Auf diese Weise lassen sich aus der gegebenen Gleichspannung beliebige Zeitabschnitte für den Verbraucher auswählen, und man kann die am Verbraucher liegende Spannung demnach zwischen dem Wert des Netzes U und *Null* kontinuierlich einstellen.

2.7.3 Selbsterregter Gleichstrom-Nebenschlußgenerator

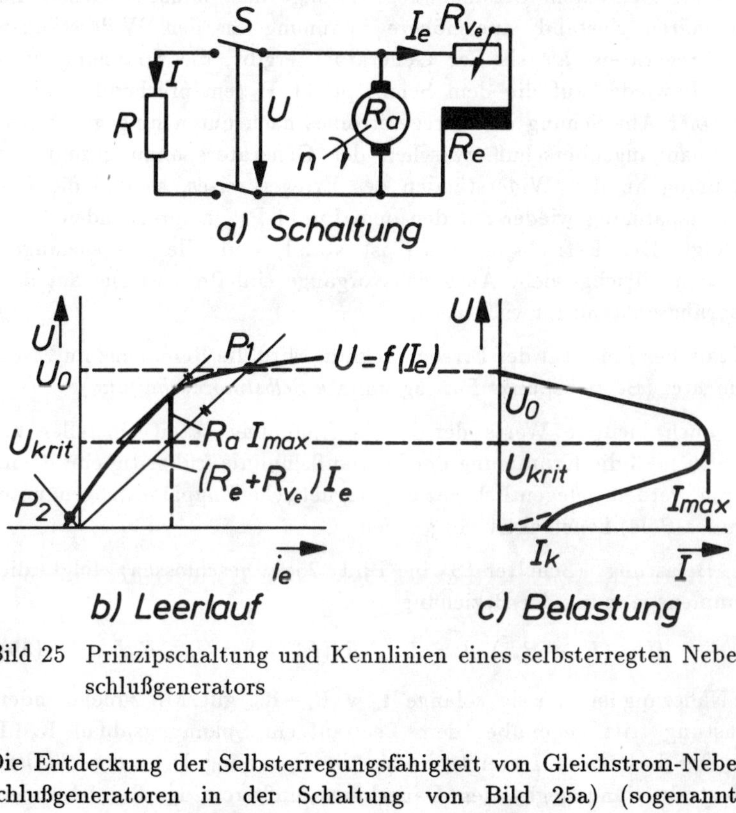

Bild 25 Prinzipschaltung und Kennlinien eines selbsterregten Nebenschlußgenerators

Die Entdeckung der Selbsterregungsfähigkeit von Gleichstrom-Nebenschlußgeneratoren in der Schaltung von Bild 25a) (sogenanntes elektrodynamisches Prinzip, Werner v. Siemens 1866) stellte einen

Meilenstein für den Aufbau einer elektrischen Energieversorgung dar. Voraussetzung für die Selbsterregung ist ein stabiler Schnittpunkt zwischen der Leerlaufkennlinie des Generators und der Widerstandsgeraden im Erregerkreis (Bild 25b)). Wenn der Generator angetrieben wird, stellt sich durch die Remanenz im Eisen eine kleine Leerlaufspannung auch bei geöffnetem Erregerkreis ein. Bei richtiger Polarität der Erregerwicklung erregt sich der Generator auf den stabilen Schnittpunkt P_1. Die Stabilität läßt sich leicht überprüfen, indem man gedanklich geringe Abweichungen vom Schnittpunkt betrachtet. Bei einem Stromanstieg verlangt das ohmsche Gesetz im stationären Zustand eine höhere Spannung an den Widerständen im Erregerkreis, als sie der Generator hergibt, die Spannung wird deshalb wieder auf die dem Schnittpunkt P_1 entsprechende sinken. Bei einer Abweichung des Erregerstromes nach unten hingegen bleibt ein Spannungsüberschuß zwischen der Generatorspannung und der Spannung an den Widerständen des Erregerkreises, so daß die Generatorspannung wieder auf den dem Punkt P_1 entsprechenden Wert ansteigt. Der Betriebspunkt P_1 ist stabil, weil alle Abweichungen aus dem Gleichgewicht Ausgleichsvorgänge einleiten, welche auf den Ursprungszustand hinwirken.

Bei falscher Polarität der Erregerwicklung wird die Remanenz im Eisen vernichtet (Betriebspunkt P_2, sogenannte *Selbstmordschaltung*).

Um auch kleinere Werte der Leerlaufspannung stabil einstellen zu können, muß die Krümmung der Leerlaufkennlinie frühzeitig einsetzen. Hierzu werden gelegentlich gezielt magnetische Engpässe (sogenannte Isthmus-Pole) konstruktiv vorgesehen.

Bei Belastung (Schalter S in Bild 25a) geschlossen) folgt die Klemmenspannung der Beziehung

$$U = (R_e + R_{ve}) \cdot I_e = U_i - R_a(I + I_e) \approx U_i - R_a I\,. \qquad (35)$$

Die Näherung ist zulässig, solange $R_a \ll R_e + R_{ve}$ gilt. Mit zunehmender Belastung tritt gegenüber dem Leerlauf ein Spannungsabfall $R_a \cdot I$ auf. Der Laststrom I steigt an, bis die Spannung U_{krit} erreicht ist, und strebt dann gegen den Dauerkurzschlußstrom I_k. Bei fehlender Remanenz wäre $I_k = 0$.

2.7.4 Schaltungen zum Vierquadrantenbetrieb

Die sogenannte Leonard-Schaltung nach Bild 26 stellte früher die einzige praktikable Möglichkeit dar, eine Gleichstrommaschine praktisch verlustlos in allen vier Quadranten des n/M-Kennlinienfeldes zu betreiben. Sie wird heute meist durch Stromrichterschaltungen ersetzt.

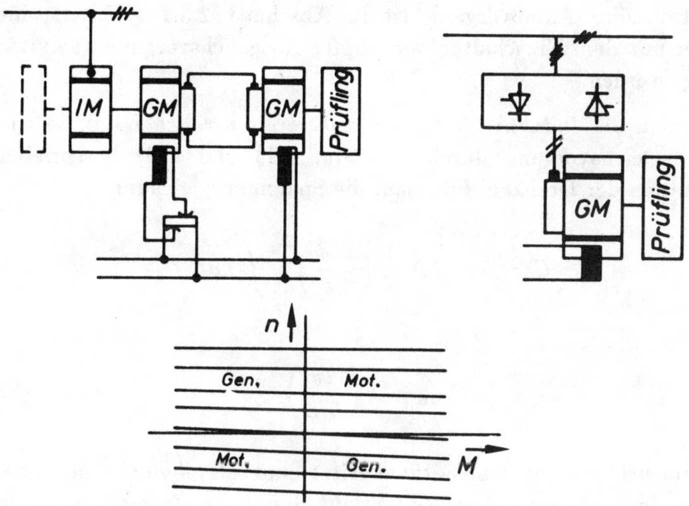

Bild 26 Schaltungen zum Vierquadrantenbetrieb einer Gleichstrommaschine

Die Energie wird einem Drehstromnetz entnommen, welches beim Leonard-Umformer einen Elektromotor, vorzugsweise eine Induktionsmaschine, speist. Dieser Antrieb ist mit dem Leonard-Steuergenerator mechanisch gekuppelt. Der Leonard-Steuergenerator, welcher konstant erregt wird, ist wiederum mit dem Prüfling mechanisch verbunden. Die Leerlaufdrehzahl des Steuermotors läßt sich nach Größe und Richtung über den Erregerstrom des Steuergenerators einstellen.

Gelegentlich wird mit der Welle des Antriebsmotors noch ein Schwungrad (in Bild 26 gestrichelt dargestellt) verbunden, dessen kinetische Energie das Netz vor unzulässigen Belastungsstößen schützen soll. Man nennt diese Erweiterung der Leonard-Schaltung nach dem Erfinder *Ilgner-Umformer*.

2.8 Anlassen eines Nebenschlußmotors

Der stationäre Anlaßvorgang ist in Abschnitt 2.3.1 erläutert; hier soll der mit dem Einschalten verknüpfte Ausgleichsvorgang analytisch verfolgt werden.

Wenn man die *Induktivität L_A im Ankerkreis vernachlässigt*, so wird der Ausgleichsvorgang durch die Gln. (11) und (18) beschrieben. Elimination der Drehzahl führt auf die Spannungsgleichung

$$U = R_A \cdot I + \frac{1}{J}\left(\frac{k_1\phi}{2\pi}\right)^2 \cdot \int I\,dt, \tag{36}$$

in welcher die Größe

$$C_{dyn} = J\left(\frac{2\pi}{k_1\phi}\right)^2 \tag{37}$$

die Dimension einer Kapazität besitzt und als *dynamische Kapazität* bezeichnet wird. Der Zeitverlauf des Ankerstromes entspricht demjenigen beim Zuschalten eines verlustbehafteten Kondensators an Gleichspannung:

$$I(t) = \frac{U}{R_A} e^{-\frac{t}{T_m}}. \tag{38}$$

Man bezeichnet die Größe

$$T_m = R_A \cdot C_{dyn} \tag{39}$$

als *mechanische Zeitkonstante*. Setzt man Gl. (38) in Gl. (18) ein, so erhält man den Drehzahlverlauf

$$n(t) = \frac{U}{k_1\phi}\left(1 - e^{-\frac{t}{T_m}}\right). \tag{40}$$

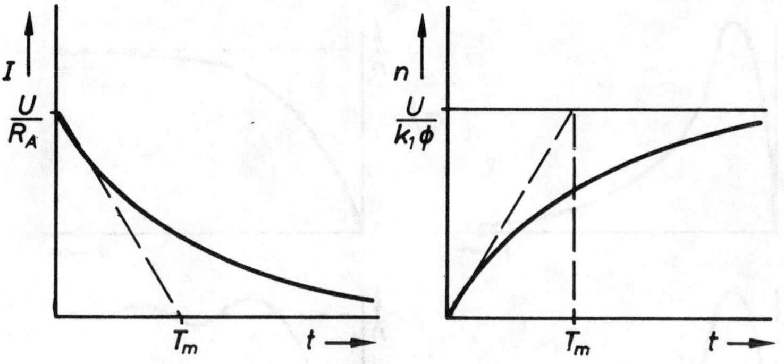

Bild 27 Zeitverlauf von Ankerstrom I und Drehzahl n beim Einschalten eines Gleichstrom-Nebenschlußmotors bei Vernachlässigung der Ankerinduktivität

Bei *Berücksichtigung der Induktivität* L_A *im Ankerkreis* lautet die Spannungsdifferentialgleichung

$$U = R_A \cdot I + L_A \frac{dI}{dt} + \frac{1}{C_{dyn}} \int I\,dt \tag{41}$$

und entspricht dem Schalten eines verlustbehafteten Reihenschwingkreises an Gleichspannung. Jetzt bestimmt das Verhältnis von mechanischer Zeitkonstanten T_m zur *Ankerzeitkonstanten* $T_A = L_A/R_A$ die Zeitverläufe.

Für $T_m > 4 \cdot T_A$ ändern sich Ankerstrom und Drehzahl periodisch. Mit

$$p_{1;2} = \frac{1}{2T_A}\left(-1 \pm \sqrt{1 - 4\frac{T_A}{T_m}}\right) \tag{42}$$

gilt

$$I(t) = \frac{U}{R_A} \frac{e^{p_1 t} - e^{p_2 t}}{\sqrt{1 - 4\frac{T_A}{T_m}}}, \tag{43}$$

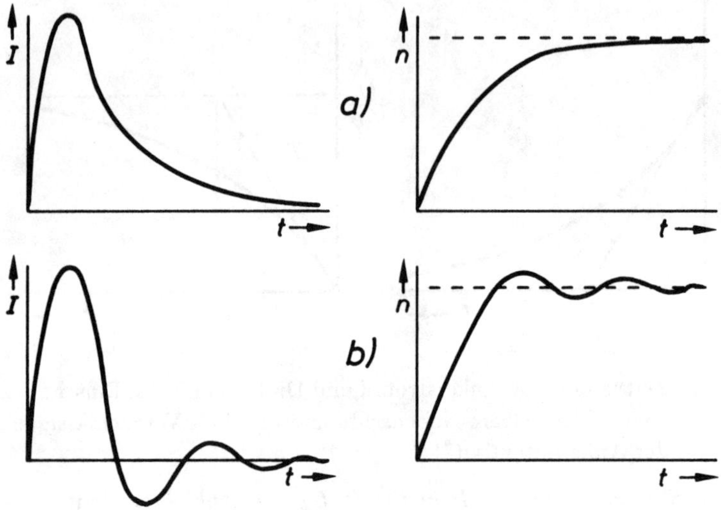

Bild 28 Zeitverlauf von Ankerstrom I und Drehzahl n beim Einschalten eines Gleichstrom-Nebenschlußmotors mit Berücksichtigung der Ankerinduktivität
a) aperiodischer Verlauf ($T_m > 4T_A$)
b) gedämpfte Schwingungen ($T_m < 4T_A$)

$$n(t) = \frac{U}{k_1\phi}\left\{1 + \frac{T_A}{\sqrt{1-4\dfrac{T_A}{T_m}}}\left(p_2 \cdot e^{p_1 t} - p_1 \cdot e^{p_2 t}\right)\right\}. \qquad (44)$$

Die Zeitverläufe sind in Bild 28a) graphisch dargestellt. Für $T_m < 4\,T_A$ entstehen gedämpfte Schwingungen mit der Kreisfrequenz

$$\omega = \sqrt{\frac{1}{T_A \cdot T_m} - \left(\frac{1}{2T_A}\right)^2} \qquad (45)$$

und der Abklingkonstanten

$$\delta = \frac{1}{2T_A}. \tag{46}$$

Der Ankerstrom lautet

$$I(t) = \frac{U}{\omega L_A} \cdot e^{-\delta t} \cdot \sin(\omega t) \tag{47}$$

und die Drehzahl (vgl. Bild 28b))

$$n(t) = \frac{U}{k_1 \phi} \left\{ 1 - (\cos(\omega t) + \frac{\delta}{\omega} \sin(\omega t)) \cdot e^{-\delta t} \right\}. \tag{48}$$

"Schnelle Anläufe" erreicht man mit Gleichstrommaschinen, deren Massenträgheitsmoment klein ist (schlanke Läufer), und die mit maximalem Fluß (C_{dyn} klein, T_m klein) angefahren werden.

Mechanisch verhält sich die Gleichstrommaschine offensichtlich wie eine Drehfeder mit Dämpfung. Der mechanische Energiespeicher der rotierenden Massen erscheint im elektrischen Ersatzschaltbild (vgl. Gl. (36) oder (41)) als Kondensator. Es sei erwähnt, daß alle drehenden elektrischen Maschinen aufgrund ihrer elektromagnetischen Eigenschaften wie eine Drehfeder wirken. Die hieraus resultierenden Drehschwingungen spielen bei der Antriebsprojektierung eine wichtige Rolle, manchmal auch im stationären Betrieb (bei Antrieben mit periodisch schwankendem Antriebsmoment wie Kolbenmaschinen).

2.9 Bremsen bei Gleichstrommaschinen

Die einfachste und am häufigsten praktizierte Bremsmethode ist die Trennung des Antriebes vom Netz und der sich daran anschließende natürliche Auslauf. Wenn sich dabei zu lange Bremszeiten einstellen, können sie durch mechanische Zusatzbremsen oder elektrische Bremsschaltungen verkürzt werden.

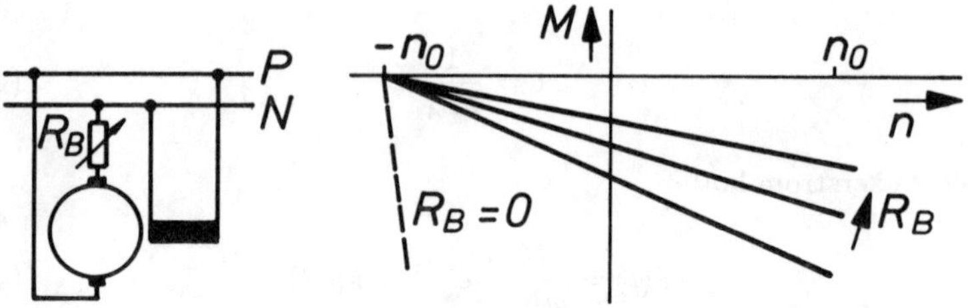

Bild 29 Gegenstrombremsen bei einer Nebenschlußmaschine

Bei *Nebenschlußmaschinen* kann der Antrieb durch *Gegenstrombremsen* verzögert werden (Bild 29). Mit Rücksicht auf die zulässigen Ströme im Ankerkreis ist Gegenstrombremsen nur mit sehr großen Vorwiderständen praktizierbar. Die Bremswirkung läßt sich über deren Größe einstellen.

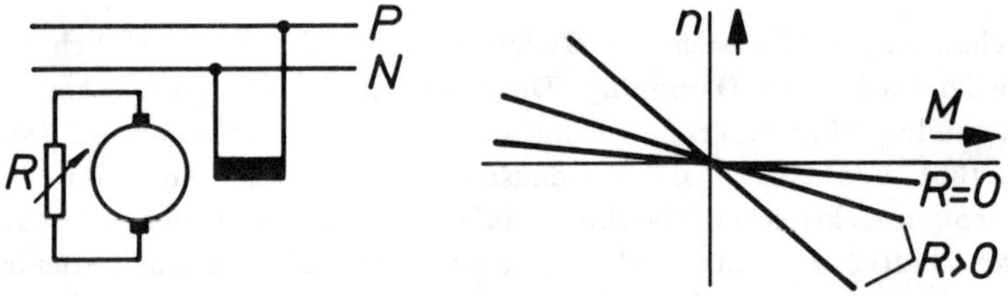

Bild 30 Widerstandsbremsung einer Nebenschlußmaschine

Bei der GM läßt sich eine besondere Form des Bremsens durchführen, nämlich das *Widerstandsbremsen bei Ankerspannung Null* (Bild 30). Wenn man eine GM bei konstantem Feld im Ankerkreis auf einen ohmschen Widerstand schaltet, erhält man nach Gl. (17) ein Drehmoment, welches sich linear mit der Drehzahl ändert und über die Größe des Widerstandes im Ankerkreis einstellbar ist. Dieses Widerstandsbremsen, welches vom Stillstand ausgehend in beiden Drehrichtungen wirksam ist, wird zum Lastsenken bei Hebezeugen eingesetzt.

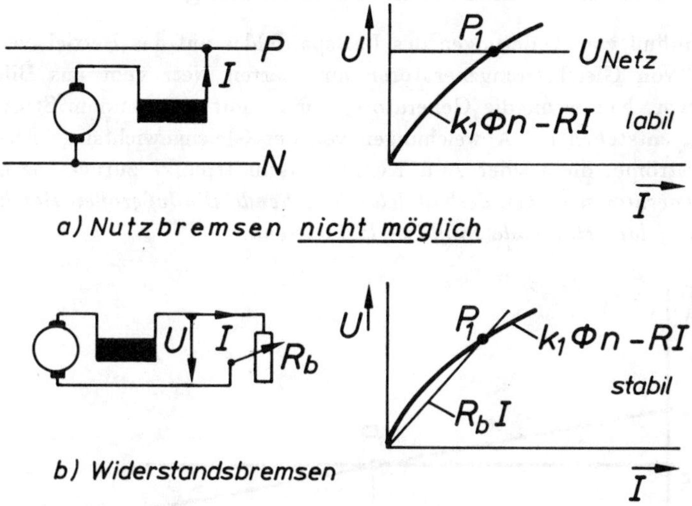

Bild 31 Bremsen bei Reihenschlußmotoren

Reihenschlußmotoren werden überwiegend in Bahnantrieben verwendet. Es wäre wünschenswert, die Motoren auf Gefällestrecken zur Nutzbremsung heranzuziehen. Ohne weiteres ist dies nicht möglich, weil sich am Netz konstanter Spannung kein stabiler Betriebspunkt einstellt (Bild 31a)). Es gibt spezielle *Nutzbremsschaltungen*, auf die hier nicht eingegangen werden kann.

Nach Bild 31b) ist bei Reihenschlußmotoren hingegen eine *Widerstandsbremsung möglich*. Sie besitzt allerdings mehrere Nachteile

- im Stillstand ist das Bremsmoment klein (bei Vernachlässigung der Remanenz Null),
- das Einsetzen der Selbsterregung ist oft unsicher (schleifender Schnittpunkt zwischen Maschinenkennlinie und Widerstandsgerade, insbesondere bei verschmutzten Kommutatoren),
- die abgebremste Energie wird im Ankerkreis als Stromwärme vergeudet.

2.10 Stabilität und Ankerrückwirkung

Der Einfluß von Änderungen des Luftspaltfeldes auf das Betriebsverhalten von Gleichstromgeneratoren am starren Netz geht aus Bild 32 hervor. Nur wenn die Generatorspannung mit wachsendem Strom abfällt, entstehen bei Abweichungen von der Gleichgewichtslage Ausgleichsströme, die wieder zum Kennlinienschnittpunkt zurückführen. *Bei Generatoren wirken deshalb feldschwächende Einflußgrößen stabilisierend, feldverstärkende Einflüsse labilisierend.*

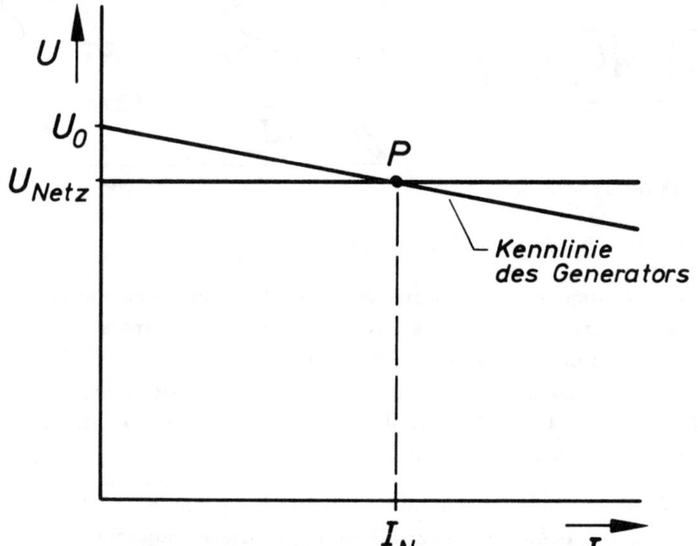

Bild 32 Fremderregter Gleichstrom-Generator am starren Netz U_{Netz} im Betriebspunkt P

Die Überprüfung der Vorgänge bei Gleichstrommotoren kann anhand von Bild 9 erfolgen. Die dort eingetragenen Betriebspunkte P_1, P_2 und P_3 sind stabil, wie folgende einfache Überlegung zeigt: Würde durch äußere Einflüsse eine Vergrößerung der Drehzahl gegenüber dem jeweiligen Schnittpunkt der Kennlinien erfolgen, so wäre stationär

Tafel 2 Stabilität und Ankerrückwirkung bei GM

Art der Ankerrückwirkung	Motor	Generator
Feldverzerrung durch Ankerquerfeld	feldschwächend, deshalb labilisierend	feldschwächend, deshalb stabilisierend
Bürstenverschiebung		
in Drehrichtung	stärkend, stabilisierend	schwächend, stabilisierend
gegen Drehrichtung	schwächend, labilisierend	stärkend, labilisierend
Kommutierung		
Überkommutierung	schwächend, labilisierend	stärkend labilisierend
Unterkommutierung	stärkend, stabilisierend	schwächend, stabilisierend
Doppelschlußerregung		
Zusatz-Reihenschlußwicklung (ZRW)	stärkend, stabilisierend	stärkend, labilisierend
Gegen-Reihenschlußwicklung (GRW)	schwächend, labilisierend	schwächend stabilisierend

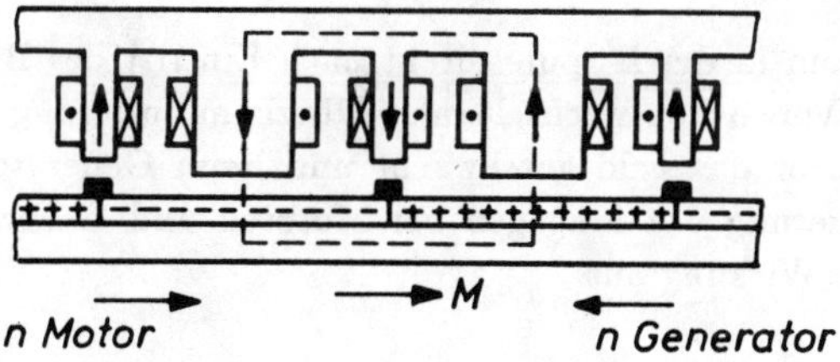

das vom Motor entwickelte Drehmoment kleiner als das vom Antrieb geforderte Moment. Die Drehmomentdifferenz würde eine Verzögerung der Schwungmassen des Antriebes einleiten. In gleicher Weise würde ein Drehzahlabfall gegenüber dem jeweiligen Schnittpunkt zu beschleunigenden Ausgleichsvorgängen führen. Voraussetzung für die Stabilität des Betriebsverhaltens ist ein mit zunehmender Belastung einsetzender Drehzahlabfall.

Aus Gl. (17) geht unmittelbar hervor, daß Feldverstärkung einen Drehzahlabfall bewirkt. *Bei Gleichstrommotoren wirken feldverstärkende Einflußgrößen stabilisierend, feldschwächende Einflußgrößen labilisierend.*

Die möglichen Einflußfaktoren der Vorgänge im Ankerkreis auf das Luftspaltfeld sind in Tafel 2 zusammenfassend dargestellt.

Die Aussagen der Tafel lassen sich mit Hilfe des Durchflutungsgesetzes, angewandt auf den gestrichelt eingezeichneten Integrationsweg, direkt belegen.

Die Feldverzerrung durch das Ankerquerfeld wirkt nach Bild 22 immer feldschwächend, beim Motor daher labilisierend, beim Generator stabilisierend.

Wenn die Bürsten einer Gleichstrommaschine aus der q-Achse ("Neutralen") in Drehrichtung verschoben sind, wirkt sich dies beim Motor feldstärkend, beim Generator feldschwächend aus. Bei einer Bürstenverschiebung gegen die Drehrichtung liegen die Verhältnisse umgekehrt.

Wenn der Strom in der k-Spule direkt nach Eintritt des Bürstenkurzschlusses das Vorzeichen wechselt, also Überkommutierung vorliegt, so wird beim Motor das Feld geschwächt und beim Generator gestärkt. Unterkommutierung übt hingegen bei Motoren und Generatoren eine stabilisierende Wirkung aus.

3. Transformatoren

Die Betrachtungen sollen in erster Linie auf den elektromagnetisch eingeschwungenen Zustand abgestellt werden. Die Netzspannung soll sinusförmig und starr sein. Der Transformator wird – soweit dies physikalisch sinnvoll ist – als lineares Bauelement behandelt. Für die Berechnung der Ströme kann dann die komplexe Schwingungsrechnung herangezogen werden.

3.1 Spannungsgleichungen und Ersatzschaltbild eines "Knäuel-Transformators"

Zwei galvanisch getrennte, magnetisch gekoppelte Stromkreise stellen den allgemeinen Fall eines Einphasen-Transformators dar. Über die geometrische Gestalt sollen zunächst keine Annahmen getroffen werden. Man bezeichnet ein solches regelloses Gebilde mitunter als Knäuel-Transformator. Ein Einphasen-Transformator wird durch die ohmschen Widerstände R_1, R_2, die Selbstinduktivitäten L_1, L_2 und die Gegeninduktivität M für Netzfrequenz eindeutig und vollständig gekennzeichnet. Diese Größen sind auch meßtechnisch einfach zu bestimmen. In Bild 33 bezeichnen unterstrichene Buchstaben die *Zeitzeiger* der einzelnen Spannungen und Ströme, deren Zählpfeile willkürlich im Sinne der Verbraucherschreibweise einander zugeordnet sind.

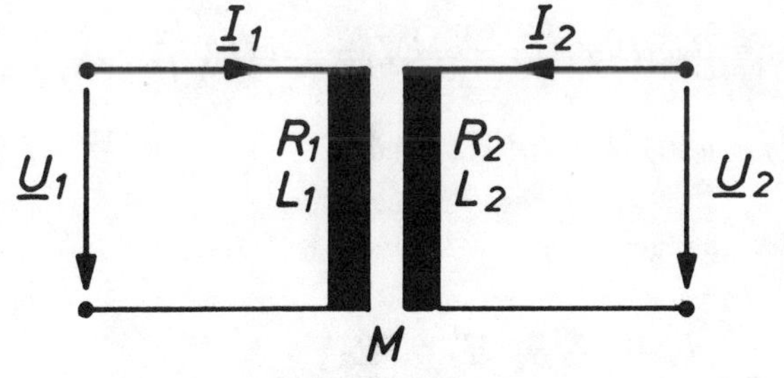

Bild 33 Physikalische Kenngrößen eines Einphasen-Transformators

Mit der Bezeichnung $\omega = 2\pi f$ für die *Kreisfrequenz* der Wechselgrößen lauten die Gleichungen für das Spannungsgleichgewicht der beiden Stromkreise von Bild 33

$$\underline{U}_1 = (R_1 + j\omega L_1)\,\underline{I}_1 + j\omega M\,\underline{I}_2 \tag{49}$$

$$\underline{U}_2 = (R_2 + j\omega L_2)\,\underline{I}_2 + j\omega M\,\underline{I}_1 \tag{50}$$

Die Spannungsgleichungen sind der Ausgangspunkt der analytischen Theorie bei jeder elektrischen Maschine.

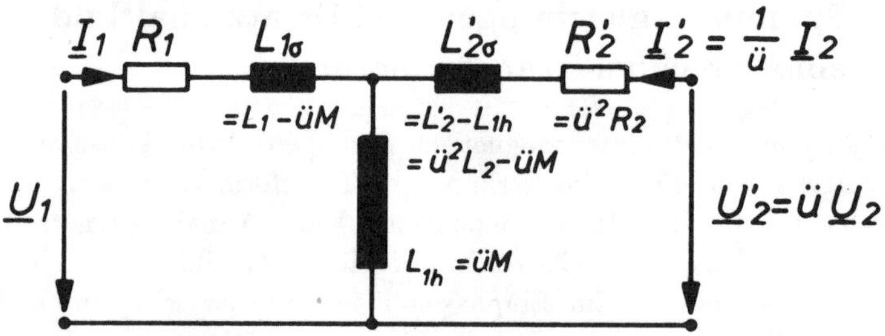

Bild 34 T-Ersatzschaltbild eines Transformators

Um ein galvanisches *T-Ersatzschaltbild* der beiden induktiv gekoppelten Stromkreise aufzustellen, wird die *willkürlich wählbare Größe ü* in die Spannungsgleichungen eingeführt.

$$\underline{U}_1 = R_1\underline{I}_1 + j\omega(L_1 - \ddot{u}M)\underline{I}_1 + j\omega\ddot{u}M\left(\frac{\underline{I}_2}{\ddot{u}} + \underline{I}_1\right) \tag{49a}$$

$$\ddot{u}\underline{U}_2 = \ddot{u}^2 R_2\frac{\underline{I}_2}{\ddot{u}} + j\omega(\ddot{u}^2 L_2 - \ddot{u}M)\frac{\underline{I}_2}{\ddot{u}} + j\omega\ddot{u}M(\frac{\underline{I}_2}{\ddot{u}} + \underline{I}_1) \tag{50a}$$

Mit den Abkürzungen

$$\begin{aligned} \underline{I}_2' &= \frac{1}{\ddot{u}}\underline{I}_2\,, \quad \underline{U}_2' = \ddot{u}\underline{U}_2\,, \\ R_2' &= \ddot{u}^2 R_2\,, \quad L_2' = \ddot{u}^2 L_2\,, \quad L_{1h} = \ddot{u}M \end{aligned} \tag{51}$$

nehmen die Gln. (49a) und (50a) die Form an

$$\underline{U}_1 = R_1\underline{I}_1 + j\omega(L_1 - L_{1h})\underline{I}_1 + j\omega L_{1h}(\underline{I}_1 + \underline{I}'_2), \qquad (49b)$$

$$\underline{U}'_2 = R'_2\underline{I}'_2 + j\omega(L'_2 - L_{1h})\underline{I}'_2 + j\omega L_{1h}(\underline{I}_1 + \underline{I}'_2), \qquad (50b)$$

Den Gln. (49b) und (50b) entspricht das Ersatzschalt-Bild 34.

Im Schrifttum werden die Größen $L_{1\sigma}$, $L'_{2\sigma}$ als primäre bzw. sekundäre *Streuinduktivität* und die Größe L_{1h} als *Hauptinduktivität* bezeichnet. Diese Größen hängen von der willkürlich gewählten Zahl ü, meist *Übersetzung* genannt, ab und besitzen deshalb definitiven Charakter. Man kann ü beispielsweise so wählen, daß eine der beiden Streuinduktivitäten zu Null wird. Bei anderer Wahl von ü kann eine Induktivität ein negatives Vorzeichen bekommen, d.h. den Charakter einer Kapazität annehmen. Da über die geometrische Gestalt des Transformators keine Festlegungen getroffen wurden, gelten vorstehende Überlegungen auch für den technischen Transformator.

Die Zuordnung des magnetischen Feldes in einem Transformator zu bestimmten Wicklungen ist willkürlich. Eine eindeutige Definition des Begriffes Streuung ist nur mit Hilfe der physikalischen Größen des Transformators möglich. Man bezeichnet als *Ziffer der Gesamtstreuung*, mitunter auch Blondel'sche oder Behn-Eschenburg'sche Streuziffer genannt, den Ausdruck

$$\sigma = 1 - \frac{M^2}{L_1 L_2}. \qquad (52)$$

Die *Grenzfälle* sind

$\sigma = 0:$ d.h. $M = \sqrt{L_1 \cdot L_2}$, streuungslose Verkettung,

$\sigma = 1:$ d.h. $M = 0$, magnetisch entkoppelte Stromkreise.

Im Grenzfall des *widerstandslosen* Transformators ($R_1 = R_2 = 0$) läßt sich die Ziffer der Gesamtstreuung anschaulich deuten. Wenn der Transformator auf der Seite 1 (sogenannte *Primärseite*) an ein starres Netz angeschlossen wird und der Sekundärkreis geöffnet ist (*Leerlauf* des Transformators), so nimmt der Transformator den Leerlaufstrom

$$\underline{I}_{10} = \frac{\underline{U}_1}{j\omega L_1} \qquad (53)$$

aus dem Netz auf. Wird der Transformator sekundärseitig *kurzgeschlossen* ($U_2 = 0$), so fließt der Kurzschlußstrom

$$\underline{I}_{1k} = \frac{\underline{U}_1}{j\omega(L_1 - L_{1h}) + j\omega\dfrac{(L_2' - L_{1h}) \cdot L_{1h}}{L_2'}} = \frac{\underline{U}_1}{j\omega\left(L_1 - \dfrac{L_{1h}^2}{L_2'}\right)}. \quad (54)$$

Das Verhältnis von Leerlauf- zu Kurzschlußstrom, das sogenannte *Leerlauf-Kurzschluß-Verhältnis*,

$$\frac{\underline{I}_{10}}{\underline{I}_{1k}} = \frac{I_{10}}{I_{1k}} = \frac{L_1 - \dfrac{L_{1h}^2}{L_2'}}{L_1} = 1 - \frac{M^2}{L_1 \cdot L_2} = \sigma \quad (55)$$

ist identisch der Ziffer der Gesamtstreuung.

3.2 Kernbauformen und Wicklungsarten technischer Transformatoren

In diesem Skriptum werden Transformatoren für die Energieübertragung behandelt. Man nennt die im Kraftwerk installierten Transformatoren, welche die Generatorspannung auf die der Übertragungsleitung umspannen, *Maschinentransformatoren*. Die an den Netzknoten und in den Verteilungsnetzen eingesetzten Transformatoren heißen *Netzkupplungs-* bzw. *Verteilungstransformatoren*.

Transformatoren für die Energieversorgung werden in Europa etwa im Leistungsbereich 50 kVA bis 1000 MVA für Nennspannungen zwischen 400 V und 400 kV gefertigt. Leistungstransformatoren werden im Regelfall *flüssigkeitsgekühlt* ausgeführt. Man benutzt durchweg *Spezialöle*, welche neben ihrer Wirkung als Kühlmedium isolationstechnische Aufgaben erfüllen. Insbesondere bei hohen Spannungen kann das Öl-Papier-Dielektrikum bisher durch keine anderen Materialien ersetzt werden. Leistungstransformatoren werden manchmal auch als sogenannte *Trockentransformatoren*, meist mit in Gießharz eingebetteten Wicklungen, ausgeführt. Sie finden vor allem in brand- oder feuchtigkeitsgefährdeten Räumen Verwendung. Das Einsatzgebiet von Trockentransformatoren ist wegen der vergleichsweise schlechten Kühlung und deshalb hohen Kosten auf kleinere Leistungen begrenzt.

Im Transformatorenbau stehen hochspannungstechnische Fragen im Blickpunkt, einerseits wegen der hohen Betriebsspannungen, andererseits wegen des Einsatzes der Geräte direkt am Netz und der damit verknüpften *Stoßspannungsbeanspruchungen* aufgrund von Schalthandlungen und Blitzeinschlägen.

Die konstruktive Gestaltung des *Inaktivteils* – man versteht hierunter in erster Linie den *Kessel*, das Öl-*Ausdehnungsgefäß*, ein- oder angebaute *Kühlanlagen*, die *Durchführungen* der Wicklungsausleitungen – unterliegt einer außerordentlichen Vielfalt. Sie wird insbesondere auch durch das *Transportmittel* für die Überführung des Transformators vom Herstellerwerk zum Aufstellungsort bestimmt. Dabei spielt es eine wichtige Rolle, ob ein Transformator für einen bestimmten Installationsort (*stationärer* Transformator) gebaut wird oder an verschiedenen Stellen eingesetzt werden soll (*Wandertransformator*). Die für den Einsatz in Europa vorgesehenen Transformatoren müssen durchweg *bahnprofilgängig* sein, wobei für *Grenzleistungstransformatoren* Spezialwagen zur Verfügung stehen. Bei Transformatoren, welche auf dem Wasserweg transportiert werden können, bestehen meist geringere Profil- und Gewichtseinschränkungen.

Der *Aktivteil* untergliedert sich in den *Eisenkern* und die Wicklungen. Die Transformatorenbleche sind durchweg 0,3 mm stark und bestehen aus verlustarmen (z.B. $P\ 1,0 = 0,3$ W/kg), kornorientierten und kaltgewalzten Blechen. Da diese Bleche nur bei Magnetisierung in Walzrichtung geringe Verluste aufweisen, werden die Stoßfugen zwischen den *Schenkeln* und *Jochen* unter etwa 45° angeordnet. Moderne Transformatoren werden knapp unterhalb des relativ scharfen Magnetisierungsknicks der Bleche bei Induktionen von etwa $B = 1,7$ bis $1,9$ T betrieben. Die Breite der verwendeten Kernbleche bei Transformatoren wird so abgestuft, daß sich für die Schenkel ein der Kreisform möglichst gut angenähertes Profil ergibt. Auf

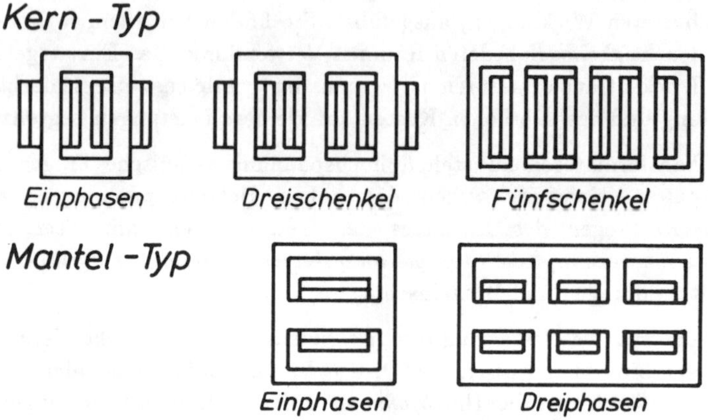

Bild 35 Kernbauformen von Transformatoren

diese Weise lassen sich die bei Stoßkurzschlußvorgängen auftretenden Stromkräfte auf die Wicklungen durch Absteifungsmaßnahmen am besten beherrschen.

Bei den Kernbauformen unterscheidet man zwischen *Kern-* und *Manteltransformatoren* (Bild 35), welche beide als Einphasen- oder Drehstrom-Transformatoren ausgeführt werden können.

In Bild 35 sind auch die jeweils konzentrisch angeordneten Wicklungen der *Oberspannungs- (OS)* und *Unterspannungs- (US) Seite* schematisch eingezeichnet. Die Namensgebung für den Kern- und den Mantel-Typ entspringt den unterschiedlichen Fertigungsmethoden. Drehstromtransformatoren werden in Europa fast ausschließlich als Kern-Typ gefertigt, während man z.B. in den USA den Mantel-Typ bevorzugt.

Wenn möglich gibt man dem billigen *Dreischenkelkern* den Vorzug. Fünfschenkelkerne werden mit Rücksicht auf die Bauhöhe bei Grenzleistungstransformatoren verwendet, denn die Jochhöhe kann auf etwa 60% derjenigen des Dreischenkelkerns begrenzt werden. Man erkennt dies leicht aus der Aufteilung der Flüsse auf die einzelnen Schenkel- und Jochabschnitte. Beim Betrieb eines Transformators am symmetrischen Drehspannungsnetz muß die Summe der Flüsse in den

Hauptschenkeln Null ergeben.

$$\underline{\phi}_1 + \underline{\phi}_2 + \underline{\phi}_3 = 0 \tag{56}$$

Die Flußverteilung läßt sich aus den Knotenpunktsbedingungen mit Hilfe eines Zeigerbildes ermitteln (Bild 36).

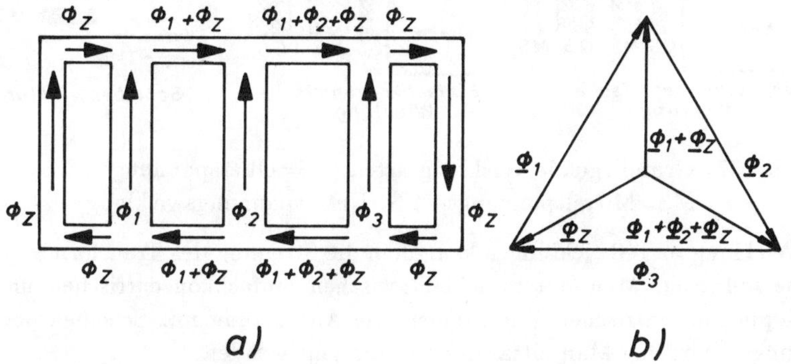

Bild 36 Flußverteilung bei einem Drehstrom-Fünfschenkelkern-Transformator
a) geometrische Anordnung des Kerns
b) Zeigerbild der Flüsse

Die *Jochflüsse betragen beim Fünfschenkelkern-Transformator das* $1/\sqrt{3} \approx 0,6$*-fache der Schenkelflüsse*, während sie beim Dreischenkelkern-Transformator mit diesen identisch sind. Die damit verbundene Verkleinerung der Bauhöhe trägt mit dazu bei, daß Transformatoren bis zu Leistungen von etwa 1000 MVA bahnprofilgängig ausführbar sind.

Die *Wicklungsarten* sind in der Literatur nicht einheitlich definiert. Man muß unterscheiden zwischen ihrer geometrischen Anordnung und der Spulenausführung (Bild 37). Bei konzentrischen Wicklungen wird die US-Wicklung mit Rücksicht auf den Isolationsaufwand stets dem Eisenkern benachbart angeordnet. Durch die Unterteilung einer

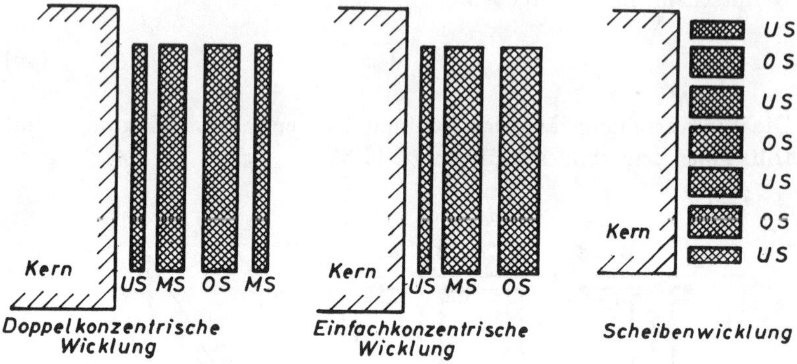

Bild 37 Grundlegende Wicklungsarten (OS=Oberspannungs-, MS=Mittelspannungs-, US=Unterspannungswicklung)

Wicklung in Teilwicklungen kann man die Streuung des Transformators beeinflussen. Man unterscheidet zwischen einfachkonzentrischen und doppelkonzentrischen Wicklungen. Die Ausführung mit Scheibenwicklungen wird bei Manteltransformatoren angewendet.

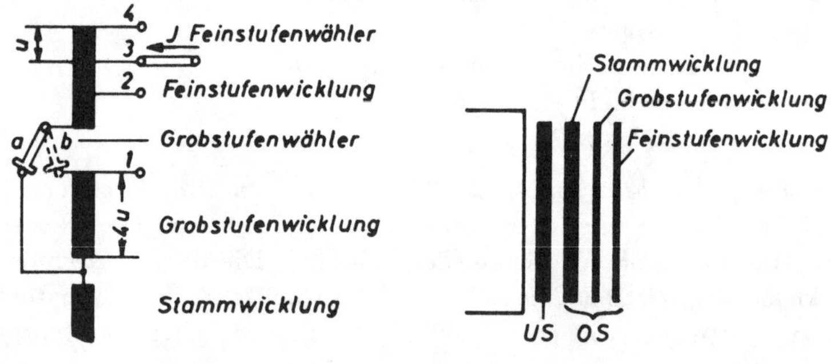

Bild 38 Prinzipielle Anordnung und Schaltung der Wicklungen bei Regeltransformatoren

Die Wicklungen können je nach Fertigungstechnologie sehr verschiedenartig aufgebaut sein. Man unterscheidet insbesondere zwischen

Folienwicklungen, Lagenwicklungen und *Spulenwicklungen*. Zur Vermeidung von zusätzlichen Verlusten durch Stromverdrängung müssen die stromführenden Leiter bei großen Strömen aus gegeneinander isolierten Teilleitern, die miteinander verdrillt sind, aufgebaut werden. Größere Netzkupplungstransformatoren werden im Hinblick auf die Anpassung der Spannungsebenen der zu kuppelnden Netze meist als sogenannte *Regeltransformatoren* ausgeführt. Hierbei ist die Oberspannung über einen in den Transformator eingebauten Stufenschalter einstellbar (Bild 38). Die Stufenwicklung wird so ausgeführt, daß jeweils eine ganze Lage zu- bzw. abgeschaltet wird. Die Ober- und Unterspannungsdurchflutungen besitzen dann stets die gleiche axiale Höhe. Auf diese Weise lassen sich die im Transformator auftretenden Axialkräfte besser beherrschen, die Anordnung ist außerdem mit Rücksicht auf eine geringe Streuung vorteilhaft.

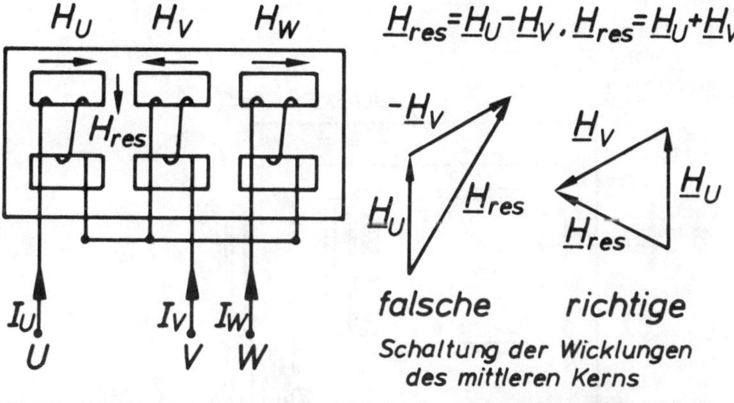

Bild 39 Wicklungsschaltung bei Drehstrom-Manteltransformatoren

Beim Dreischenkelkern-Transformator müssen die beiden außen liegenden Wicklungen nach Bild 35 längere Eisenwege magnetisieren als die Wicklung des mittleren Schenkels. Die Magnetisierungsströme in den Wicklungssträngen sind deshalb unterschiedlich groß. Diese Unsymmetrie spielt praktisch keine wichtige Rolle, da die Magnetisierungsströme sehr klein sind gegenüber den im Nennbetrieb fließenden (Anhaltswert:

$I_0/I_N = 0,5 - 2\ \%$). Die kleinen Magnetisierungsströme resultieren einerseits aus der guten Magnetisierbarkeit der verwendeten Bleche, andererseits aus dem Fehlen von Luftspalten. Im Eisen treten lediglich unvermeidliche Stoßfugen zwischen den Blechen der Kerne und Joche auf.

Es soll auf eine Sonderheit der Wicklungsschaltung bei Drehstrom-Manteltransformatoren hingewiesen werden. Aus den Zeigerdiagrammen in Bild 39 geht hervor, daß die Durchflutungsrichtung im mittleren Kern umgekehrt gewählt werden muß wie in den beiden Außenkernen, um unzulässige magnetische Beanspruchungen im Eisen zu vermeiden.

3.3 Berechnung der Reaktanzen von Transformatoren

3.3.1 Hauptreaktanz

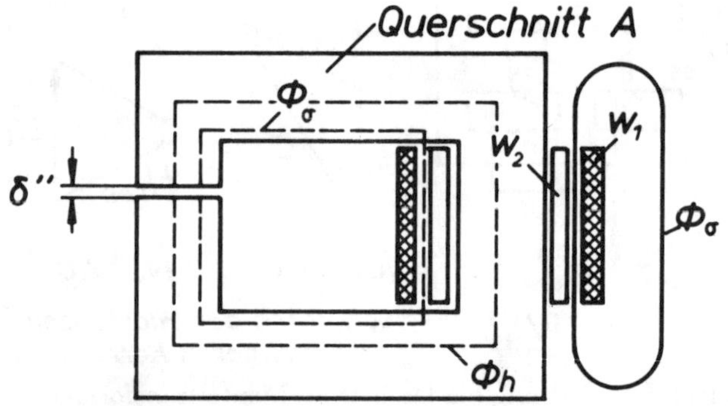

Bild 40 Zur Bestimmung der Hauptreaktanz eines Kerntransformators

In Analogie zu der Vorgehensweise bei drehenden elektrischen Maschinen werden für analytische Rechnungen die magnetischen Spannungen im Eisen vernachlässigt und ihre Wirkung durch einen fiktiven Luftspalt δ'' ersetzt. Aus Bild 40 läßt sich dann mit Hilfe des Durchflutungsgesetzes die magnetische Induktion im fiktiven Luftspalt errechnen.

Die Joch- und Kernquerschnitte A sind gleich groß angenommen. Man erhält für Leerlauf (Wicklung 2 stromlos)

$$w_1 I_1 \sqrt{2} = \frac{B}{\mu_0} \delta'' \tag{57}$$

und aus der Flußverkettung

$$\Psi = \frac{X_{1h}}{2\pi f} I_1 \sqrt{2} = \mu_0 \frac{A}{\delta''} w_1^2 I_1 \sqrt{2} \tag{58}$$

die Hauptreaktanz bezogen auf Wicklung 1

$$X_{1h} = 2\pi f \mu_0 \frac{A}{\delta''} w_1^2. \tag{59}$$

In diesem Skriptum sind generell mit großen Buchstaben bei elektrischen Größen die Effektivwerte, bei magnetischen Größen die Scheitelwerte bezeichnet.

Wenn der leerlaufende Transformator am starren Netz von sinusförmiger Spannung liegt und sein Wicklungswiderstand gegenüber der Hauptreaktanz vernachlässigbar klein ist, so verläuft nach dem Induktionsgesetz auch der Fluß im Eisen zeitlich sinusförmig mit Netzfrequenz. Der Magnetisierungs- oder Leerlaufstrom ist nur sinusförmig, solange der Transformator im linearen Teil der Magnetisierungskennlinie betrieben wird. Diese Annahme ist bei Nennspannung jedoch nicht erfüllt. Die Problematik soll in Zusammenhang mit den möglichen Schaltungsarten von Drehstromtransformatoren in Abschnitt 3.7 genau untersucht werden.

3.3.2 Streureaktanz

Um die wichtigsten Einflußfaktoren auf die Streuung zu kennen, soll die vereinfachte Berechnung der Streureaktanz X_k beispielhaft für einen Kerntransformator mit einer einfachkonzentrischen und einer doppelkonzentrischen Zylinderwicklung durchgeführt werden. Das Streufeld im Luftraum nach Bild 41 innerhalb der Wicklungen und im

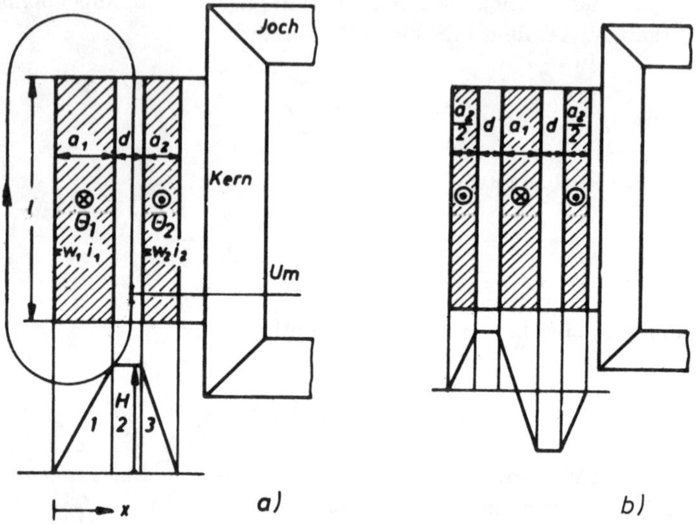

Bild 41 Streureaktanzen von Zylinderwicklungen
a) einfachkonzentrische Wicklungen
b) doppelkonzentrische Wicklungen

Streukanal zwischen OS- und US-Wicklung ist als homogen unterstellt und außerhalb der Wicklungen gleich Null gesetzt.

Bei Vernachlässigung des Magnetisierungsstromes gilt $w_1 i_1 + w_2 i_2 = 0$. Die aus dem Durchflutungssatz damit unmittelbar hervorgehende Verteilung des Streufeldes in radialer Richtung ist in Bild 41 eingetragen. Die magnetische Feldenergie im Streuraum errechnet sich aus der Summe der Energien in den mit 1, 2, 3, bezeichneten Teilräumen.

$$w_m = w_{m1} + w_{m2} + w_{m3} = \frac{1}{2} L_k \cdot i_1^2 \tag{60}$$

Mit den getroffenen Annahmen ergibt sich für *Streuraum 1*

$$h(x) = H \cdot \frac{x}{a_1} = \frac{w_1 i_1}{l} \cdot \frac{x}{a_1}, \tag{61}$$

$$w_{m1} = \frac{\mu_0}{2} \int_v h^2(x)\,dV = \frac{\mu_0}{2} \int_{x=0}^{x=a_1} \frac{w_1^2 i_1^2}{l^2} U_m \cdot l \cdot \frac{x^2}{a_1^2}\,dx, \tag{62}$$

$$w_{m1} = \frac{\mu_0}{2} \frac{U_m}{l} w_1^2 i_1^2 \cdot \frac{a_1}{3}. \tag{62a}$$

Die magnetische Feldenergie im *Streuraum 3* lautet in Analogie hierzu

$$w_{m3} = \frac{\mu_0}{2} \cdot \frac{U_m}{l} w_1^2 i_1^2 \frac{a_2}{3}. \tag{63}$$

Den Ausdruck für die Feldenergie im *Streuraum 2* kann man wegen der Konstanz des Feldes im Streukanal sofort angeben.

$$w_{m2} = \frac{\mu_0}{2} \frac{U_m}{l} w_1^2 i_1^2 \cdot d. \tag{64}$$

Um die Rechnung übersichtlich zu gestalten, wurde das infinitesimale Volumenelement in Gl. (62) mit Hilfe des mittleren Umfanges $\mathrm{U_m}$ der Wicklung ermittelt. Für strenge Rechnungen wäre $\mathrm{dV = 2\pi R(x) \cdot l \cdot dx}$ mit $\mathrm{R(x) = R_a - x}$ ($\mathrm{R_a}$ = Außendurchmesser von Wicklung 1) einzusetzen.

Durch Koeffizientenvergleich der Ausdrücke für die Energien in den Teilräumen mit Gl. (60) ergibt sich die *Streureaktanz der einfachkonzentrischen Wicklung* zu

$$X_k = 2\pi f L_k = 2\pi f \mu_0 \frac{U_m}{l} w_1^2 \left(d + \frac{a_1 + a_2}{3} \right). \tag{65}$$

Eine analoge Rechnung führt auf die *Streureaktanz der doppelkonzentrischen Wicklung*

$$X_k = 2\pi f \mu_0 \frac{U_m}{l} w_1^2 \left(\frac{d}{2} + \frac{a_1 + a_2}{12} \right). \tag{66}$$

Im Transformatorenbau werden eine Vielzahl von Wicklungsverschachtelungen ausgeführt, mit denen man u.a. Einfluß nehmen kann auf die Höhe der Streuung. Es wird sich zeigen, daß die Streureaktanz eines Transformators eine wichtige Größe für den Parallelbetrieb von Transformatoren und für Kurzschlußvorgänge darstellt. Die *wichtigsten Einflußgrößen auf die Streureaktanz* lassen sich aus den durchgerechneten Beispielen nach Bild 41 angeben:

- *Schlanke Transformatoren* (U_m klein, l groß) *besitzen eine kleine Streureaktanz.* Je gedrungener ein Transformator gebaut wird, desto größer wird seine Streureaktanz.
- *Die Wicklungsverschachtelung bestimmt entscheidend die Größe der Streureaktanz.* Nach Gl. (65) und (66) ist die Streureaktanz bei gleichen aktiven Eisenabmessungen für einen Transformator mit doppelkonzentrischer Zylinderwicklung weniger als halb so groß wie diejenige eines Transformators mit einfachkonzentrischer Wicklung.

3.4 Ersatzschaltbild des technischen Transformators

Wenn bei einem Transformator in erster Näherung die Wicklungswiderstände und die Streureaktanzen vernachlässigt werden, so liefert das Induktionsgesetz für das Verhältnis der Spannungen auf der Primär– und Sekundärseite

$$\frac{U_1}{U_2} = \frac{\frac{2\pi}{\sqrt{2}} f w_1 \Phi_h}{\frac{2\pi}{\sqrt{2}} f w_2 \Phi_h} = \frac{w_1}{w_2}. \tag{67}$$

Es versteht sich von selbst, daß die Gl. (67) zugrunde liegenden Näherungen insbesondere im Leerlauf zulässig sind, im Kurzschluß gar nicht.

In Abschnitt 3.1 wurde nachgewiesen, daß die sogenannte primäre und sekundäre Streureaktanz von der Größe der frei wählbaren

Übersetzung ü abhängen. Setzt man beispielsweise $L_{1\sigma} = L'_{2\sigma}$, so folgt aus Bild 34

$$L_1 - \ddot{u}M = \ddot{u}^2 L_2 - \ddot{u}M: \quad \ddot{u} = \sqrt{\frac{L_1}{L_2}} \approx \frac{w_1}{w_2} \qquad für\ \sigma \ll 1. \tag{68}$$

Da bei technischen Transformatoren stets $\sigma \ll 1$ ist, darf für die Berechnung der Selbstinduktivitäten näherungsweise Gl. (59) benutzt werden. Beim technischen Transformator wählt man üblicherweise $\ddot{u}=w_1/w_2$ und setzt deshalb

$$X_{1\sigma} = X'_{2\sigma} = \frac{X_k}{2}. \tag{69}$$

Damit sind die Elemente des Ersatzschalt-Bildes 34 für den technischen Transformator bekannt. Die Wicklungswiderstände R_1, R_2 ergeben sich aus den geometrischen Abmessungen der Wicklungen, deren Querschnitten und Windungszahlen. In Bild 42 ist das Ersatzschaltbild für einen auf der Sekundärseite mit einer passiven Impedanz belasteten Transformator gezeichnet.

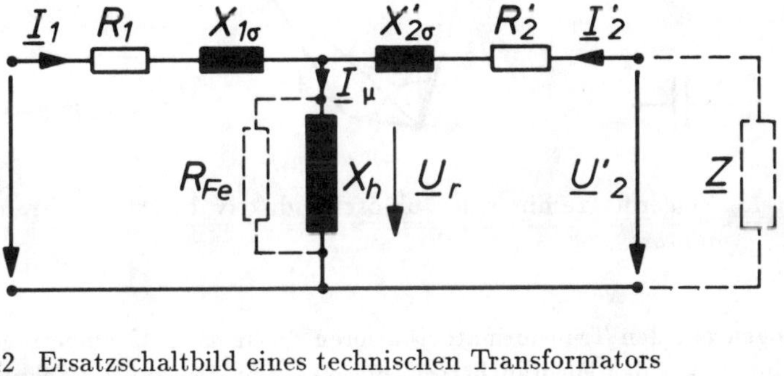

Bild 42 Ersatzschaltbild eines technischen Transformators

Die Hauptreaktanz wird vom Magnetisierungsstrom $\underline{I}_\mu = \underline{I}_1 + \underline{I}'_2$ durchflossen. Wie schon bei der Behandlung der Gleichstrommaschine ausgeführt, hängen die Eisenverluste quadratisch von den Induktionen im Eisen ab. Sie können im Ersatzschaltbild eines Transformators darum berücksichtigt werden, indem man parallel zur Hauptreaktanz einen Widerstand R_{Fe} anordnet. Da die Eisenverluste auf das Betriebsverhalten eines Transformators praktisch keinen Einfluß nehmen, ist bei den weiteren Rechnungen der fiktive Widerstand $R_{Fe} = \infty$ gesetzt.

Für einen auf der Sekundärseite ohmsch-induktiv belasteten Transformator ist das Zeigerdiagramm mit allen Spannungen und Strömen in Bild 43 aufgezeichnet.

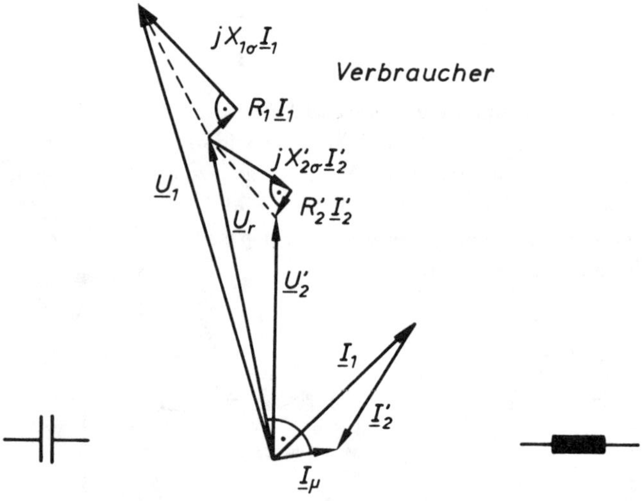

Bild 43 Zeigerdiagramm eines ohmsch-induktiv belasteten Transformators

Bezogen auf den Transformator basieren die in Bild 42 eingetragenen Zählpfeile auf der Verbraucherschreibweise. Für den auf der Sekundärseite angeschlossenen Verbraucher sind Spannung und Strom dann zwangsläufig nach der Erzeugerschreibweise zugeordnet. Die beiden Darstellungsarten lassen sich nicht sinnvoll voneinander trennen und sollten darum nicht dogmatisch betrachtet werden.

Das Zeigerdiagramm Bild 43 gibt die Vorgänge nur qualitativ wieder. Bei einem mit Nennlast betriebenen Transformator ist der Magnetisierungsstrom verglichen mit den Strömen auf der Primär- und Sekundärseite wesentlich kleiner. Auch die ohmschen Spannungsabfälle sind in Bild 43 gegenüber den Spannungen an den Streureaktanzen vergrößert dargestellt, denn durchweg gilt $X_k/2 \gg R_1 \approx R_2'$.

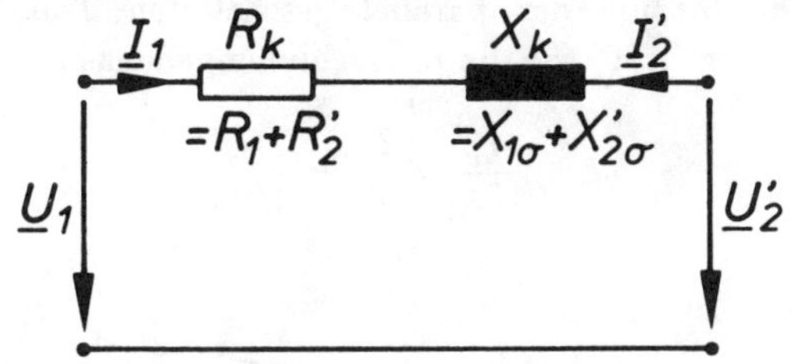

Bild 44 Vereinfachtes Ersatzschaltbild eines technischen Transformators

Bei den meisten Untersuchungen über Transformatoren darf man den Magnetisierungsstrom vernachlässigen, d.h. die *Hauptreaktanz* als *unendlich groß* annehmen. Das Ersatzschaltbild vereinfacht sich dann zu Bild 44. Unter dieser Voraussetzung erhält man für das Verhältnis von Primär- und Sekundärstrom

$$\frac{I_1}{I_2} = \frac{w_2}{w_1}. \qquad (70)$$

Bei technischen Transformatoren ist die der Gl. (70) zugrunde liegende Näherung im Kurzschluß fast ideal erfüllt, im Nennbetrieb gilt Gl. (70) ausreichend genau, im Leerlauf natürlich gar nicht.

3.5 Parallelbetrieb von Transformatoren

Transformatoren werden in vermaschten Netzen häufig ober- und unterspannungsseitig parallel geschaltet. Die Untersuchung des Parallelbetriebes gestaltet sich mit Hilfe der vereinfachten Ersatzschaltung Bild 44 besonders einfach. Durch Schaltungszwang sind die Spannungsabfälle über der jeweiligen *Kurzschlußimpedanz* $R_k + jX_k$ identisch (Bild 45). Die Ströme der parallel geschalteten Transformatoren verhalten sich umgekehrt wie die Kurzschlußimpedanzen.

$$\frac{\underline{I}_I}{\underline{I}_{II}} = \frac{\underline{Z}_{k_{II}}}{\underline{Z}_{k_I}} \tag{71}$$

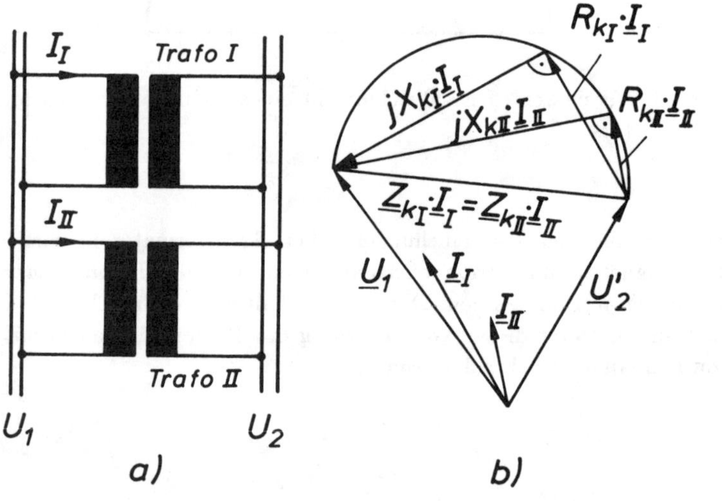

Bild 45 Zum Parallelbetrieb von Transformatoren
a) Schaltung b) vereinfachtes Zeigerdiagramm

Wegen der Identität der Spannungen an beiden Transformatoren teilen sich die übertragenen Scheinleistungen nach der Beziehung auf

$$\frac{S_I}{S_{II}} = \frac{Z_{k_{II}}}{Z_{k_I}} = \frac{u_{kN_{II}}}{u_{kN_I}} \cdot \frac{U_N \cdot I_{N_I}}{U_N \cdot I_{N_{II}}} = \frac{u_{kN_{II}}}{u_{kN_I}} \cdot \frac{S_{N_I}}{S_{N_{II}}}. \tag{72}$$

In Gl. (72) ist als Abkürzung die *relative Nenn-Kurzschlußspannung* u_{kN} eingeführt

$$u_{kN} = \frac{Z_k \cdot I_N}{U_N}. \tag{73}$$

Man ersieht aus Gl. (72): *Die Leistungen parallel geschalteter Transformatoren teilen sich nur entsprechend den Nennleistungen auf, wenn ihre relativen Nenn-Kurzschlußspannungen identisch sind.* Bei ungleichen relativen Nenn-Kurzschlußspannungen übernimmt der Transformator mit dem kleineren Wert von u_{kN} (der härtere Transformator) anteilig den größeren Teil der Last.

Gelegentlich benutzt man die Begriffe relative Nenn-Kurzschluß-Wirkspannung

$$u_{k_{WN}} = \frac{R_k \cdot I_N}{U_N} \tag{74}$$

und die relative Nenn-Kurzschluß-Blindspannung

$$u_{k_{BN}} = \frac{X_k \cdot I_N}{U_N}. \tag{75}$$

Zusammengefaßt lauten die *Bedingungen für den Parallelbetrieb von Transformatoren*:

- Das Verhältnis der Windungszahlen (die Übersetzung) muß gleich sein, d.h. die Nennspannungen (OS und US) müssen übereinstimmen,
- die relativen Nenn-Kurzschlußspannungen müssen identisch sein,
- das Verhältnis der Nennleistungen der parallel geschalteten Transformatoren soll nicht größer als 3:1 sein (anderenfalls fließen wegen des zu stark abweichenden Verhältnisses u_{kB_N}/u_{kW_N} Ausgleichsströme zwischen den Transformatoren),
- die Schaltgruppen müssen zueinander passen (vgl. Abschnitt 3.6).

3.6 Schaltgruppen von Drehstrom-Transformatoren

Die Spannungsgleichungen und die Größen des Ersatzschaltbildes wurden bisher für Einphasen-Transformatoren hergeleitet. Die Ergebnisse gelten aber auch für symmetrisch aufgebaute und symmetrisch belastete Drehstrom-Transformatoren, weil sich alle Vorgänge in den einzelnen Wicklungssträngen phasenverschoben wiederholen. Dabei ist es im wesentlichen auch beliebig, ob die Wicklungen der Drehstrom-Transformatoren in Stern oder Dreieck geschaltet sind. Außer durch die in Bild 35 aufgezeigten Bauformen kann ein Drehstrom-Transformator auch durch drei entsprechend geschaltete, in den Eisengestellen getrennte Einphasen-Transformatoren entstehen. Die Anordnung hat praktische Bedeutung für Leistungen, welche aus Transportgründen als dreisträngige Kernbauform nicht mehr ausführbar sind. Man spricht von einer *Drehstrom-Bank*.

Bei ober- und unterspannungsseitig parallel geschalteten Transformatoren müssen die Phasenlagen der jeweiligen Strangspannungen an den einzelnen Transformatoren übereinstimmen, weil anderenfalls unzulässige Ausgleichströme fließen. Deshalb muß beim Parallelbetrieb von Transformatoren die Schaltungsart der Wicklungen beachtet werden.

Die Schaltungsart von Drehstromtransformatoren wird durch die sogenannte *Schaltgruppe* symbolisiert. Die wichtigsten Schaltgruppen sind in Bild 46 zusammengefaßt. Das Symbol D steht für Dreieckschaltung, Y für Sternschaltung und Z für Zickzackschaltung. Durch große Buchstaben wird die Schaltung der OS-Wicklung, durch kleine Buchstaben die Schaltung der US-Wicklung gekennzeichnet. Die nachgestellte Ziffer gibt die Phasenverschiebung der Spannungen von OS und US an, welche zwischen den entsprechenden Anschlüssen der Wicklungen und dem Sternpunkt (tatsächlich oder fiktiv) bestehen. Diese Phasenverschiebung wird durch die Stundenzahl einer Uhr ausgedrückt, deren großer Zeiger auf 12 zeigt und mit dem Zeiger der Spannung zwischen dem Sternpunkt und dem Oberspannungsleiteranschluß zusammenfällt und deren kleiner Zeiger mit dem Zeiger der Spannung zwischen dem Sternpunkt und dem entsprechenden Unterspannungsleiteranschluß

Kennzahl	Schaltgruppe	Zeigerbild OS US	Schaltungsbild OS US
0	**Dd0**	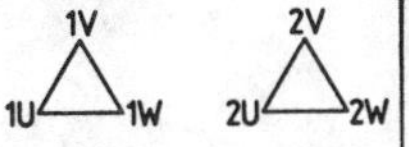	
	Yy0	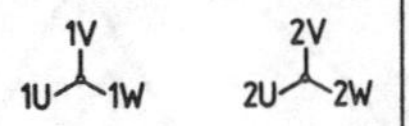	
	Dz0	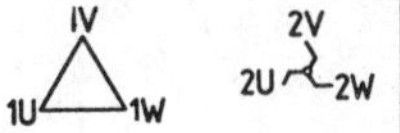	
5	**Dy5**	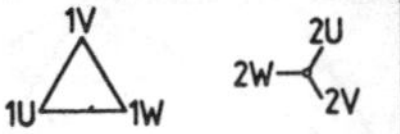	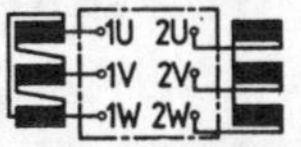
	Yd5	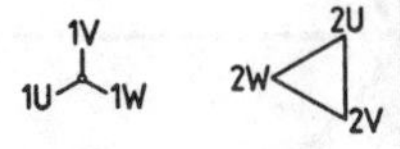	
	Yz5	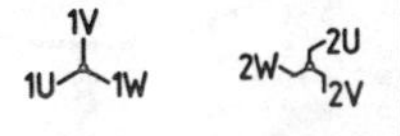	
6	**Dd6**	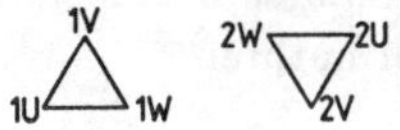	
	Yy6	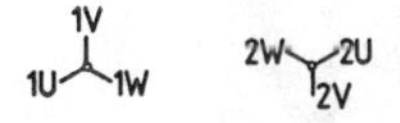	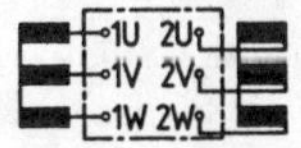
	Dz6	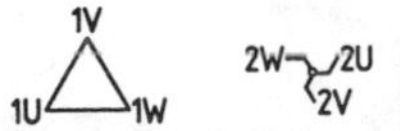	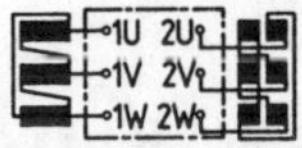
11	**Dy11**	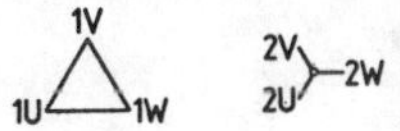	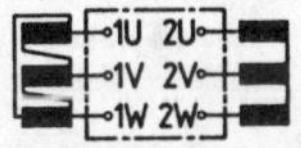
	Yd11	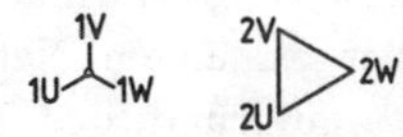	
	Yz11		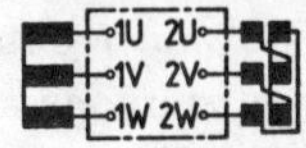

Bild 46 Gebräuchliche Schaltgruppen für Drehstrom-Transformatoren nach VDE 0532 Teil 4 / 3.82

zusammenfällt. Bild 47 verdeutlicht diese Symbolik am Beispiel der Schaltgruppe Dy5.

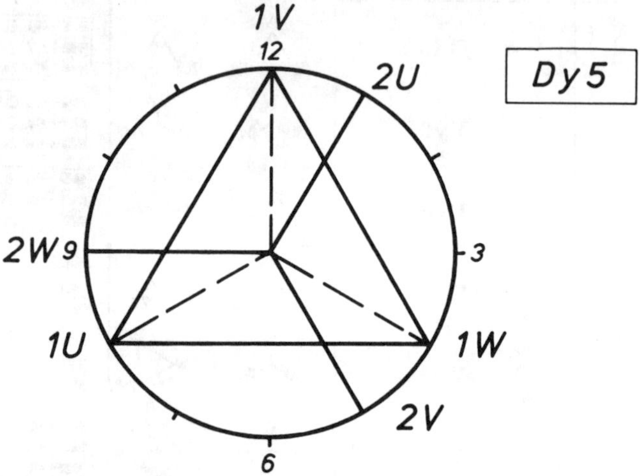

Bild 47 Zur Symbolik der Schaltgruppendarstellung bei Drehstrom-Transformatoren

3.7 Kurvenform von Spannungen und Strömen im Leerlauf

Bei einem Einphasen-Transformator mit vernachlässigbaren ohmschen Widerständen, der an einem Netz mit sinusförmiger Spannung betrieben wird, ist aufgrund des Induktionsgesetzes der magnetische Fluß auch dann sinusförmig, wenn das Eisen gesättigt ist. Der Magnetisierungsstrom enthält jedoch Oberschwingungen, insbesondere die dritte Harmonische (Bild 48). Der Anteil der dritten Harmonischen im Leerlaufstrom eines Transformators liegt bei etwa 50%. Die Verzerrung der Kurvenform im Leerlauf spielt wegen $I_0 \ll I_N$ für den Nennbetrieb

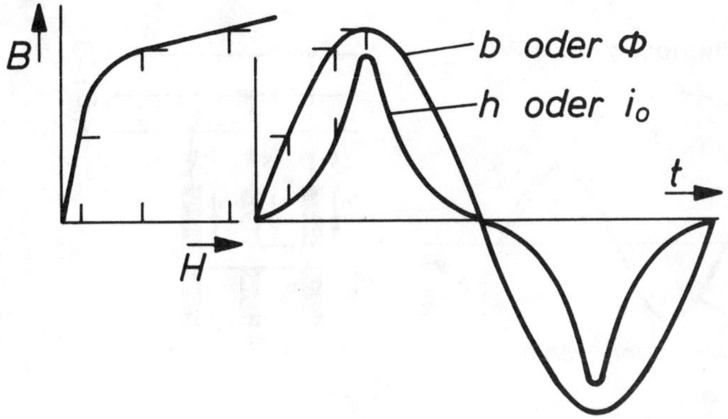

Bild 48 Zum Zeitverlauf des Leerlaufstromes von Einphasen-Transformatoren

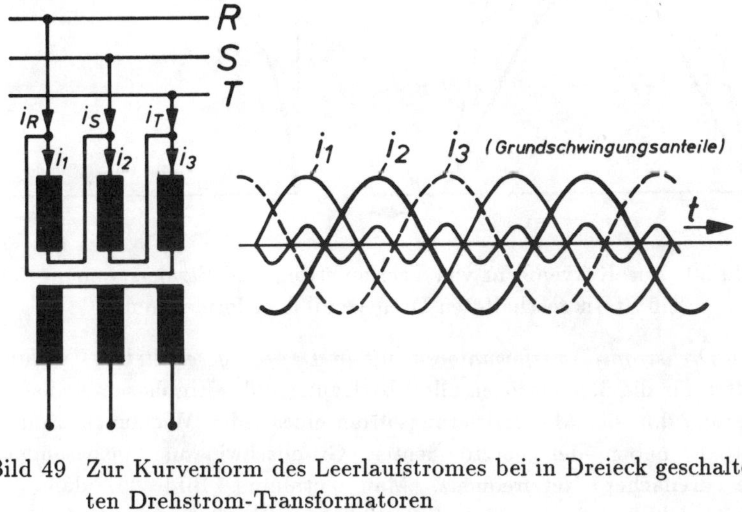

Bild 49 Zur Kurvenform des Leerlaufstromes bei in Dreieck geschalteten Drehstrom-Transformatoren

nur eine unbedeutende Rolle. Neben der dritten Harmonischen entstehen auch Oberschwingungen im Magnetisierungsstrom der Frequenzen $5f_1, 7f_1, ...$, deren Amplituden in der Regel vernachlässigbar klein sind.

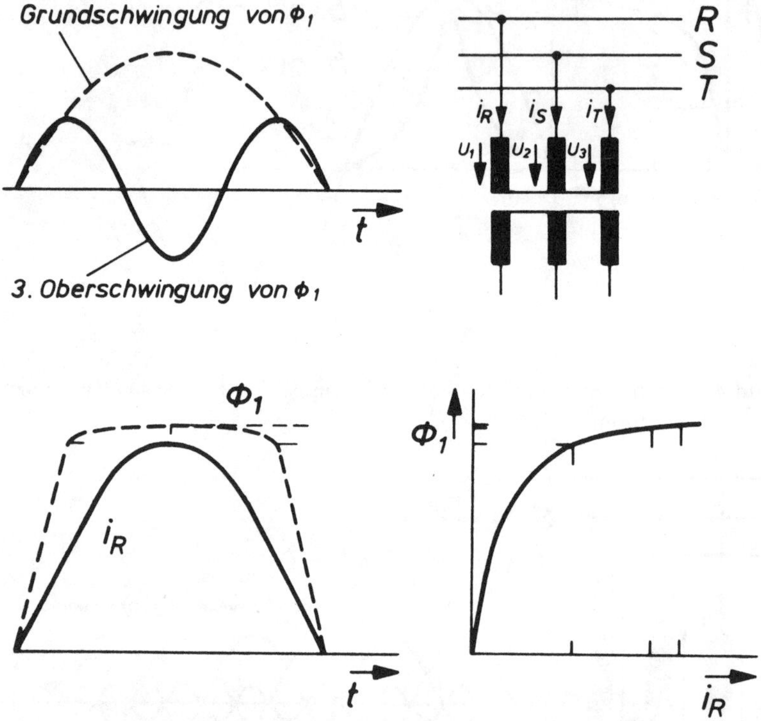

Bild 50 Zur Kurvenform von Leerlaufstrom und Strangspannung bei in Stern geschalteten Drehstrom-Transformatoren

Bei *Drehstrom-Transformatoren mit in Dreieck geschalteter Wicklung* gelten für die Stranggrößen alle Überlegungen des Einphasen-Transformators, d.h. der Magnetisierungsstrom eines jeden Wicklungsstranges enthält neben der netzfrequenten Grundschwingung insbesondere die dreifacher Netzfrequenz. Man entnimmt Bild 49, daß die *dritte Oberschwingung in allen Strängen gleichphasig ist.* Da die Netzströme sich jeweils aus der Differenz von zwei Strangströmen errechnen, enthalten die *Netzströme keine Anteile dreifacher Frequenz.* Der Strom dreifacher Netzfrequenz fließt als Kreisstrom in der

Dreieckschaltung der Wicklungen und verursacht dort zusätzliche Stromwärmeverluste. Wegen der Kleinheit des Magnetisierungsstromes sind diese Zusatzverluste energetisch nicht besonders wichtig.

Bei einem *in Stern geschalteten Drehstrom-Transformator* gilt durch Schaltungszwang $i_R + i_S + i_T = 0$ (Bild 50). Wegen der Gleichphasigkeit der dritten Oberschwingung kann sich auch in den Strängen kein Strom dreifacher Netzfrequenz ausbilden, d.h. der Magnetisierungsstrom ist rein sinusförmig. Aufgrund der Krümmung in der Magnetisierungskennlinie entsteht nach Bild 50 eine dritte Harmonische im Fluß, d.h. die *Strangspannungen* enthalten *Anteile dreifacher Netzfrequenz*. Der Fluß dreifacher Netzfrequenz kann sich bei Transformatoren mit freiem magnetischem Rückschluß jedes Stranges (bei Manteltransformatoren und Drehstrom-Bänken) durch das Eisen schließen, bei Dreischenkel-Kerntransformatoren erfolgt der magnetische Rückschluß durch die Konstruktionsteile bzw. die Luftstrecken.

3.8 Abhängigkeit des Wirkungsgrades von der Belastung

Mit Rücksicht auf die Wirtschaftlichkeit der Energieversorgung müssen Transformatoren hohe Wirkungsgrade besitzen. Der Wirkungsgrad von größeren Transformatoren bei Nennlast liegt deutlich über 99%. Da elektrische Energie nur schwierig speicherbar ist, müssen die Transformatoren wie alle übrigen Versorgungseinrichtungen für die höchste auftretende Spitzenlast bemessen sein. Weil Transformatoren je nach Einsatzart und Einsatzort mit stark wechselnden Belastungen betrieben werden können, ist es wichtig zu wissen, wie sich der Wirkungsgrad als Funktion der Belastung verändert.

Wenn man die Nennleistung mit S_N, die lastunabhängigen Leerlaufverluste mit P_0 und die Stromwärmeverluste beim Belastungsgrad $x = 100$ % mit P_k bezeichnet, so gilt

$$\eta = \frac{x \cdot S_N}{x \cdot S_N + P_0 + x^2 \cdot P_k}. \tag{76}$$

Der Wirkungsgrad erreicht ein Maximum, wenn sein Differentialquotient nach dem Belastungsgrad zu Null wird.

$$\frac{d\eta}{dx} = 0 = \frac{S_N(xS_N + P_0 + x^2P_k) - xS_N(S_N + 2xP_k)}{(xS_N + P_0 + x^2P_k)^2} \tag{77}$$

Man erhält

$$P_0 - x^2 \cdot P_k = 0 : \qquad x = \sqrt{\frac{P_0}{P_k}}. \tag{78}$$

Der Wirkungsgrad erreicht sein Maximum, wenn die lastunabhängigen gleich den lastabhängigen Verlusten sind (Kupfer- = Eisenverluste). Aus wirtschaftlichen Gründen werden Transformatoren so bemessen, daß das Wirkungsgrad-Maximum bei der am häufigsten durchschnittlich vorkommenden Belastung liegt, bzw. daß die Verlustenergie bei der vorgesehenen Betriebsweise zu einem Minimum wird.

3.9 Spartransformatoren

Man nennt Transformatoren, bei denen die Primär- und Sekundärwicklungen galvanisch voneinander getrennt sind, *Volltransformatoren.* Transformatoren können aber auch als sogenannte *Spartransformatoren* ausgeführt werden. Ihr Name rührt daher, daß man mit ihnen eine wesentliche Werkstoffersparnis gegenüber den Volltransformatoren erzielen kann, wenn sich die Primär- und Sekundärspannungen nicht stark voneinander unterscheiden. Das Einsatzgebiet von Spartransformatoren reicht bis zu den höchsten Spannungsebenen.

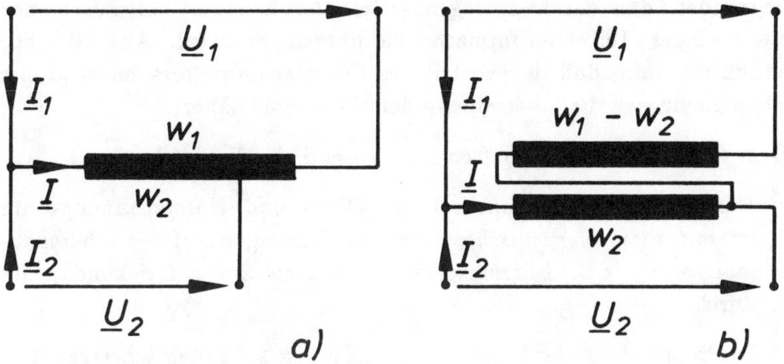

Bild 51 Einphasen-Spartransformator
a) Prinzipschaltung
b) räumliche Anordnung der Wicklungen

In Bild 51a) ist die Prinzipschaltung, in Bild 51b) die tatsächliche räumliche Anordnung der Wicklungen eines Einphasen-Spartransformators dargestellt.

Um die grundsätzlichen Zusammenhänge zu erkennen, soll ein *idealer* Transformator (ohmsche Widerstände und Streuung vernachlässigt, Magnetisierungsstrom gleich Null gesetzt) unterstellt werden. Dann gilt für die Spannungen und Ströme

$$\frac{U_1}{U_2} = \frac{w_1}{w_2} \quad ; \quad \frac{I_1}{I_2} = \frac{w_2}{w_1}. \tag{79}$$

$$\underline{I}w_2 + \underline{I}_1(w_1 - w_2) = 0 \; : \quad \underline{I} = \underline{I}_1 + \underline{I}_2 = -\frac{w_1 - w_2}{w_2}\underline{I}_1 \tag{80}$$

Wenn die Übersetzung nur wenig von eins abweicht ($w_1 - w_2$ klein), ist der Wicklungsteil mit der Windungszahl w_2 nur von einem sehr kleinen Strom durchflossen. Für $w_2/w_1 = 0,9$ ergibt sich beispielsweise $I = 0,11 \cdot I_1$. Die Sekundärwicklung kann deshalb mit wesentlich kleineren Kupferquerschnitten ausgeführt werden als bei einem Volltransformator, dessen Wicklungen für die gesamte *Durchgangsleistung* ausgelegt werden müssen. Der Vorteil des Spartransformators ist darin begründet, daß der überwiegende Teil der Leistung galvanisch, nur ein geringer Teil transformatorisch übertragen wird. Aus Gl. (80) entnimmt man, daß der Vorteil des Spartransformators umso größer ist, je mehr sich die Übersetzung dem Wert eins nähert.

Dem *Spartransformator* haften zwei wesentliche *Nachteile* an:

- Die *galvanische Verbindung* der Ober- und Unterspannungsseite ist *mitunter unerwünscht*, denn alle Störungen auf der Oberspannungsseite (z.B. Blitzeinschläge) schlagen auf die Sekundärseite durch.

- Der *Kurzschluß* des Spartransformators ist *schwierig beherrschbar*.

Der zuletzt genannte Nachteil ist bereits aus dem Schaltbild erkennbar. Bei kurzgeschlossener Sekundärwicklung liegt der Teil mit der kleinen Windungszahl $w_1 - w_2$ an der vollen Primärspannung U_1. Die Kurzschlußimpedanz ist deshalb sehr klein, die Kurzschlußströme und Kurzschlußkräfte sind entsprechend groß. Man darf darum niemals Volltransformatoren als Spartransformatoren schalten.

3.10 Unsymmetrische und einphasige Belastungen von Drehstrom-Transformatoren

Im praktischen Betrieb können je nach Schaltung und Einsatzbedingungen in den Strängen unsymmetrische und im Grenzfall einphasige Belastungen auftreten. Es soll überprüft werden, inwieweit solche Lastfälle bei den verschiedenen Bauformen und Schaltungsarten von Drehstrom-Transformatoren zulässig sind. Für die Überprüfung wird das Naturgesetz benutzt, wonach sich stets eine solche Stromverteilung einstellt, bei welcher die Gesamtimpedanz ein Minimum wird (*"Strom sucht sich den Weg des geringsten Widerstandes"*). Ausgehend hiervon kann man die Forderungen formulieren, die an den Einphasenbetrieb eines Drehstrom- Transformators zu stellen sind:

- Die sogenannte *Fensterbedingung muß erfüllt sein*, d.h. die Durchflutung je Kernfenster muß zu Null (exakt: gleich der

Magnetisierungsdurchflutung) werden. Kann sich eine solche Stromverteilung nicht einstellen, wirkt der Transformator als Drossel und ist wegen der damit verbundenen hohen Spannungsabfälle für einphasige Belastungen ungeeignet.

- Die sogenannte *Schenkelbedingung soll erfüllt sein*, d.h. die gesamten Stromwindungen je Schenkel sollen gleich Null sein. Bei Transformatoren mit magnetischem Rückschluß jedes Schenkels, wie z.B. beim Mantel- und Fünfschenkelkern-Transformator, sind Schenkel- und Fensterbedingung identisch. Bei Kerntransformatoren sind *geringe Abweichungen von der Schenkelbedingung zulässig*, wenn man erhöhte Joch-Streuflüsse und zusätzliche Verluste in Konstruktionsteilen, z.B. dem Kessel, durch Wirbelströme in Kauf nimmt.

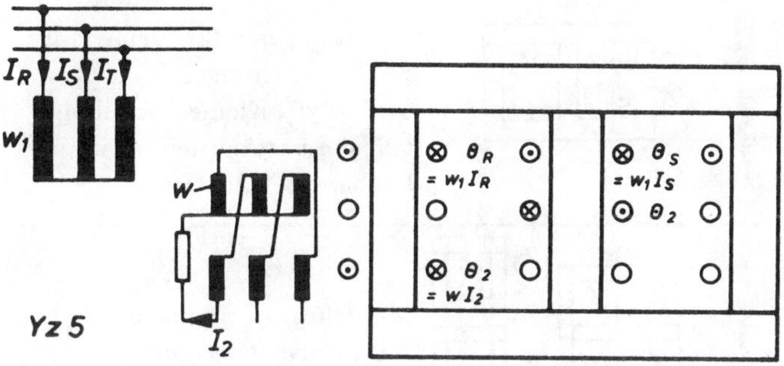

Bild 52 Einphasige Belastung bei einem Drehstrom-Transformator der Schaltgrupe Yz5

Am Beispiel eines Drehstrom-Kerntransformators in Schaltgruppe Yz5 soll überprüft werden, ob sich die beiden Forderungen bei einer einphasigen Belastung auf der Sekundärseite zwischen einem Außenleiter und dem Sternpunkt erfüllen lassen (Bild 52).

Für die Durchflutung der Oberspannungsseite liefert die Knotenbedingung im Sternpunkt

$$\underline{\Theta}_R + \underline{\Theta}_S + \underline{\Theta}_T = 0. \tag{81}$$

Forderungen

a) Fensterbedingung:	Durchflutung je Fenster gleich Null (bzw. Magnetisierungsdurchflutung)
b) Schenkelbedingung:	Gesamte Stromwindungen je Schenkel gleich Null

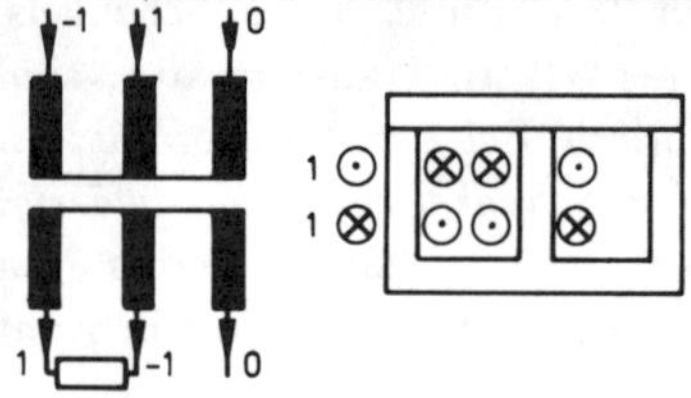

Bei Einphasenlast zwischen den Außenleitern a) und b) in allen Schaltungen erfüllt.

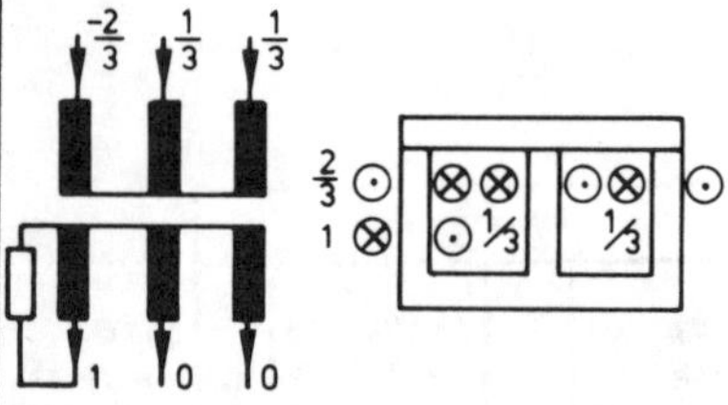

Forderung b) nicht erfüllt. Schaltung nur für kleine Nullpunktsbelastungen brauchbar. Yy0, Yy6. Kleine Verteilungstransformatoren mit wenig belastbarem Nulleiter.

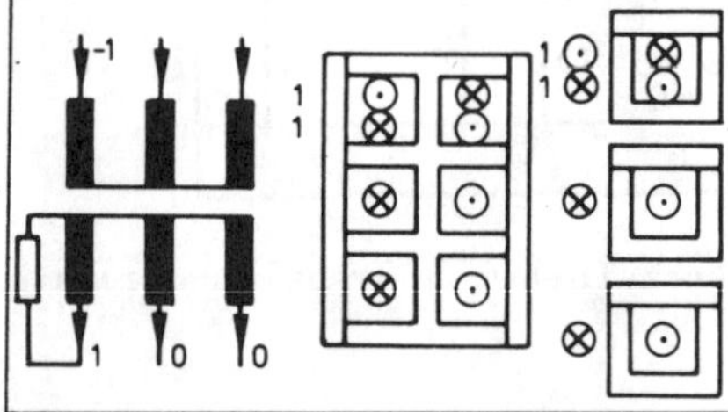

Manteltransformator und 3 Einphasentransformatoren Scheiden aus, da Forderung a) nicht durchweg erfüllt.

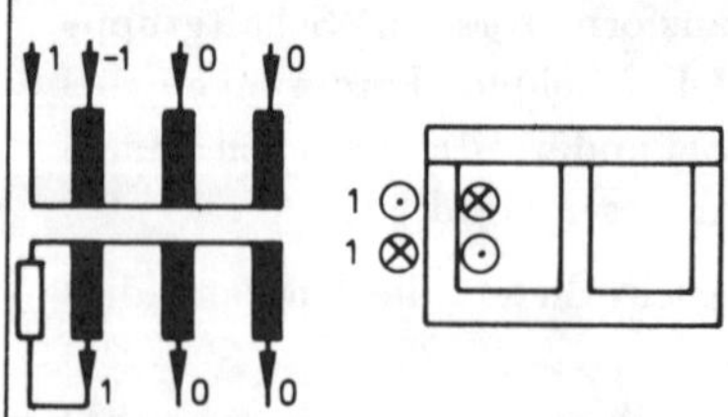

Beide Forderungen erfüllt. Primärer Nulleiter aber unerwünscht. Ohne praktische Bedeutung.

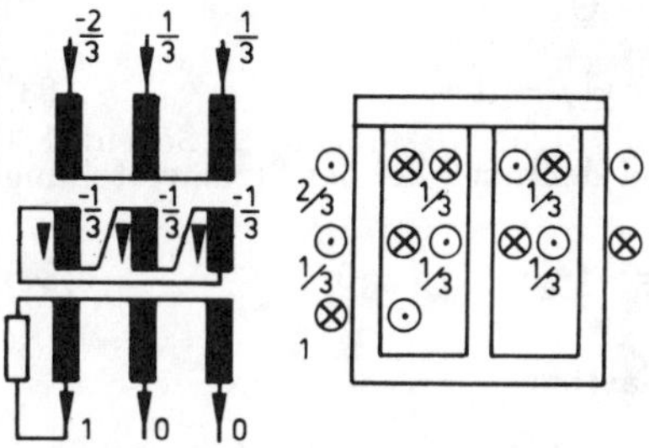

Tertiärwicklung

Beide Forderungen erfüllt. Tertiärwicklung aber teuer und für kleine Transformatoren nicht tragbar.

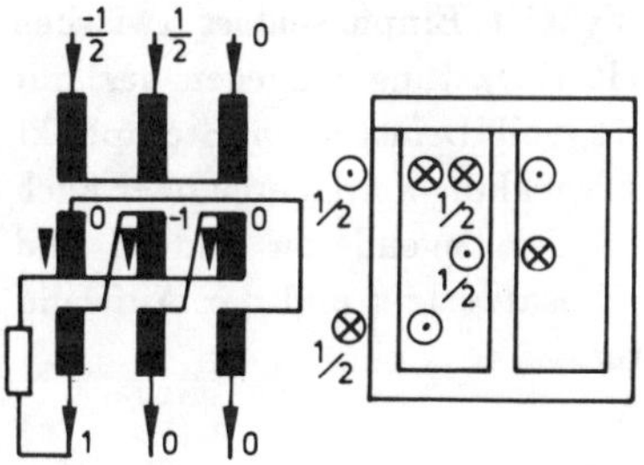

Zickzackschaltung

Beide Bedingungen erfüllt. Nulleiter voll belastbar.

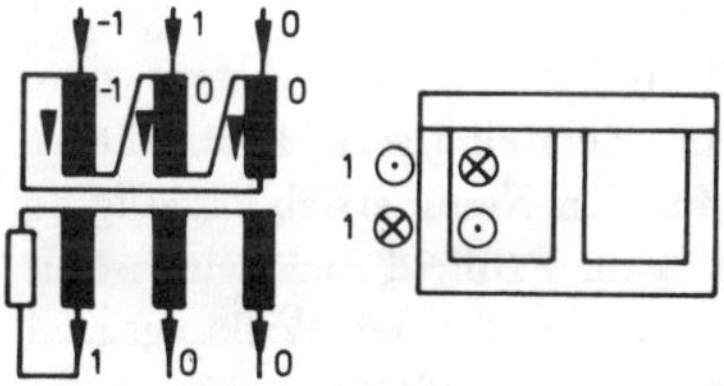

Beide Forderungen erfüllt. In Dreieck geschaltete OS–Wicklung wegen größeren Isolationsaufwandes aber teurer als Sternschaltung.

Ziffern bedeuten relative Größen der Durchflutungen: Durchflutung der einphasig belasteten Sekundärwicklung jeweils gleich 1 gesetzt.

Bild 53 Zur Untersuchung von einphasigen Belastungen von Drehstrom-Transformatoren

Die Anwendung der Fensterbedingung für die beiden Kernfenster von Bild 52 liefert

$$\underline{\Theta}_R + 2\underline{\Theta}_2 - \underline{\Theta}_S = 0, \tag{82}$$

$$\underline{\Theta}_S - \underline{\Theta}_2 - \underline{\Theta}_T = 0. \tag{83}$$

Fenster- und Schenkelbedingung sind demnach bei der Stromverteilung

$$\underline{\Theta}_S = \underline{\Theta}_2\,; \quad \underline{\Theta}_R = -\underline{\Theta}_2\,; \quad \underline{\Theta}_T = 0. \tag{84}$$

erfüllt, d.h. der Nulleiter ist voll belastbar.

In Bild 53 ist das Ergebnis von analogen Rechnungen für die wichtigsten Varianten von Drehstrom-Transformatoren zusammengestellt. Bei Transformatoren der Schaltgruppen Yy.. ist Einphasenlast zwischen den Außenleitern stets zulässig, Nulleiterbelastung hingegen nur mit Einschränkungen. Einen sekundärseitig voll belastbaren Sternpunkt kann man mit einer sogenannten Tertiärwicklung verifizieren oder auch in den Schaltgruppen Dy5 und Yz5. In der Legende zu Bild 53 sind stichwortartige Begründungen für das Einsatzgebiet und den Aufwand der untersuchten Schaltungen aufgelistet.

3.11 Leerlauf- und Kurzschlußversuch

Am Beispiel des Transformators soll aufgezeigt werden, wie man durch sogenannte Ersatzprüfungen im Herstellerwerk kontrollieren kann, ob eine elektrische Maschine die für den Nennbetrieb zugesagten Eigenschaften besitzt, wenn die Nennlast im Prüffeld nicht eingestellt werden kann. Von besonderem Interesse sind die für den Wirkungsgrad maßgebenden Verluste und die in Zusammenhang mit der Lebensdauer des Gerätes bedeutungsvollen Erwärmungen der Wicklungen sowie der übrigen Konstruktionsteile. Es sei erwähnt, daß die Prüffelduntersuchungen eine Vielzahl weiterer Messungen beinhalten, bei Transformatoren insbesondere die Überprüfung der Kurzschluß- und der Spannungsfestigkeit gegenüber stationären Wechselspannungen sowie gegenüber Stoß- und Schaltspannungen.

Die Überprüfung der Eigenschaften eines Transformators im Nennbetrieb am Aufstellungsort scheidet normalerweise deshalb aus, weil die Netzverhältnisse die Einstellung der Nennbetriebsbedingungen gar nicht gestatten. Mit Rücksicht auf die relativ großen thermischen Zeitkonstanten eines Transformators, welche u.a. durch die hohe Wärmekapazität des als Kühlmittel und Dielektrikum benutzten Öls bestimmt werden, müßte die Nennlast außerdem über einen längeren Zeitraum einstellbar sein.

Im sogenannten *Leerlaufversuch* wird der Transformator unbelastet an Nennspannung betrieben. Abhängig von den Prüffeldeinrichtungen kann die Oberspannungs- oder Unterspannungsseite an das Prüffeldnetz angeschlossen werden. Die im Leerlaufversuch auftretenden Verluste sind praktisch identisch mit den spannungsabhängigen, lastunabhängigen Verlusten des Nennbetriebes. Wegen $I_0 \ll I_N$ erfordert der Leerlaufversuch keinen großen Aufwand an Prüffeldeinrichtungen.

Beim sogenannten *Kurzschlußversuch* wird der Transformator (OS- oder US-seitig) kurzgeschlossen, und die nicht kurzgeschlossene Wicklung mit einer solchen Spannung beaufschlagt, daß Nennströme fließen. Das Verhältnis der im Kurzschlußversuch anliegenden Spannung zur Nennspannung ist die relative Nenn-Kurzschlußspannung nach Gl. (73). Die im Kurzschlußversuch auftretenden Verluste sind praktisch identisch mit den lastabhängigen Verlusten des Nennbetriebes. Für die Durchführung des Kurzschlußversuches ist wegen $R_k \ll X_k$ die Blindleistung $u_{kN} \cdot S_N$ erforderlich. Wenn z.B. ein 1000 MVA-Transformator mit $u_{kN} = 18\%$ und $\eta = 99,5\%$ geprüft werden soll, so muß im Prüffeld die Blindleistung $P_b = 180$ MVA verfügbar sein. Auch die Abfuhr der Verlustwärme von einigen tausend kW bereitet Schwierigkeiten (Raumaufheizung!).

Den Nennbetrieb eines Transformators kann man im wesentlichen als Überlagerung der Verhältnisse von Leerlauf bei Nennspannung und Kurzschluß bei Nennstrom auffassen. Die lineare Superposition gilt näherungsweise sowohl hinsichtlich der Verluste als auch bezüglich der Erwärmungen. Leerlauf- und Kurzschlußversuch stellen darum brauchbare Ersatzprüfverfahren dar.

3.12 Wichtige Ausgleichsvorgänge bei Transformatoren

Für die Betriebstüchtigkeit von Transformatoren müssen über den stationären Betrieb hinaus zwei wichtige Ausgleichsvorgänge betrachtet werden, nämlich das Einschalten eines leerlaufenden Transformators an das Netz und der als Störungsfall mögliche Klemmenkurzschluß des Transformators.

3.12.1 Zuschalten eines leerlaufenden Einphasen-Transformators ans Netz

Wenn der Transformator zum Zeitpunkt t=0 bei offener Sekundärwicklung an eine Wechselspannung u_1 geschaltet wird (Bild 54), so gilt für den Ausgleichsvorgang die Spannungsgleichung

$$u_1 = \sqrt{2}\, U_1 \sin(\omega t + \alpha) = R_1 \cdot i_1 + w_1 \cdot \frac{d\phi_1(i_1)}{dt}. \tag{85}$$

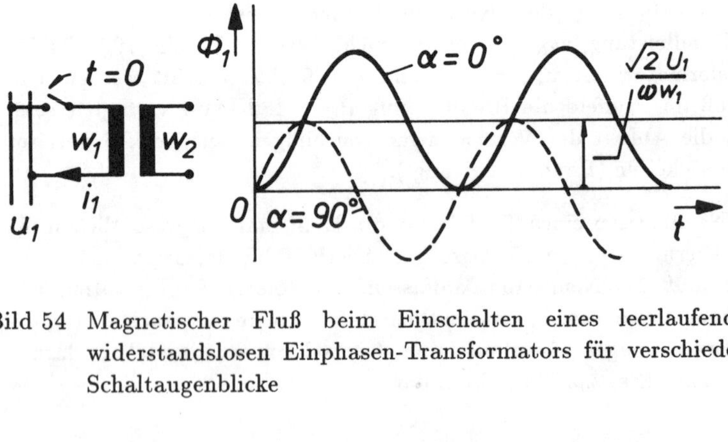

Bild 54 Magnetischer Fluß beim Einschalten eines leerlaufenden widerstandslosen Einphasen-Transformators für verschiedene Schaltaugenblicke

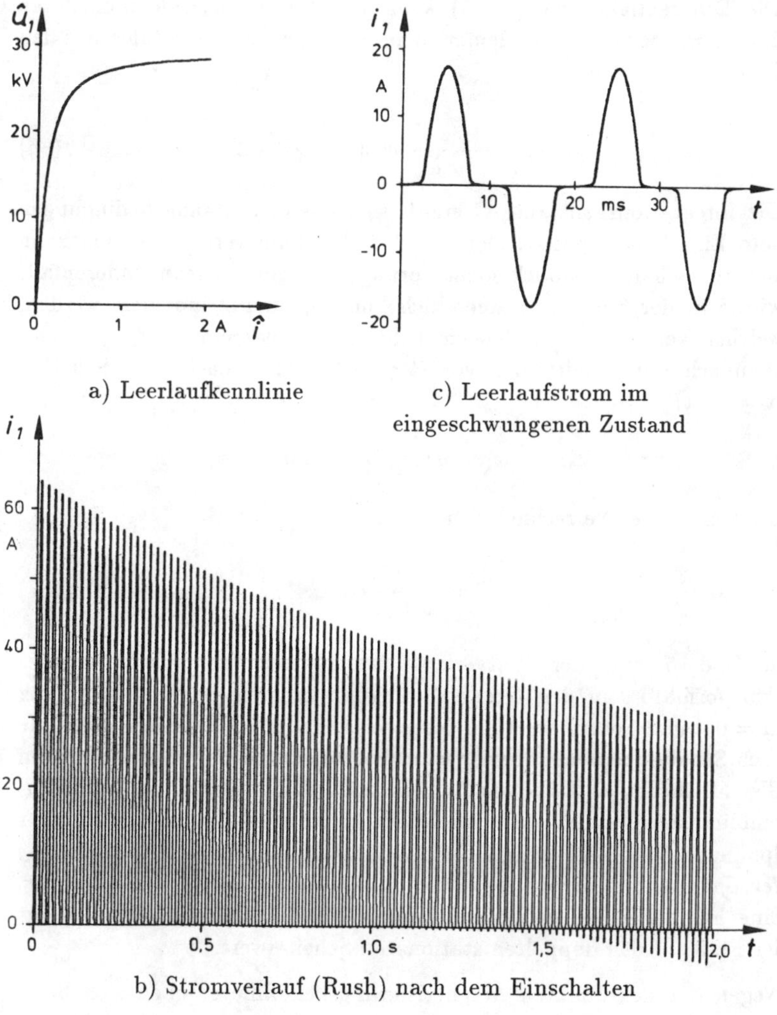

a) Leerlaufkennlinie

c) Leerlaufstrom im eingeschwungenen Zustand

b) Stromverlauf (Rush) nach dem Einschalten

Bild 55 Einschaltrush eines Einphasen-Transformators im Leerlauf
Einschalten im Nulldurchgang der Netzspannung
(630 kVA, 20/0,4 kV, 31,5/1575 A, 50 Hz)

Die Differentialgleichung (85) kann nur für einen widerstandslosen Transformator ($R_1 = 0$) elementar integriert werden und führt auf den Fluß

$$\phi_1(t) = -\frac{\sqrt{2}\,U_1}{\omega\, w_1}\cos(\omega t + \alpha) + C. \tag{86}$$

Die Integrationskonstante C ergibt sich aus den Anfangsbedingungen zum Einschaltzeitpunkt. Der mit der Wicklung verkettete Fluß kann sich im Schaltaugenblick nicht sprunghaft ändern, denn anderenfalls würde in der Spule eine unendlich hohe Spannung induziert werden, welcher keine das Gleichgewicht haltende Spannung entgegensteht. Demnach gilt unmittelbar vor ($t = -\Delta t$) bzw. nach dem Schalten ($t = +\Delta t$)

$$t = -\Delta t\ :\quad \phi_1 = 0\,;\qquad t = +\Delta t\ :\quad \phi_1 = 0.$$

Die Konstante C errechnet sich also zu

$$C = \frac{\sqrt{2}\,U_1}{\omega\, w_1}\cos\alpha. \tag{87}$$

In Bild 54 ist der Zeitverlauf des Flusses für Zuschalten des Transformators in den Grenzfällen Nulldurchgang der Netzspannung ($\alpha = 0°$) und Scheitelwert der Netzspannung ($\alpha = 90°$) eingetragen. Je nach Schaltaugenblick überlagert sich dem stationären Wechselfluß ein Gleichfluß, dessen Höhe sich so einstellt, daß der Fluß im Schaltaugenblick stetig an Null anschließt. Beim Schalten im Scheitelwert der Spannung tritt kein Ausgleichsfluß auf. *Zuschalten im Nulldurchgang der Spannung stellt hingegen den ungünstigsten Schaltaugenblick dar.* Eine halbe Periode nach dem Einschalten des Transformators steigt der Fluß auf den doppelten stationären Scheitelwert.

Wegen der gekrümmten Magnetisierungskennlinie ergeben sich beim Zuschalten im Spannungsnulldurchgang Einschaltstromspitzen während der ersten Perioden, welche ein Mehrfaches des Nennstromes ausmachen können. Aus den Untersuchungen des stationären Zustandes in Abschnitt 3.7 ist bekannt, daß die Kurvenform des Stromes von der Sinusform abweicht. Die Zeitverläufe in Bild 55 sind durch numerische Integration auf einem Computer gewonnen worden. Der Abklingvorgang erfolgt näherungsweise mit der Zeitkonstanten $T_1 = L_1/R_1$. Die Einschaltstromspitzen (sogenannter *Einschalt-Rush*) sind thermisch wegen ihrer kurzen Einwirkzeit ohne Bedeutung. Die Transformatorkonstruktion muß jedoch den mit dem Rush verbundenen Stromkräften mechanisch gewachsen sein.

3.12.2 Kurzschluß eines Transformators

Wenn ein Transformator kurzgeschlossen wird, so stellt sich nach Abklingen aller Ausgleichsvorgänge der Dauerkurzschlußstrom $I_k = I_N/u_{kN}$ ein. Die relativen Nenn-Kurzschlußspannungen von Transformatoren bewegen sich abhängig von der Größe und der Einsatzart in der Größenordnung $u_{kN} = 4$ bis 20%, d.h. die Dauerkurzschlußströme machen das 25- bis 5-fache des Nennstromes aus. Da sich sowohl die für die Erwärmung maßgebenden Stromwärmeverluste als auch die Kurzschlußkräfte quadratisch mit dem Strom verändern, so erkennt man bereits aus der überschlägigen Betrachtung, daß ein Transformator den Kurzschluß nicht dauernd aushält und deshalb durch Schutzeinrichtungen vom Netz getrennt werden muß. Wegen der Ansprechverzögerung der Schutzeinrichtungen muß ein Transformator aber so konstruiert und gefertigt werden, daß die in den ersten Perioden nach dem Kurzschluß auftretenden Stromkräfte keine Zerstörung bewirken.

Die Vorbelastung ist für den Ablauf der Ausgleichsvorgänge ohne wesentliche Bedeutung. Der beim Kurzschließen aus dem vorangegangenen Leerlauf ablaufende Ausgleichsvorgang hängt vom Schaltaugenblick ab. Beim Kurzschluß im ungünstigsten Moment überlagert sich dem Dauerkurzschlußstrom ein Ausgleichs-Gleichstrom, welcher bei Vernachlässigung der Wicklungswiderstände gleich dem Scheitelwert des Dauerkurzschlußstromes ist. Unter dieser Annahme fließt eine halbe Periode nach dem Schalten der Spitzenwert (*Stoßkurzschlußstrom*) $I_s = 2 \cdot \sqrt{2} \cdot I_k$.

Unter der Wirkung der ohmschen Widerstände klingt der Kurzschlußstrom ab, während der ersten Perioden näherungsweise mit der sogenannten *Streufeldzeitkonstanten*

$$T\sigma \approx \sigma(T_1 + T_2). \tag{88}$$

Für praktische Rechnungen ermittelt man den Stoßkurzschlußstrom mit Hilfe eines Faktors $k \cdot \sqrt{2}$, welcher anstelle des Wertes $2 \cdot \sqrt{2}$ abhängig vom Verhältnis X_k/R_k aus Tabelle 5 von VDE 0532 Teil 5 / 5.84 zu entnehmen ist.

X_k/R	1	1,5	2	3	4	5	6	8	10	≥ 14
$k \cdot \sqrt{2}$	1,51	1,64	1,76	1,95	2,09	2,19	2,27	2,38	2,46	2,55

Die vorstehenden Überlegungen, wie auch die des Abschnittes 3.12.1, sind auf Drehstrom-Transformatoren übertragbar. Die in den einzelnen Strängen auftretenden Ausgleichs-Gleichströme sind hierbei unterschiedlich groß.

4. Allgemeine Gesetzmäßigkeiten von Drehfeldmaschinen

Der Betrieb von Induktionsmaschinen und Synchronmaschinen in ein- und mehrsträngiger Ausführung sowie von Drehstrom-Kommutatormotoren setzt die Existenz eines im Luftspalt umlaufenden Induktions-Drehfeldes voraus. Deshalb soll die Herleitung der grundlegenden Gesetzmäßigkeiten von Drehfeldmaschinen den Abschnitten über die technischen Ausführungsformen vorangestellt werden.

Alle für das Betriebsverhalten einer elektrischen Maschine wichtigen elektromagnetischen Vorgänge leiten sich aus dem Luftspaltfeld ab. Die analytische Behandlung von Luftspaltfeldern steht deshalb im Mittelpunkt der folgenden Abschnitte.

4.1 Erregung eines Wechselfeldes

Bei Wechselstrom-Magnetisierung muß der aktive Eisenteil aus Blechen geschichtet sein. Die Ständerbohrung und die Läuferoberfläche haben Kreiskontur. Der Läufer wird zunächst als wicklungslos unterstellt und dient dem magnetischen Rückschluß. Die Ständerwicklung wird bei realen Maschinen in eingestanzte Nuten des Ständerblechpaketes eingelegt. Für grundlegende Betrachtungen darf der Einfluß der Ständernutung und der diskreten Durchflutungsverteilung außer acht gelassen werden. Im folgenden wird ein *feinverteilter Strombelag* unterstellt.

In Bild 56 ist die ebene Abwicklung des Aktivteils über eine doppelte Polteilung, d.h. den Umfangswinkel $2\pi/p$, dargestellt. Die *Spulenseiten* der eingezeichneten Wicklung sind am Maschinenumfang um eine Polteilung versetzt, es handelt sich also um eine *Durchmesserwicklung*. Am Umfang existieren 2p Wicklungszonen der Zonenbreite 2α, die zu p Spulengruppen verschaltet sind. Wenn die Windungszahl der Wicklung bei Reihenschaltung aller Spulengruppen w_1 beträgt, so besteht jede Wicklungszone aus $2w_1/(2p)$ Leitern.

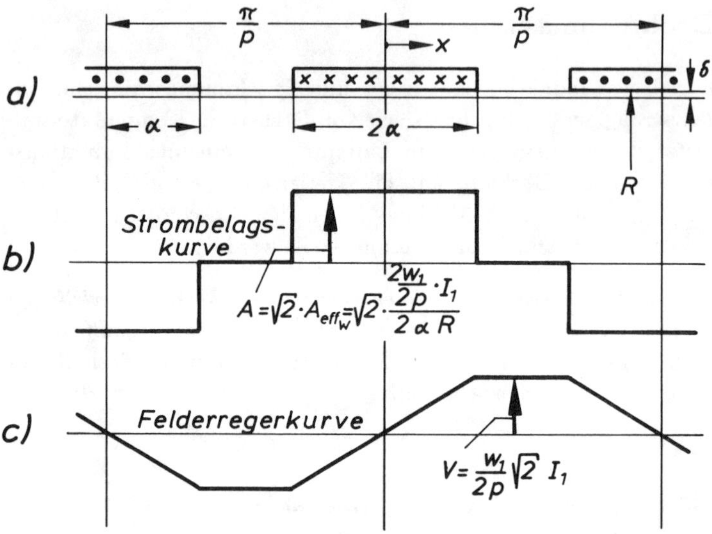

Bild 56 Zonenplan, Strombelags- und Felderregerkurve einer Wechselstromwicklung

Aus dem *Zonenplan* der Wicklung nach Bild 56a) folgt unmittelbar die Strombelagskurve nach Bild 56b). Wenn die Wicklung mit einem sinusförmigen Wechselstrom der Kreisfrequenz ω_1 und des Effektivwertes I_1 gespeist wird,

$$i_1 = \sqrt{2} \cdot I_1 \cdot \sin(\omega_1 t - \varphi_1), \tag{89}$$

so pulsiert die Strombelagskurve, die in Bild 56b) für den Zeitpunkt des Strommaximums eingezeichnet ist, ebenfalls mit der Netzkreisfrequenz ω_1. Die Fourieranalyse der Strombelagskurve liefert

$$a(x,t) = \sum_{\nu} A_{\nu W} \cdot \cos(\nu x) \cdot \sin(\omega_1 t - \varphi_1)\,. \tag{90}$$

Der Strombelag enthält die Polpaarzahlen

$$\nu = p(1+2k), \qquad mit\, k = 0;\, 1;\, 2;\ldots \tag{91}$$

d.h. die *Grundpolpaarzahl* p und *Oberwellen*, deren Polpaarzahlen $\nu = 3p; 5p; 7p; \ldots$ ein ungeradzahliges Vielfaches der Grundpolpaarzahl p ausmachen. *Strombelagswellen mit ν/p geradzahlig werden von einer Wechselstrom-Durchmesserwicklung nicht erregt.*

Die Strombelagsamplituden $A_{\nu w}$ in Gl. (90) errechnen sich zu

$$A_{\nu w} = \frac{2}{\pi} 2\,\alpha\, p \frac{\sin(\nu\alpha)}{\nu\alpha} \cdot \sqrt{2} \cdot \frac{\frac{2w_1}{2p} \cdot I_1}{2\,\alpha\, R} = \frac{2}{\pi} 2\,\alpha\, p \sqrt{2}\,\xi_{z\nu} \cdot A_{eff\,w}. \quad (92)$$

Man bezeichnet den Ausdruck

$$\xi_{z\nu} = \frac{\sin(\nu\alpha)}{\nu\alpha} \quad (93)$$

als *Zonen-Wicklungsfaktor*. Er stellt eine wichtige Kenngröße für die Güte einer Wicklung in elektromagnetischer Hinsicht dar, wohingegen der sog. *effektive Strombelag* (Durchflutung je Längeneinheit)

$$A_{eff\,w} = \frac{\frac{2w_1}{2p} I_1}{2\,\alpha\, R} \quad (94)$$

ein Maß für die Stromwärmewirkung und damit die zulässige Stromdichte in den Leitern ist.

Aus den Gln. (28) und (30) folgt aus der Strombelagskurve sofort die *Felderregerkurve* (Bild 56c)), die bei einem über den Umfang als konstant angenommenen Luftspalt nach Gl. (29) den gleichen Verlauf aufweist wie die *Feldkurve*

$$b(x,t) = \sum_{\substack{\nu = p(1+2k) \\ k = 0;1;2;\ldots}} B_\nu \cdot \sin(\nu x) \sin(\omega_1 t - \varphi_1) \quad (95)$$

mit den Feldamplituden

$$B_\nu = \frac{\mu_0}{\delta''} R \cdot \frac{A_{\nu w}}{\nu}. \quad (96)$$

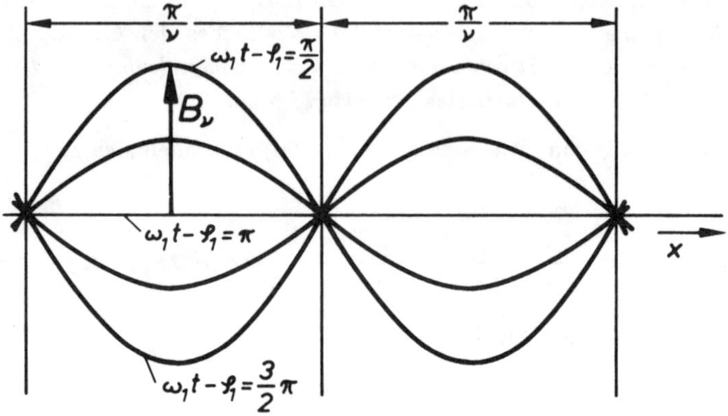

Bild 57 Räumliche Verteilung des Wechselfeldes
$b_\nu(x,t) = B_\nu \sin(\nu x) \cdot \sin(\omega_1 t - \varphi_1)$

Man nennt den durch Gl. (95) beschriebenen Feldverlauf ein *Wechselfeld*, in der Physik auch stehende Welle genannt (Bild 57).

Es wird später nachgewiesen, daß die Betriebsweise von Drehfeldmaschinen auf der Wirkung des Grundfeldes ν=p beruht, während die Oberwellen $\nu > p$ das Betriebsverhalten elektrischer Maschinen durchweg negativ beeinflussen. Eine *ideale Maschine* würde deshalb den Wicklungsfaktor $\xi_{z,\nu=p} = 1$ und Wicklungsfaktoren für alle Oberfelder $\xi_{z,\nu\neq p} = 0$ besitzen. Dieser Fall läßt sich praktisch nicht realisieren.

Für den Sonderfall unendlich schmaler Zonenbreite 2α=0 (sogenannte *Einlochwicklung*) ergeben sich die Zonen-Wicklungsfaktoren zu

$$\xi_{z\nu} = \lim_{\alpha\to 0} \frac{\sin(\nu\alpha)}{\nu\alpha} = \lim_{\alpha\to 0} \frac{\nu \cdot \cos(\nu\alpha)}{\nu} = 1. \qquad (97)$$

Bei Einlochwicklungen sind die Wicklungsfaktoren aller Feldwellen gleich Eins; Einlochwicklungen werden nur bei Kleinmaschinen eingesetzt, bei denen die ausführbare Nutzahl durch die Abmessungen begrenzt ist, und bei denen man sich mit der Reduktion der Oberfeldamplituden mit dem Faktor $1/\nu$ nach Gl. (96) begnügen muß.

Wechselstromwicklungen werden durchweg mit der Zonenbreite $2\alpha = (2/3) \cdot (\pi/p)$ ausgeführt. Dann gilt

$$\xi_{z,p} = \frac{\sqrt{3}}{2} \cdot \frac{3}{\pi} = 0,827\,; \quad \xi_{z,\nu=3p} = \frac{\sin\pi}{\pi} = 0\,; \quad \xi_{z,\nu=5p} = -0,166.$$

Bei dieser Auslegung wird die Oberwelle mit der kleinsten vorkommenden Polpaarzahl ν=3p vollständig unterdrückt.

Zur Vermeidung von Mißverständnissen sei wiederholt, daß die räumlichen Oberwellen der Feldkurve nichts zu tun haben mit der Verzerrung der Kurvenform von Spannung und Strom in der speisenden Wicklung, denn beide zeitabhängigen Größen wurden als rein sinusförmig unterstellt. Auch die Feldoberwellen ändern sich zeitlich im Takte des Stromes, d.h. sie induzieren in Wicklungen, die im Ständerblechpaket angeordnet sind, Spannungen von Netzfrequenz.

4.2 Resultierender Wicklungsfaktor

Der in Abschnitt 4.1 abgeleitete Zonen-Wicklungsfaktor nach Gl. (93) kann als Ausdruck für verminderte Flußverkettung gedeutet werden. Durch die Verteilung der Durchflutung auf Zonen der tangentialen Breite $2\alpha\mathrm{R}$ ist für das Feld nach Gl. (96) nicht die ausgeführte Windungszahl w_1, sondern die effektive Windungszahl $\mathrm{w}_1 \cdot \xi_{z\nu}$ maßgebend.

Die verminderte Flußverkettung kann in Umkehrung der Fragestellung des Abschnittes 4.1 aus der Induktionswirkung eines im Luftspaltfeld vorhandenen Wechselfeldes in der Ständerwicklung errechnet werden. In Bild 58 ist unterstellt, daß das Feld der Polpaarzahl ν in der Achse der Wechselstrom-Durchmesserwicklung magnetisiert.

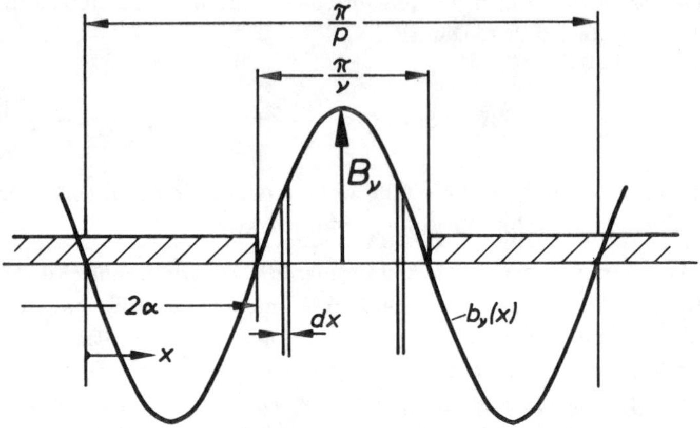

Bild 58 Zur Induktionswirkung eines Luftspalt-Wechselfeldes in einer Wechselstrom-Durchmesserwicklung der Zonenbreite 2α

Eine an der Stelle $x = x_0$ bzw. $x = (\pi/p) - x_0$ angeordnete Windung wird von dem Fluß

$$\phi(x_0) = \int\limits_{x=x_0}^{x=\frac{\pi}{p}-x_0} b(x) \cdot l \cdot R\,dx = -l \cdot B_\nu \int\limits_{x_0}^{\frac{\pi}{p}-x_0} \sin(\nu x) \cdot R\,dx$$

$$\phi(x_0) = \frac{R\,l\,B_\nu}{\nu} \cos(\nu x)\Bigg|_{x_0}^{\frac{\pi}{p}-x_0}$$

$$= \frac{R\,l\,B_\nu}{\nu}\{\cos(\nu\frac{\pi}{p} - \nu x_0) - \cos(\nu x_0)\} = -\frac{R\,l\,B_\nu}{\nu} 2\cos(\nu x_0) \tag{98}$$

für jede Feldwelle der Polpaarzahl ν nach Gl. (91) durchsetzt.

Eine bei $x = 0$ und $x = \pi/p$ angeordnete Windung ist mit dem *Fluß je Pol*

$$\phi(0) = -\frac{R\,l\,B_\nu}{\nu} 2 = -\frac{2}{\pi}\tau_\nu l\,B_\nu \tag{99}$$

verkettet.

Die Flußverkettung aller w Windungen der verteilten Wicklung, ins Verhältnis gesetzt zur Flußverkettung einer konzentrierten Einlochwicklung mit den Spulenseiten bei x = 0 und x = π/p, beträgt

$$\frac{\int_0^\alpha \phi(x) \cdot \frac{w}{\alpha}\, dx}{w\, \phi(0)} = \int\limits_0^\alpha \frac{1}{\alpha} \cos(\nu x)\, dx = \frac{\sin(\nu\alpha)}{\nu\alpha}. \tag{100}$$

Wie zu erwarten stimmt der Ausdruck für die verminderte Flußverkettung mit dem Zonen-Wicklungsfaktor nach Gl. (93) überein.

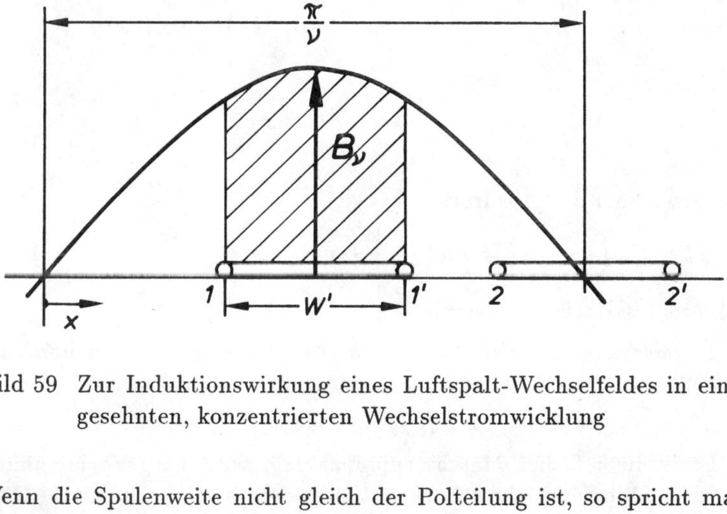

Bild 59 Zur Induktionswirkung eines Luftspalt-Wechselfeldes in einer gesehnten, konzentrierten Wechselstromwicklung

Wenn die Spulenweite nicht gleich der Polteilung ist, so spricht man von einer *gesehnten Wicklung*. Um nur den Einfluß der Sehnung auf die Flußverkettung freizustellen, sind in Bild 59 *konzentrierte Spulen* (2α=0) angenommen. Das eingezeichnete Feld induziert in der Spule 2-2′ keine Spannung, da die Spulen- und die Feldachse senkrecht zueinander stehen. In der Spule 1-1′ wird hingegen die maximal mögliche Spannung induziert. Man kann die *Spulenweite* in verschiedener Weise ausdrücken:

Spulenweite in Nutteilungen : $W^\star$,

Spulenweite im Winkelmaß : $W' = W^\star \cdot \frac{2\pi}{N}$ (N=Nutzahl), (101)

Spulenweite im Längenmaß : $W = W' \cdot R$. (102)

Wenn die konzentrierte Spule 1–1′ w_s Windungen besitzt, so induziert ein Wechselfeld der Form Gl. (95) in ihr die Spannung

$$U_{i\nu} = \frac{\omega_1}{\sqrt{2}} w_s \cdot \phi_\nu \tag{103}$$

mit dem Fluß

$$\phi_\nu = \int\limits_{x=\frac{\pi}{2\nu}-\frac{W'}{2}}^{x=\frac{\pi}{2\nu}+\frac{W'}{2}} B_\nu \cdot l \cdot R \sin(\nu x)\, dx = -B_\nu \cdot l \cdot R \frac{1}{\nu} \cos(\nu x) \Bigg|_{\frac{\pi}{2\nu}-\frac{W'}{2}}^{\frac{\pi}{2\nu}+\frac{W'}{2}}$$

$$= \phi(0) \cdot \sin\left(\nu \frac{W'}{2}\right) . \tag{104}$$

Man bezeichnet den Ausdruck

$$\xi_{S,\nu} = \sin\left(\nu \cdot \frac{W'}{2}\right) = \sin\left(\nu \cdot \frac{W^\star}{N}\pi\right) = \sin\left(\frac{\nu}{p} \cdot \frac{W}{\tau_p} \cdot \frac{\pi}{2}\right) \tag{105}$$

als *Sehnungs-Wicklungsfaktor.*

Durch geeignete Sehnung kann man die Wirkung von bestimmten Feldwellen unterdrücken. Für $W/\tau_p = 0,8$ wird beispielsweise

$$\xi_{S,p} = 0,953 , \qquad \xi_{S,3p} = 0,588 , \qquad \xi_{S,5p} = 0 .$$

Die Feldwelle 5-facher Maschinenpolpaarzahl wird ausgelöscht, ohne daß der Wicklungsfaktor des Grundfeldes stark abnimmt. Die Wicklungssehnung stellt deshalb eine häufig praktizierte Maßnahme dar, um niederpolige Wicklungsoberfelder zu unterdrücken.

Der *resultierende Wicklungsfaktor* ergibt sich aus dem Produkt des Zonen- und des Sehnungs-Wicklungsfaktors.

$$\xi_\nu = \xi_{Z,\nu} \cdot \xi_{S,\nu} = \frac{\sin(\nu\alpha)}{\nu\alpha} \cdot \sin\left(\frac{\nu}{p} \cdot \frac{W}{\tau_p} \cdot \frac{\pi}{2}\right) \tag{106}$$

4.3 Reaktanzen einer Wechselstromwicklung

Für die vom Luftspalt-Grundfeld $\nu = p$ in der erregenden Wicklung induzierte Spannung kann man nach den Gln. (103), (104), (96) und (92) schreiben

$$U_{ip} = \frac{\omega_1}{\sqrt{2}} w_1 \xi_p \frac{2Rl}{p} \cdot \frac{\mu_0}{\delta''} R \cdot \frac{1}{p} \cdot \frac{2}{\pi} \cdot 2\alpha p \cdot \xi_p \cdot \sqrt{2} \cdot \frac{w_1}{p 2\alpha R} I_1 = X_{1hw} \cdot I_1 . \quad (107)$$

Durch Koeffizientenvergleich findet man die *Wechselfeld-Nutzreaktanz des Grundfeldes*

$$X_{1hw} = \omega_1 \frac{4}{\pi} \cdot \mu_0 \cdot \frac{Rl}{p^2 \delta''} \cdot w_1^2 \xi_p^2 . \quad (108)$$

Die dem trapezförmigen Gesamtfeld nach Bild 56c) zugeordnete Reaktanz X_{1w} wird am einfachsten mit Hilfe der magnetischen Feldenergie bestimmt. Für die Feldamplitude B liefert der Durchflutungssatz (vgl. Bild 56)

$$2 \cdot \frac{B}{\mu_0} \delta'' = 2\alpha R \cdot A_{eff} \cdot \sqrt{2} = \frac{w_1}{p} \sqrt{2} \cdot I_1 . \quad (109)$$

Der Scheitelwert der magnetischen Energie des Luftspaltfeldes lautet

$$\hat{w}_m = \frac{1}{2} \cdot \frac{X_{1w}}{\omega_1} (\sqrt{2} I_1)^2 = \frac{1}{2} 2p \int_{x=0}^{x=\frac{\pi}{2p}} 2 \cdot \frac{B^2(x)}{\mu_0} \delta'' l R \, dx \quad (110)$$

$$\text{mit} \quad 0 < x \leq \alpha : \quad B(x) = B \cdot \frac{x}{\alpha},$$

$$\alpha \leq x \leq \tfrac{\pi}{2p} : \quad B(x) = B .$$

Die Auflösung ergibt die *Wechselfeldreaktanz*

$$X_{1w} = \omega_1 \cdot \frac{4}{\pi} \cdot \mu_0 \cdot \frac{Rl}{p^2 \delta''} w_1^2 \cdot \left(\frac{\pi^2}{8} - \frac{p\,\pi}{6} \alpha \right) . \quad (111)$$

Man bezeichnet die Differenz aus den Reaktanzen nach den Gln. (111) und (108)

$$X_{1dw} = X_{1w} - X_{1hw} = X_{1hw} \cdot \left(\frac{\frac{\pi^2}{8} - \frac{p\pi}{6}\alpha}{\xi_p^2} - 1 \right) = X_{1hw} \cdot \sigma_d \quad (112)$$

als *Reaktanz der doppeltverketteten Streuung* und den Ausdruck

$$\sigma_d = \frac{\frac{\pi^2}{8} - \frac{p\pi}{6}\alpha}{\xi_p^2} - 1 \quad (113)$$

als *Koeffizienten der doppeltverketteten Streuung.*

Die doppeltverkettete Streuung ist ein Maß für den Oberwellengehalt des von der Wicklung erzeugten Feldes. Ohne Oberwellen würde das Gesamtfeld identisch dem Grundfeld, d.h. es wäre $X_{1w} = X_{1hw}$, $X_{1dw} = 0$, $\sigma_d = 0$. Für eine normale Wechselstromwicklung mit $2\alpha = (2/3) \cdot (\pi/p)$ folgt aus Gl. (113)

$$\sigma_d = \frac{\frac{\pi^2}{8} - \frac{\pi^2}{18}}{0,827^2} - 1 = 0,002135 = 0,2135\%.$$

In Einklang mit den Untersuchungsergebnissen von Abschnitt 4.1 liefert die Auswertung von Gl. (113) für eine Einlochwicklung den wesentlich größeren Wert

$$\sigma_d = \frac{\frac{\pi^2}{8}}{1} - 1 = 0,2337 = 23,37\%.$$

4.4 Das Luftspaltfeld einer symmetrischen Mehrphasenmaschine

Von den heute üblichen Antrieben arbeiten nur zwei mit einem reinen Wechselfeld, nämlich der für Laborzwecke eingesetzte Einphasen-Drehregler und der Einphasen-Reihenschlußmotor, der z. Zt. noch in elektrischen Vollbahnen zum Einsatz gelangt. Das Wechselfeld wurde trotzdem ausführlich behandelt, weil sich die Ergebnisse der Abschnitte 4.1 bis 4.3 direkt übertragen lassen auf die Drehfeldmaschinen. Für das Wechsel-Grundfeld kann man nämlich schreiben

$$\begin{aligned} b_p(x,t) &= B_p \cdot \sin(px) \cdot \sin(\omega_1 t) \\ &= \frac{B_p}{2}\cos(px - \omega_1 t) - \frac{B_p}{2}\cos(px + \omega_1 t)\,. \end{aligned} \tag{114}$$

Durch goniometrische Umformung des Wechselfeldes erscheint auf der rechten Seite von Gl. (114) die Differenz von zwei *Wanderwellen*, die mit den Winkelgeschwindigkeiten umlaufen

$$\frac{dx}{dt} = +\frac{\omega_1}{p} \quad \text{bzw.} \quad \frac{dx}{dt} = -\frac{\omega_1}{p}\,. \tag{115}$$

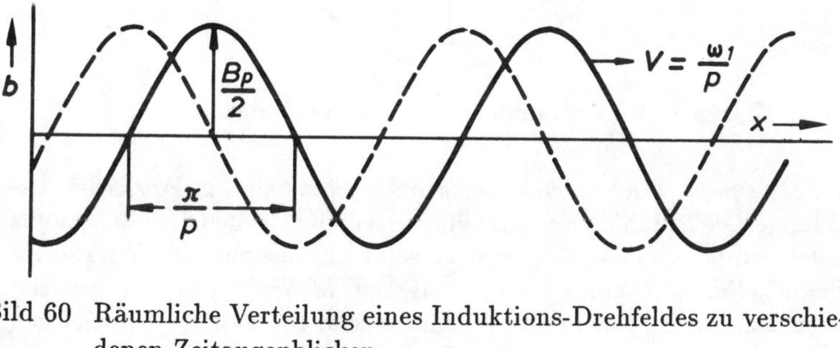

Bild 60 Räumliche Verteilung eines Induktions-Drehfeldes zu verschiedenen Zeitaugenblicken

Die Geschwindigkeiten folgen aus der Überlegung, daß die Induktionsverteilung als Funktion von Ort und Zeit immer dann einen identischen Wert besitzt, wenn die Argumente der trigonometrischen

Funktion gleich sind. Die Differentiation des konstanten Argumentes nach der Zeit führt auf die Ausdrücke von Gl. (115). Da die Induktions-Drehwellen im Luftspalt der Maschine umlaufen (Bild 60), spricht man von *Drehfeldern*. Man kann die Beziehung Gl. (114) auch wie folgt interpretieren: ***Jedes Wechselfeld kann man sich vorstellen als die Überlagerung von zwei gegenläufigen Drehfeldern halber Amplitude.*** Man nennt das in positiver Zählrichtung von x umlaufende Teildrehfeld *mitläufiges* oder *synchrones* Drehfeld. Das in negativer Richtung von x umlaufende Feld heißt *gegenläufiges* oder *inverses* Teildrehfeld. Jedes der beiden Teildrehfelder bezeichnet man auch als *Kreisdrehfeld*, weil die Endpunkte der Zeitzeiger der Induktion einen Kreis beschreiben, wenn man die Zeiger für alle Punkte der doppelten Polteilung von einem gemeinsamen Nullpunkt aus aufträgt (Bild 61).

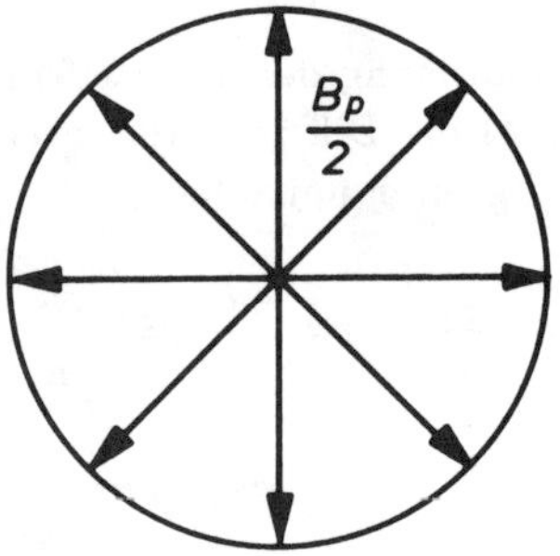

Bild 61 Zur Begriffsbestimmung des Kreisdrehfeldes

Bei einer *symmetrischen m-strängigen Maschine* sind m Wechselstromwicklungen gleichmäßig am Umfang verteilt und gegeneinander jeweils um den Umfangswinkel $2\pi/(\mathrm{mp})$ versetzt angeordnet. Die Wicklungsstränge sollen mit einem *symmetrischen Mehrphasenstrom* gespeist werden, d.h. die Ströme in den Wicklungssträngen besitzen den gleichen Effektivwert und sind zeitlich jeweils um $2\pi/\mathrm{m}$ phasenverschoben. ***Das resultierende Luftspaltfeld ergibt sich aus der linearen Superposition der m Wechselfelder.*** Man erhält für ein Feld beliebiger Polpaarzahl ν

$$b_{\nu 1}(x,t) = \frac{B'_\nu}{2}\cos(\nu x - \omega_1 t) - \frac{B'_\nu}{2}\cos(\nu x + \omega_1 t)\,, \qquad (116a)$$

$$b_{\nu 2}(x,t) = B'_\nu \cdot \sin\left[\nu(x - \frac{2\pi}{pm})\right] \cdot \sin(\omega_1 t - \frac{2\pi}{m})$$

$$= \frac{B'_\nu}{2}\cos\left\{\nu x - \omega_1 t - \frac{2\pi}{m}(\frac{\nu}{p} - 1)\right\} \tag{116b}$$

$$- \frac{B'_\nu}{2}\cos\left\{\nu x + \omega_1 t - \frac{2\pi}{m}(\frac{\nu}{p} + 1)\right\},$$

$$\vdots$$

$$b_{\nu\mu}(x,t) = B'_\nu \cdot \sin\left[\nu\left\{x - (\mu - 1)\cdot\frac{2\pi}{pm}\right\}\right] \cdot \sin\left\{\omega_1 t - (\mu - 1)\cdot\frac{2\pi}{m}\right\}$$

$$= \frac{B'_\nu}{2}\cos\left\{\nu x - \omega_1 t - \frac{2\pi}{m}(\mu - 1)(\frac{\nu}{p} - 1)\right\} \tag{116c}$$

$$- \frac{B'_\nu}{2}\cos\left\{\nu x + \omega_1 t - \frac{2\pi}{m}(\mu - 1)(\frac{\nu}{p} + 1)\right\}.$$

Nach Gl. (91) kommen in den Wechselfeldern der einzelnen Stränge alle Oberwellen vor, deren Polpaarzahlen ein ungeradzahliges Vielfaches der Grundpolpaarzahl p ausmachen. Für die weitere Behandlung des Gleichungssystems (116) sollen diejenigen Feldwellen zunächst betrachtet werden, für welche der Quotient $\nu/(p \cdot m)$ eine ganze Zahl darstellt. Für

$$\frac{\nu}{p} = k \cdot m \qquad \text{mit} \quad k = 1;\, 2;\, 3;\ldots$$

wird

$$b_{\nu 1}(x,t) = B'_\nu \cdot \sin(\nu x) \cdot \sin(\omega_1 t)\,, \tag{117a}$$

$$b_{\nu 2}(x,t) = B'_\nu \cdot \sin(\nu x) \cdot \sin(\omega_1 t - \frac{2\pi}{m})\,, \tag{117b}$$

$$\vdots$$

$$b_{\nu\mu}(x,t) = B'_\nu \cdot \sin(\nu x) \cdot \sin\left\{\omega_1 t - (\mu - 1)\cdot\frac{2\pi}{m}\right\}, \tag{117c}$$

$$b_\nu(x,t) = \sum_{\mu=1}^{\mu=m} b_{\nu_\mu}(x,t) \equiv 0\,. \tag{118}$$

In einer symmetrischen Mehrphasenmaschine, welche mit symmetrischen Mehrphasenströmen gespeist wird, existieren *keine* resultierenden *Feldwellen*, deren *Polpaarzahlen durch die Strangzahl teilbar* sind.

Bei der Addition der Teildrehfelder des Gleichungssystems (116) müssen demnach alle Polpaarzahlen betrachtet werden, welche ein ungeradzahliges Vielfaches von p ausmachen und nicht durch m teilbar sind. Sie werden erfaßt durch die Gleichung

$$\nu = p(1 + 2mg) \qquad \text{mit} \quad g = 0; \pm 1; \pm 2; \pm 3; \ldots . \tag{119}$$

Das Vorzeichen in Gl. (119) kennzeichnet den Umlaufsinn des betreffenden Oberfeldes in Bezug auf das Grundfeld $\nu = p$. Bei einem Drehstromsystem (m=3) rotiert beispielsweise das Feld $\nu = -5p$ aus g = −1 mit der Winkelgeschwindigkeit $\omega_1/(5p)$ in entgegengesetztem Sinn wie das Grundfeld.

Damit gilt

$$\frac{2\pi}{m} \cdot \left(\frac{\nu}{p} - 1\right) = \frac{2\pi}{m} \cdot 2mg = 4\pi g$$

$$\frac{2\pi}{m} \cdot \left(\frac{\nu}{p} + 1\right) = \frac{2\pi}{m} \cdot (2mg + 2) = 4\pi g + \frac{4\pi}{m},$$

und der Ausdruck Gl. (116c) kann in der Form geschrieben werden

$$\begin{aligned} b_{\nu_\mu}(x,t) = {} & \frac{B'_\nu}{2} \cdot \cos(\nu x - \omega_1 t) \\ & - \frac{B'_\nu}{2} \cdot \cos\left\{\nu x + \omega_1 t - (\mu - 1) \cdot \frac{4\pi}{m}\right\}. \end{aligned} \tag{116d}$$

Die Addition aller Teildrehfelder ergibt somit endgültig

$$\begin{aligned} b_\nu(x,t) = \sum_{\mu=1}^{\mu=m} b_{\nu_\mu}(x,t) &= \frac{m}{2} \cdot B'_\nu \cdot \cos(\nu x - \omega_1 t) \\ &= B_\nu \cdot \cos(\nu x - \omega_1 t). \end{aligned} \tag{120}$$

Die jeweils zuerst angeschriebenen Teildrehfelder im Gleichungssystem (116) addieren sich algebraisch zum resultierenden Kreisdrehfeld, da die an zweiter Stelle angeschriebene Gruppe der Teildrehfelder in Summe Null ergibt. Diese Erkenntnis führte zu der Festlegung der Vorzeichen von g in Gl. (119).

Das Luftspaltfeld einer symmetrischen Drehfeldmaschine läßt sich durch die Summe von *unendlich vielen Wicklungsfeldern* der Form von Gl. (120) mit Polpaarzahlen entsprechend Gl. (119) beschreiben, welche in Bezug auf das Maschinengrundfeld mit ν=p teilweise als gegenläufige (inverse), teilweise als mitläufige (synchrone) Felder auftreten.

Im Rahmen dieses Skriptums soll die Betrachtung im weiteren auf das Maschinengrundfeld beschränkt werden. Die Amplitude des resultierenden Drehfeldes

$$B_{Drehfeld} = \frac{m}{2} \cdot B_{Wechselfeld} \tag{121}$$

ist m/2-mal so groß wie die Amplitude der Wechselfelder der einzelnen Wicklungsstränge. Das resultierende Drehfeld induziert in jedem Strang eine gleich große Spannung, deren Phasenlage sich in den Strängen jeweils um den Winkel 2π/m unterscheidet. Die magnetische Verkettung der einzelnen Wicklungsstränge untereinander läßt sich bei Kenntnis des resultierenden Luftspaltfeldes folglich dadurch berücksichtigen, daß man beim Anschreiben des Induktionsgesetzes für einen Wicklungsstrang anstelle der Wechselfeld-Nutzreaktanz nach Gl. (108) die *Drehfeld-Nutzreaktanz des Grundfeldes*

$$X_{1h} = \frac{m}{2} X_{1hw} = \omega_1 \cdot \frac{2}{\pi} \mu_0 \cdot m \cdot \frac{Rl}{p^2 \delta''} w_1^2 \xi_p^2 \tag{122}$$

einführt.

Die vorstehenden Überlegungen gelten für mehrsträngige Systeme mit beliebiger Strangzahl m. Von praktischer Bedeutung ist in elektrischen Maschinen vor allem das *Drehstromsystem* (m=3), gelegentlich werden auch *Zweiphasensysteme* benutzt. Die Bezeichnung Zweiphasensystem ist eigentlich unkorrekt, weil sich m=2 nicht in das

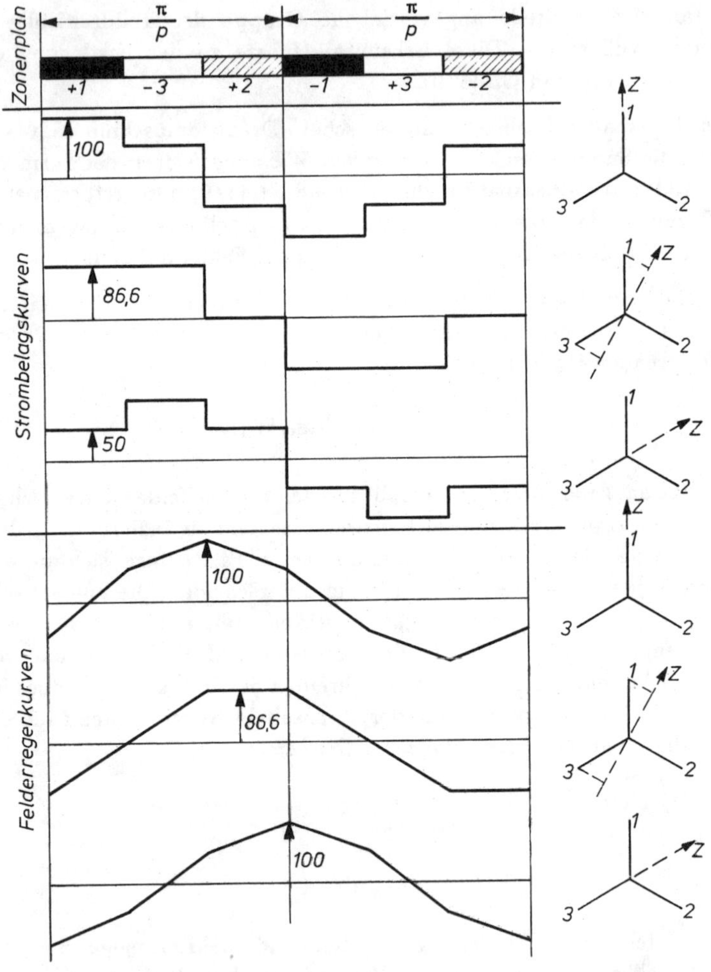

Bild 62 Strombelags- und Felderregerkurven einer ungesehnten Drehstromwicklung

Schema der Mehrphasensysteme einfügen läßt, denn m=2 würde auf zwei einander entgegen magnetisierende Wechselfelder führen. Unter einem Zweiphasensystem versteht man im Elektromaschinenbau ein durchgeschaltetes Vierphasensystem (m=4).

Das resultierende Luftspaltfeld einer Drehfeldmaschine kann auch originär anhand des Zonenplanes mit Hilfe der Strombelags- und Felderregerkurve für vorgegebene Zeitaugenblicke graphisch ermittelt werden (Bild 62). Um den verfügbaren Wickelraum gut zu nutzen, werden Drehstromwicklungen (m=3) meist mit der Zonenbreite $2\alpha=\pi/(3p)$ ausgeführt. Die Strombelags- und Felderregerkurven in Bild 62 sind jeweils für drei um je eine Zwölftel Periode auseinanderliegende Zeitaugenblicke gezeichnet. Die zeitliche Änderung der Feldform rührt daher, daß die Feldoberwellen mit anderen Geschwindigkeiten und teilweise einem anderen Drehsinn umlaufen als die Grundwelle, wie in Zusammenhang mit den Gln. (119) und (120) abgeleitet wurde.

Es ist offenkundig, daß für die Überlagerung der Strombeläge der einzelnen Stränge analoge Überlegungen angestellt werden können wie für die Induktionsfelder. Aus dem Wechselstrombelag eines Stranges mit der Amplitude nach Gl. (92) errechnet sich demnach die Amplitude des das resultierende Kreisdrehfeld erregenden *Drehstrombelages* zu

$$A_\nu = \frac{m}{2} \cdot A_{\nu_w} = \sqrt{2} \cdot \frac{\sin \nu\alpha}{\nu\alpha} \cdot \frac{m \cdot w_1 \cdot I_1}{\pi \cdot R},$$

oder allgemein zu

$$A_\nu = \sqrt{2} \cdot \xi_\nu \cdot A_{eff}\,. \tag{123}$$

Die für Durchmesserwicklungen hergeleitete Gl. (123) ist für alle Wicklungsarten gültig. Unter ξ_ν wird dann der resultierende Wicklungsfaktor verstanden. Der sog. effektive Strombelag ist bei der mehrsträngigen Anordnung in Analogie zu Gl. (94) als Durchflutung je Einheit des Umfanges ohne Berücksichtigung der Phasenlagen definiert. Man kann sich ein Drehfeld der Amplitude B_ν und der Polpaarzahl ν erregt denken durch einen sinusförmig umlaufenden Strombelag der Amplitude A_ν (Bild 63).

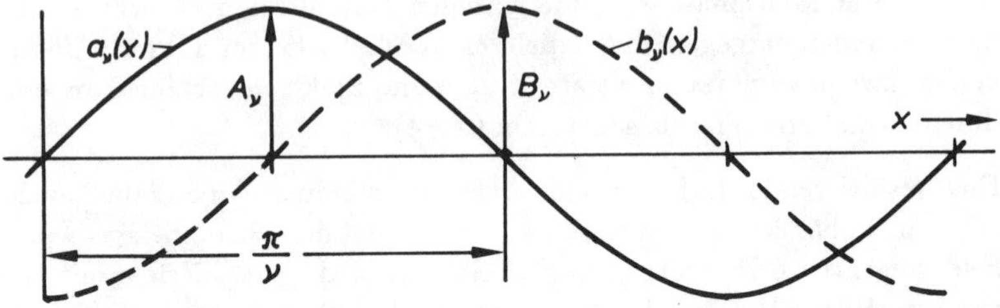

Bild 63 Zusammenhang zwischen einem Induktions-Drehfeld und einem sinusförmig umlaufenden Strombelag

Der sinusförmig umlaufende Strombelag und das Induktionsdrehfeld sind über das Durchflutungsgesetz verkettet.

$$2\frac{B_\nu}{\mu_0}\delta'' = \frac{2}{\pi}\cdot\frac{\pi R}{\nu}\cdot A_\nu \,. \tag{124}$$

4.5 Spannungsgleichungen der allgemeinen Drehfeldmaschine

Wenn eine Drehfeldmaschine im Ständer am Netz liegt, stehen der Netzspannung neben der Selbstinduktionsspannung durch das Luftspalt-Drehfeld die ohmschen Spannungsabfälle, die sich mit Hilfe der Wicklungswiderstände errechnen, und die Spannungsabfälle an den *Streureaktanzen* entgegen. Für die Zuordnung der Streufelder zu den Wicklungen gelten die Aussagen des Abschnittes 3.1. Wenn man das magnetische Feld dennoch in einzelne Komponenten aufspaltet und diese bestimmten Wicklungen zuordnet, so geschieht dies wegen der Unvollkommenheit der dem Ingenieur verfügbaren Methoden zur quantitativen Feldberechnung.

Aus der Anschauung unterscheidet man die *Stirnstreuung* und die *Nutstreuung* (Bild 64). Die außerhalb des Blechpaketes liegenden stromdurchflossenen Leiter bauen ein Streufeld auf, das sich im wesentlichen über Luftstrecken schließt. Die in den Nuten des

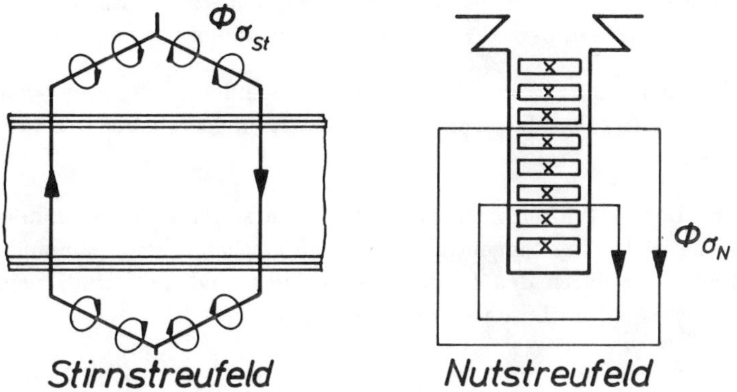

Bild 64 Schematisierter Verlauf von Stirnstreufeld und Nutquerfeld

Blechpaketes liegenden Leiter verursachen ein Feld, das quer zur Nut verläuft und sich über die umgebenden Blechteile schließt.

Die aus der diskreten Wicklungsverteilung herrührenden Feldoberwellen (Wicklungsoberfelder) induzieren in der Ständerwicklung Spannungen von Netzfrequenz.

Wenn man die Rückwirkung des Läufers außer acht läßt, so sind diese Spannungen gegenüber dem Ständerstrom um $\pi/2$ phasenverschoben. Aus der Addition der von den unendlich vielen Wicklungsoberfeldern induzierten Spannungen errechnet sich die Reaktanz der *doppeltverketteten Streuung*, welche für praktische Rechnungen zur Nutstreureaktanz und zur Stirnstreureaktanz addiert wird.

$$X_{\sigma} = X_{\sigma_N} + X_{\sigma_{St}} + X_{\sigma_d} \tag{125}$$

Für Wechselstromwicklungen wurde der analytische Ausdruck für $X_{\sigma d}$ in Abschnitt 4.3 hergeleitet.

Die Läuferwicklung der betrachteten Drehfeldmaschine soll nunmehr ins Kalkül einbezogen werden. Es wird angenommen, daß die Läuferwicklung ebenfalls eine symmetrische mehrsträngige Wicklung darstellt und mit einem symmetrischen Stromsystem gespeist wird.

Zur Unterscheidung von den Ständergrößen werden die Spannungen, Ströme, Frequenzen usw. des Läufers mit dem Index 2 gekennzeichnet.

Sind Ständer- und Läuferwicklung stromdurchflossen, so überlagern sich im Luftspalt die von beiden Wicklungssystemen erregten Kreisdrehfelder.

Aus den Lorentzkräften nach Gl. (14) lassen sich die an der Läuferoberfläche wirkenden tangential gerichteten mechanischen Spannungen σ_t unmittelbar durch den Läufer-Strombelag a und das resultierende magnetische Feld im Luftspalt ausdrücken.

$$\sigma_t = a \cdot b \tag{126}$$

Das elektromagnetisch verursachte Drehmoment – oft Luftspaltmoment genannt – errechnet sich somit zu

$$M = \int_A R \cdot \sigma_t \cdot dA = \int_{x=0}^{x=2\pi} R \cdot a \cdot b \cdot lR\, dx\ . \tag{127}$$

Das resultierende Luftspalt-Grundfeld wird durch die Gleichung

$$b_p(x,t) = B_p \cdot \cos(px - \omega_1 t - \varphi_p) \tag{128}$$

beschrieben.

Wenn im Läufer Ströme der Kreisfrequenz ω_2 fließen, so erregen sie den Grundstrombelag

$$a_{2p}(x_2,t) = A_{2p} \cos(px_2 - \omega_2 t - \varphi_a)\,, \tag{129}$$

der gegenüber dem Läufer mit der Winkelgeschwindigkeit

$$\frac{dx_2}{dt} = \frac{\omega_2}{p} \tag{130}$$

umläuft. Der Umfangswinkel in einem läuferfesten Koordinatensystem ist mit x_2 bezeichnet, während x der Umfangswinkel in einem ständerfesten Koordinatensystem ist. Wenn sich der Läufer mit der Winkelgeschwindigkeit $\omega_m = 2\pi n$ dreht, so rotiert der Läufer-Grundstrombelag gegenüber dem Ständer mit der Winkelgeschwindigkeit

$$\frac{dx}{dt} = \omega_m + \frac{dx_2}{dt} = \omega_m + \frac{\omega_2}{p}. \qquad (131)$$

Diese Koordinatentransformation gestattet unmittelbar die Schreibweise von Gl. (129) in Ständerkoordinaten.

$$a_{2p}(x,t) = A_{2p}\cos\{px - (\omega_2 + p\omega_m)t - \varphi_a\} \qquad (132)$$

Einfügen der Gln. (132) und (128) in Gl. (127) liefert das Drehmoment

$$M = R^2\pi l A_{2p}\cdot B_p\cdot\cos\{[\omega_1 - (\omega_2 + p\omega_m)]\,t + \varphi_p - \varphi_a\}\,. \qquad (133)$$

Im allgemeinen Fall schwankt das Drehmoment mit der Kreisfrequenz $\omega_1 - (\omega_2 + p\omega_m)$ um den Mittelwert Null. Solche *Pendelmomente* regen das Läufersystem zu unerwünschten Drehschwingungen an. Zur *Erzeugung eines zeitlich konstanten Drehmomentes* muß nach Gl. (133) die *Bedingung*

$$\omega_1 = \omega_2 + p\omega_m \qquad \text{bzw.} \qquad f_1 = f + f_2 \qquad (134)$$

erfüllt sein, wenn $f = p\,n$ die Drehfrequenz bezeichnet.

Eine Maschine, die mit Gleichstrom im Läufer ($f_2 = 0$) betrieben wird, entwickelt nur bei der *synchronen Drehzahl* $n = f_1/p$ ein konstantes Drehmoment und heißt darum Synchronmaschine.

Gl. (134) besagt, daß Drehfeldmaschinen nur dann ein zeitlich konstantes Drehmoment entwickeln, wenn die von Ständer und Läufer erregten Drehwellen im Luftspalt gleich schnell umlaufen. Sie müssen außerdem die gleiche Polpaarzahl besitzen, denn anderenfalls führt der Integrand in Gl. (127) auf eine mit dem Umfangswinkel x periodische Funktion und bei der Integration in den Grenzen 0 und 2π auf das Drehmoment Null.

Mit Gl. (134) erhält man für das konstante Drehmoment

$$M = R^2 \pi l A_{2p} \cdot B_p \cdot \cos(\varphi_p - \varphi_a)\,. \tag{135}$$

Die Beziehung nach Gl. (134) gestattet es, die analytische Theorie von Drehfeldmaschinen im stationären Betrieb mit Hilfe der komplexen Schwingungsrechnung zu beschreiben, welche nur für einfrequente Vorgänge gilt. Nach Gl. (134) laufen nämlich vom Ständer aus betrachtet alle Vorgänge im Luftspalt mit Netzfrequenz ab, obwohl die Frequenz f_2 der Läuferströme im Regelfall nicht netzfrequent ist.

Es hat sich eingebürgert, bei Untersuchungen über Drehfeldmaschinen die Läuferfrequenz f_2 durch die definitive Größe Schlupf zu substituieren. Man versteht unter dem Schlupf s die Abweichung der mechanischen Drehzahl von der synchronen Drehzahl bezogen auf die synchrone Drehzahl.

$$s = \frac{n_1 - n}{n_1} = \frac{f_1 - f}{f_1} = \frac{f_2}{f_1}\,. \tag{136}$$

Mit Hilfe des Schlupfes kann man auch die möglichen Betriebszustände einer Maschine wie folgt ausdrücken:

$n < 0$	$s > 1$	Lauf gegen das Drehfeld
$n = 0$	$s = 1$	Stillstand
$0 < n < n_1$	$1 > s > 0$	Untersynchronismus
$n = n_1$	$s = 0$	Synchronismus
$n > n_1$	$s < 0$	Übersynchronismus

In einem beliebigen Betriebszustand beträgt die vom Läuferdrehfeld in einem Strang der Läuferwicklung induzierte schlupffrequente Selbstinduktionsspannung

$$\underline{U}_{2i} = js X_{2h} \cdot \underline{I}_2 = js X_{1h} \frac{m_2\, w_2^2\, \xi_2^2}{m_1\, w_1^2\, \xi_1^2} \underline{I}_2\,. \tag{137}$$

Die zuletzt angegebene Schreibweise in Gl. (137) folgt aus Gl. (122). Im allgemeinen sind die Strangzahlen m_1 und m_2 von Ständer und Läufer identisch. Die Wicklungsfaktoren in Gl. (137) bedeuten ohne die Indizierung p jeweils den resultierenden Wicklungsfaktor des Grundfeldes. Demnach lautet die Spannungsgleichung für einen Ständerstrang

$$\underline{U}_1 = (R_1 + jX_{1\sigma})\underline{I}_1 + jX_{1h}(\underline{I}_1 + \underline{I}_2 \frac{m_2\, w_2^2\, \xi_2^2}{m_1\, w_1^2\, \xi_1^2}\, \frac{w_1\, \xi_1}{w_2\, \xi_2})\,. \tag{138}$$

Mit der Abkürzung für den reduzierten Läuferstrom

$$\underline{I}_2' = \underline{I}_2 \frac{m_2 w_2 \xi_2}{m_1 w_1 \xi_1} \tag{139}$$

vereinfacht sich die Ständergleichung zu

$$\underline{U}_1 = (R_1 + jX_{1\sigma})\underline{I}_1 + jX_{1h}(\underline{I}_1 + \underline{I}_2')\,. \tag{138a}$$

Der Strom I_2' ist ein fiktiver Strangstrom von Netzfrequenz, welcher in der Ständerwicklung fließend das gleiche Luftspaltfeld erregen würde wie der schlupffrequente Läuferstrom I_2 in der Läuferwicklung. Die Spannungsgleichung für den Läufer ergibt sich analog

$$\underline{U}_2 = (R_2 + jsX_{2\sigma})\underline{I}_2 + jsX_{1h}\left(\underline{I}_1 \frac{w_2\, \xi_2}{w_1\, \xi_1} + \underline{I}_2 \frac{m_2\, w_2^2\, \xi_2^2}{m_1\, w_1^2\, \xi_1^2}\right) \tag{140}$$

oder nach Erweiterung mit dem Verhältnis der effektiven Windungszahlen

$$\begin{aligned} \frac{w_1\, \xi_1}{w_2\, \xi_2}\underline{U}_2 = &\left(R_2 \frac{m_1\, w_1^2\, \xi_1^2}{m_2\, w_2^2\, \xi_2^2} + jsX_{2\sigma} \frac{m_1\, w_1^2\, \xi_1^2}{m_2\, w_2^2\, \xi_2^2}\right) \underline{I}_2 \frac{m_2\, w_2\, \xi_2}{m_1\, w_1\, \xi_1} \\ &+ jsX_{1h}\left(\underline{I}_1 + \underline{I}_2 \frac{m_2\, w_2\, \xi_2}{m_1\, w_1\, \xi_1}\right)\,. \end{aligned} \tag{140a}$$

Mit den *reduzierten Sekundärgrößen*

$$\underline{U}_2' = \underline{U}_2 \frac{w_1\, \xi_1}{w_2\, \xi_2} \tag{141}$$

$$R_2' = R_2 \frac{m_1\, w_1^2\, \xi_1^2}{m_2\, w_2^2\, \xi_2^2} \tag{142}$$

$$X_{2\sigma}' = X_{2\sigma} \frac{m_1\, w_1^2\, \xi_1^2}{m_2\, w_2^2\, \xi_2^2} \tag{143}$$

erhält man endgültig

$$\underline{U}'_2 = (R'_2 + jsX'_{2\sigma})\underline{I}'_2 + jsX_{1h}\left(\underline{I}_1 + \underline{I}'_2\right) . \tag{140b}$$

Der Magnetisierungsstrom

$$\underline{I}_\mu = \underline{I}_1 + \underline{I}'_2 \tag{144}$$

induziert in der Ständerwicklung die Spannung des resultierenden Luftspaltfeldes

$$\underline{U}_r = jX_{1h}(\underline{I}_1 + \underline{I}'_2) = jX_{1h}\underline{I}_\mu . \tag{145}$$

Die Gln. (138a) und (140b) stellen die Basis für die analytische Grundfeld-Theorie aller Drehfeldmaschinen dar.

4.6 Gesetz über die Aufspaltung der Luftspaltleistung

Aus den Gln. (138a) und (140b) ergibt sich durch "innere" Multiplikation mit den jeweiligen Strömen und der Strangzahl m_1 eine Wirkleistungsbilanz der Ständer- und Läuferwicklung. Da die Spannungsgleichungen von Ständer und Läufer mit Größen formuliert sind, die auf den Ständer bezogen sind, muß auch bei der Läufergleichung mit der Strangzahl des Ständers multipliziert werden.

$$m_1 U_1 I_1 \cos\varphi_1 = m_1 R_1 I_1^2 + m_1 X_{1h} I_1 I'_2 \cdot \cos\angle(j\underline{I}'_2; \underline{I}_1) \tag{146}$$

$$m_1 U'_2 I'_2 \cos\varphi_2 = m_1 R'_2 I'^2_2 + m_1 s X_{1h} I_1 I'_2 \cdot \cos\angle(j\underline{I}_1; \underline{I}'_2) \tag{147}$$

Die Phasenverschiebung zwischen den Strömen $\underline{I}_1$ und $\underline{I}'_2$ soll mit γ bezeichnet werden. Durch Einfügen der Winkelbeziehungen entsprechend Bild 65 in die Gleichung der Leistungsbilanz des Ständers vereinfacht sich diese auf die Form

$$m_1 U_1 I_1 \cos\varphi_1 = m_1 R_1 I_1^2 + m_1 X_{1h} I_1 I'_2 \cdot \sin\gamma . \tag{146a}$$

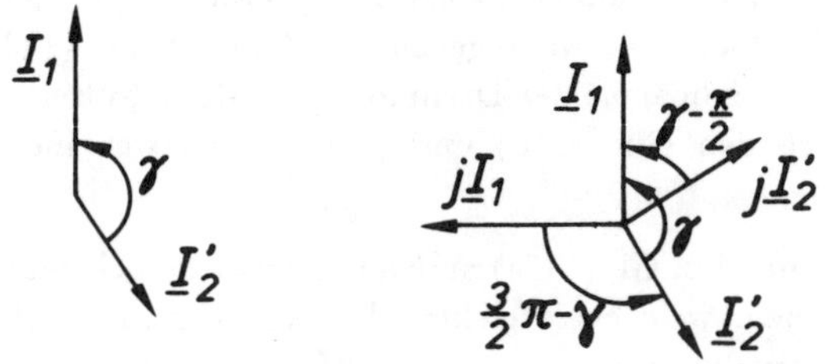

$$\cos \angle(j\underline{I}_2'; \underline{I}_1) = \cos(\gamma - \frac{\pi}{2}) = \sin\gamma$$

$$\cos \angle(j\underline{I}_1; \underline{I}_2') = \cos(\frac{3}{2}\pi - \gamma) = -\sin\gamma$$

Bild 65 Phasenbeziehungen zwischen dem reduzierten Sekundär- und Primärstrom einer Drehfeldmaschine

Die dem Ständer zugeführte Wirkleistung setzt sich aus den Ständer-Stromwärmeverlusten und der primären Luftspaltleistung

$$P_\delta = m_1 X_{1h} I_1 I_2' \sin\gamma \tag{148}$$

zusammen. Aus Gl. (147) wird

$$m_1 U_2' I_2' \cos\varphi_2 = m_1 R_2' I_2'^2 - s m_1 X_{1h} I_1 I_2' \cdot \sin\gamma . \tag{147a}$$

Die dem Läufer zugeführte Wirkleistung ist gleich den Läuferstromwärmeverlusten abzüglich der sogenannten sekundären Luftspaltleistung $s \cdot P_\delta$.

Da die Ausgangs-Spannungsgleichungen in Verbraucherschreibweise formuliert sind, muß die Addition der von Ständer und Läufer übertragenen Luftspaltleistungen die *mechanische Leistung* an der Welle ergeben, aus welcher sich direkt das *Drehmoment* errechnet.

$$P_{mech} = (1 - s)P_\delta = M \cdot 2\pi n = M \cdot 2\pi n_1 \cdot (1 - s) \tag{149}$$

Mit Hilfe von Gl. (148) läßt sich der für alle Drehfeldmaschinen gültige Ausdruck für das Drehmoment anschreiben

$$M = \frac{P_\delta}{2\pi n_1} = m_1 p L_{1h} I_1 I_2' \sin\gamma . \tag{150}$$

Der Ausdruck für das Drehmoment nach Gl. (150) eignet sich gut für numerische Rechnungen, wohingegen die Gln. (127), (133) und (135) besser den Mechanismus der Drehmomentbildung aufzeigen. Die Schreibweisen nach den Gln. (150) und (135) lassen sich ineinander überführen.

Der negative Summand in Gl. (147a) muß aus bilanziellen Gründen eine Leistung beschreiben, welche als elektrische Leistung im Läuferkreis auftritt. *Die Luftspaltleistung teilt sich auf in die mechanisch an der Welle erscheinende Leistung und die elektrische Leistung im Läuferkreis.*

$$P_\delta = P_{mech} + P_{2el} = (1-s)P_\delta + sP_\delta \tag{151}$$

Wenn man die Eisenverluste in die Rechnungen einbezieht, so müssen zur Ermittlung der Luftspaltleistung von der dem Netz entnommenen Ständer-Wirkleistung außer den primären Kupferverlusten die im Ständerblechpaket auftretenden Eisenverluste abgezogen werden.

Durch Gl. (151) wird das *Gesetz über die Spaltung der Luftspaltleistung* beschrieben, welches für viele technische Anwendungen von Antrieben mit Drehfeldmaschinen auf simple Weise wichtige Erkenntnisse vermittelt. Man erkennt beispielsweise sofort, daß bei Maschinen, deren Läuferwicklung kurzgeschlossen ($U_2 = 0$) und somit nicht an ein fremdes Netz angeschlossen ist, die geschlüpfte Leistung $s \cdot P_\delta$ nach Gl. (147a) im Läuferkreis in Stromwärme umgesetzt wird. Wenn diese Maschine mit halber synchroner Drehzahl (s=0,5) betrieben würde, so wäre nach Gl. (151) der Wirkungsgrad selbst dann nur 50%, wenn außer den Läufer-Stromwärmeverlusten in der Maschine keine weiteren Verluste aufträten. Das Gesetz über die Spaltung der Luftspaltleistung lehrt demnach unmittelbar, daß *Drehfeldmaschinen mit kurzgeschlossenem Läufer wirtschaftlich* nur *in der Nähe des Synchronismus* ($s \approx 0$) betrieben werden können.

5. Induktionsmaschinen

Die Induktionsmaschinen (abgekürzt: IM), oft auch Asynchronmaschinen genannt, besitzen nach Tafel 1 von allen elektrischen Antriebsarten die größte praktische Bedeutung. Vom geometrischen Aufbau des Aktivteils her stellen IM die einfachste Ausführungsform elektrischer Maschinen dar. IM sind im Aktivteil völlig rotationssymmetrisch aufgebaut. Die zylinderförmigen Blechpakete von Ständer und Läufer werden bis zu Durchmessern von etwa 1200 mm aus Blechronden gestanzt, darüber hinaus setzt man sie aus fertigungstechnischen und wirtschaftlichen Gründen aus einzelnen Blechsegmenten zusammen. In die Blechpakete werden dem Luftspalt zugewandte Nuten zur Aufnahme der Wicklungen eingestanzt. Die Ständerwicklung wird im Betrieb ans Netz geschaltet.

Beim Läufer unterscheidet man zwischen zwei konstruktiven Ausführungsformen, dem *Schleifringläufer* und dem *Kurzschlußläufer* (Bild 66).

Beim Schleifringläufer wird in die Läufernuten eine isolierte Drehstromwicklung eingelegt, die im Prinzip wie die Ständerwicklung aufgebaut ist. Die Läuferwicklung ist in aller Regel im Stern geschaltet, wobei die Sternpunktverbindung am Wickelkopf geschaltet wird. Die drei Wicklungsenden werden auf Schleifringe geführt, welche natürlich gegenüber der Welle isoliert sein müssen. Die Stromzufuhr geschieht über Kohlebürsten, die in Haltern sitzen. Die Konstruktionen ähneln den bei Gleichstrommaschinen üblichen Ausführungsformen. Die Schleifringwicklung kann über die Bürsten kurzgeschlossen oder aber z.B. an äußere Widerstände angeschlossen werden.

Beim Kurzschluß- oder *Käfigläufer* besteht die Läuferwicklung aus symmetrisch über den Umfang verteilten Stäben. Die Enden der *Kurzschlußstäbe* sind auf beiden Stirnseiten des Blechpaketes mit Kurzschlußringen verlötet. Mit Rücksicht auf das Oberfeldverhalten werden die Stäbe in axialer Richtung oftmals schräg geführt, wobei der Betrag der Schrägung in tangentialer Richtung etwa eine Nutteilung umfaßt. Bei Käfigläufern werden Stabquerschnitte von sehr unterschiedlicher geometrischer Gestalt verwendet. Bei IM

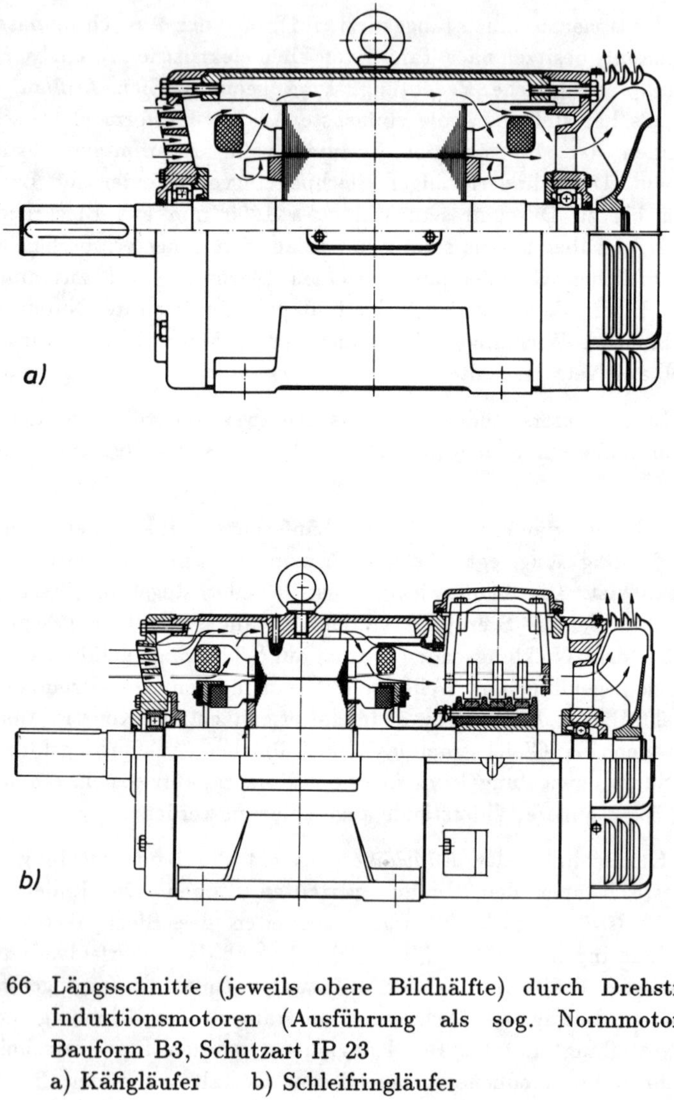

Bild 66 Längsschnitte (jeweils obere Bildhälfte) durch Drehstrom-Induktionsmotoren (Ausführung als sog. Normmotoren), Bauform B3, Schutzart IP 23
a) Käfigläufer b) Schleifringläufer

mit Nennleistungen oberhalb etwa $P_N = 200$ kW werden die Stäbe aus Kupfer oder Leitbronzen gefertigt und durchweg unisoliert in die Blechpakete eingeschlagen. Bei kleineren IM verwendet man als Leitermaterial meist Aluminium, das je nach Läufergröße im Druckguß-, Niederdruckguß- oder Kokillengußverfahren eingebracht wird.

Induktionsmaschinen werden bis zu Leistungen von etwa 25.000 kW für 2p=4 als Antriebsmotoren für ein weites Feld industrieller Anwendungen eingesetzt.

5.1 Grundlegendes zur Ausführung der Drehstromwicklungen

Die weitaus meisten IM für industrielle Antriebe werden als Drehstrommaschinen gebaut. Die Drehstromwicklung kann als *ungesehnte Einschichtwicklung* entsprechend dem Zonenplan von Bild 62 gefertigt sein, wobei jede Wicklungszone der Breite $2\alpha = \pi/(3p)$ eine ganze Zahl von Nuten umfaßt. Man spricht von *Ganzlochwicklungen*.

Im Hinblick auf die parasitäre Wirkung der niederpoligen Wicklungs-Oberfelder, insbesondere $\nu = -5p$ und $\nu = 7p$ nach Gl. (119), muß die Ständerwicklung bei größeren Maschinen *gesehnt* werden. Der Zonenplan von Bild 62 lehrt unmittelbar, daß Sehnung bei einer Drehstrom-Einschichtwicklung nicht ausführbar ist. Wenn man sich jede Spulenseite in zwei aufgeteilt denkt, von denen eine am Nutgrund, die andere an der Bohrung angeordnet wird, so ändert sich an der elektromagnetischen Wirkung der Wicklung nichts, wenn die resultierende Nutdurchflutung konstant bleibt. Durch den Gedankenversuch wird der Zonenplan einer *ungesehnten Zweischichtwicklung* beschrieben (Bild 67b)). Quasi durch Verschieben der Wicklungsschichten gegeneinander läßt sich bei der Zweischichtwicklung einfach eine Sehnung realisieren (Bild 67c)).

In der praktischen Ausführung kann man *gesehnte Zweischichtwicklungen* als *Spulen gleicher Weite* oder als *konzentrische Spulen* fertigen (Bild 68). *Die beiden Wicklungsarten sind elektromagnetisch völlig*

Bild 67 Zonenpläne von Drehstrom-Wicklungen

äquivalent. Der Unterschied liegt in der Ausführung der Wickelköpfe und ist fertigungstechnisch bedingt. Bei sogenannten Hochspannungsmaschinen ($U_N > 1$ kV) werden ausschließlich Zweischichtwicklungen mit Spulen gleicher Weite verwendet. Die Spulen werden außerhalb der Blechpakete gefertigt, isoliert und in die offenen Nuten eingelegt (sogenannte *Ganzformspulen*). Bei Niederspannungsmaschinen werden die Wicklungen üblicherweise aus Runddrähten gefertigt, welche in die halbgeschlossenen Nuten eingeträufelt werden. Als *Träufelwicklungen* werden Spulen gleicher Weite und auch konzentrische Spulen ausgeführt. Wicklungen mit Spulen gleicher Weite besitzen den Vorzug, daß die Spulenabstände im Wickelkopf alle gleich groß sind. Es ergeben sich dadurch ein konstanter Luftdurchtrittsquerschnitt im Stirnraum und besonders gute Kühlungsverhältnisse. Die Stirnköpfe von Träufelwicklungen mit konzentrischen Spulen sind hingegen kürzer und kompakter als bei der Ausführung mit Spulen gleicher Weite.

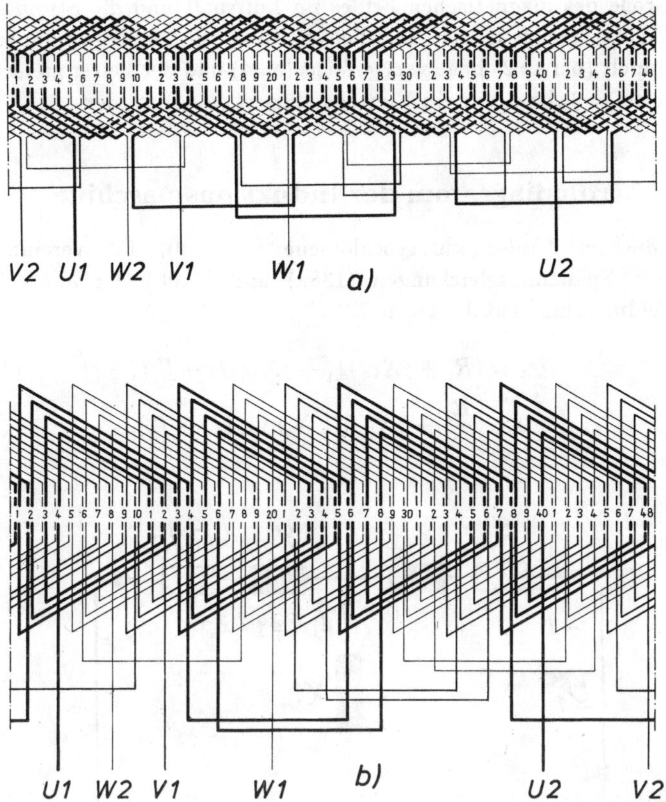

Bild 68 Wicklungsplan einer vierpoligen Drehstrom-Zweischichtwicklung mit N=48 Nuten und der Sehnung $w/\tau_p = 10/12$
a) Spulen gleicher Weite
b) konzentrische Spulen

In den Wicklungsplänen Bild 68 sind jeweils alle 4 Spulengruppen je Strang in Reihe geschaltet. Man könnte die Wicklungen auch in a=2 oder a=4 parallelen Zweigen schalten, ohne daß im Grundwellen-Betriebsverhalten eine Änderung eintreten würde. Mit Rücksicht auf die Größe des magnetischen Feldes im Luftspalt und die Stromdichte in den Leitern muß bei Parallelschaltung die Spulenwindungszahl verdoppelt (bei a=2) bzw. vervierfacht (a=4) und der Leiterquerschnitt halbiert (a=2) bzw. auf ein Viertel reduziert (a=4) werden.

5.2 Stromdiagramm der Induktionsmaschine

Für die im Läufer kurzgeschlossene ($U_2 = 0$) IM vereinfachen sich die Spannungsgleichungen (138a) und (140b) der allgemeinen Drehfeldmaschine auf die Form

$$\underline{U}_1 = (R_1 + jX_{1\sigma})\underline{I}_1 + jX_{1h}(\underline{I}_1 + \underline{I}_2'), \tag{138a}$$

$$0 = (\frac{R_2'}{s} + jX_{2\sigma}')\underline{I}_2' + jX_{1h}(\underline{I}_1 + \underline{I}_2'). \tag{152}$$

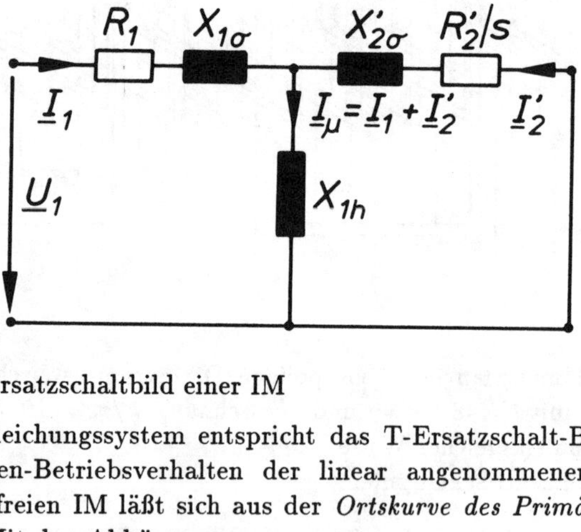

Bild 69 Ersatzschaltbild einer IM

Diesem Gleichungssystem entspricht das T-Ersatzschalt-Bild 69. Das Grundwellen-Betriebsverhalten der linear angenommenen stromverdrängungsfreien IM läßt sich aus der *Ortskurve des Primärstromes* $\underline{I}_1$ ableiten. Mit den Abkürzungen

$$X_1 = X_{1h} + X_{1\sigma} = X_{1h}(1 + \sigma_1) \tag{153}$$

$$X_2' = X_{1h} + X_{2\sigma}' = X_{1h}(1 + \sigma_2) \tag{154}$$

erhält man

$$\underline{I}_1 = \underline{U}_1 \frac{1}{R_1 + jX_{1\sigma} + \dfrac{jX_{1h}(R_2'/s + jX_{2\sigma}')}{R_2'/s + j(X_{1h} + X_{2\sigma}')}}$$

$$= \underline{U}_1 \frac{R_2' + jsX_2'}{R_1R_2' + jR_2'X_1 + (X_{1h}^2 - X_1X_2' + jR_1X_2')s} \,. \tag{155}$$

Der Ausdruck für den Ständerstrom ist von der allgemeinen Form

$$\underline{I}_1 = \frac{\underline{A} + \underline{B} \cdot s}{\underline{C} + \underline{D} \cdot s} \underline{U}_1 \,, \tag{156}$$

wobei die Operatoren $\underline{\mathrm{A}}$, $\underline{\mathrm{B}}$, $\underline{\mathrm{C}}$, und $\underline{\mathrm{D}}$ durch die Kenngrößen der Maschine festgelegt sind. Der Ausdruck Gl. (156) beschreibt nach der elementaren Ortskurven-Theorie einen Kreis in allgemeiner Lage. Die wichtigen Zusammenhänge des Kreisdiagramms wurden zuerst von *Heyland* und *Ossanna* erforscht, und deshalb wird der durch Gl. (155) festgelegte Kreis häufig nach ihnen benannt.

In diesem Skriptum soll den weiteren Überlegungen ein *vereinfachtes Ersatzschaltbild* zugrunde gelegt werden, bei dem der Wicklungswiderstand R_1 des Ständers vernachlässigt wird. Die Näherung ist zulässig, weil der ohmsche Widerstand der Ständerwicklung abgesehen von Kleinstmotoren das Betriebsverhalten nur unwesentlich beeinflußt. Für $\mathrm{R}_1 = 0$ vereinfacht sich Gl. (155) zu

$$\underline{I}_1 = \underline{U}_1 \cdot \frac{R_2' + jsX_2'}{jR_2'X_1 - s(X_1X_2' - X_{1h}^2)} \,. \tag{157}$$

Wegen $\underline{C} \perp \underline{D}$ in Gl. (157) liegen die Kreispunkte mit den Parameterwerten $\mathrm{s} = 0$ und $\mathrm{s} = \infty$ auf einem Durchmesser.

Im *Synchronismus* ($\mathrm{s} = 0$), der bei Vernachlässigung von Reibungsverlusten dem *Leerlauf* entspricht, fließt der Ständerstrom

$$\underline{I}_{10} = \frac{\underline{U}_1}{jX_1} \,. \tag{158}$$

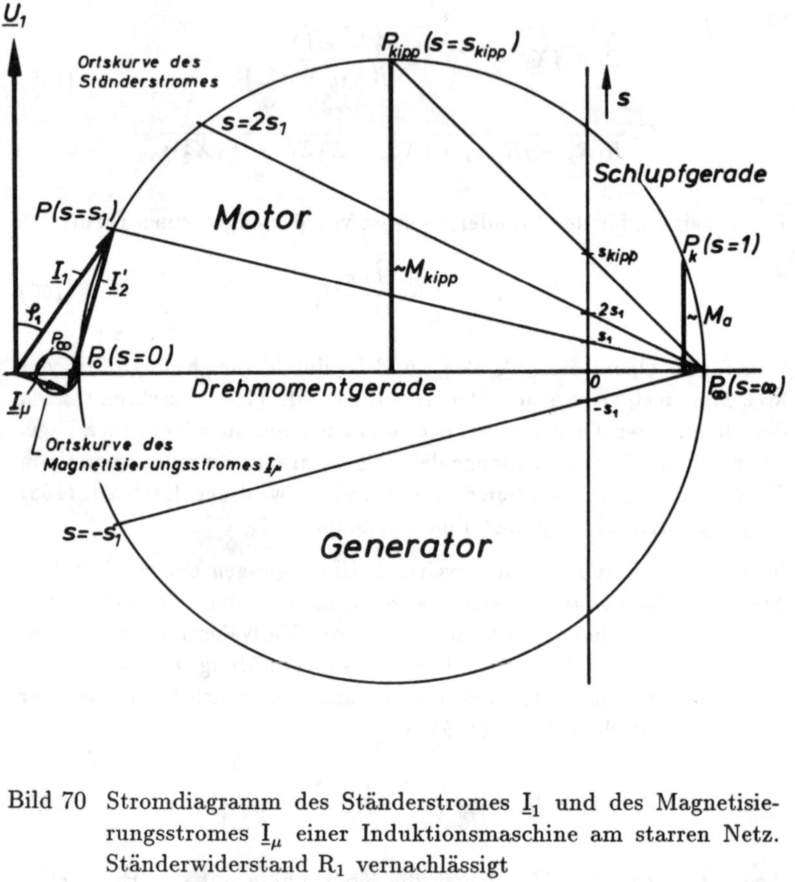

Bild 70 Stromdiagramm des Ständerstromes $\underline{I}_1$ und des Magnetisierungsstromes $\underline{I}_\mu$ einer Induktionsmaschine am starren Netz. Ständerwiderstand R_1 vernachlässigt

Der Strom im sog. *ideellen Kurzschluß* ($s = \infty$) ergibt sich zu

$$\underline{I}_{1\infty} = \underline{U}_1 \cdot \frac{X_2'}{j(X_1 X_2' - X_{1h}^2)} = \frac{\underline{U}_1}{jX_1} \cdot \frac{1}{\sigma} \,. \tag{159}$$

Die letzte Schreibweise von Gl. (159) zeigt mit Hilfe der Ziffer der

Gesamtstreuung (vgl. Gl. (52))

$$\sigma = 1 - \frac{X_{1h}^2}{X_1 \cdot X_2'} \tag{160}$$

auf, daß die *Streuung das Betriebsverhalten einer IM entscheidend beeinflußt.* Der Kreisdurchmesser

$$I_{1\infty} - I_{10} = \frac{U_1}{X_1} \cdot \frac{1-\sigma}{\sigma}$$

ist umso größer, je kleiner die Streuziffer σ ist (Bild 70).

Für den praktischen Betrieb ist der *Stillstand* (s=1), auch Kurzschluß genannt, wichtig. Der Anzugsstrom errechnet sich aus Gl. (157) zu

$$\underline{I}_{1k} = \frac{\underline{U}_1}{jX_1} \cdot \frac{R_2' + jX_2'}{jR_2' - \sigma X_2'} \,. \tag{161}$$

Der bezogene Läuferstrom I_2' kann aus dem Kreisdiagramm für den Ständerstrom I_1 nicht unmittelbar entnommen werden, weil sich der Magnetisierungsstrom I_μ lastabhängig ändert.

$$\underline{I}_\mu = \frac{\underline{U}_1}{jX_1} \cdot \frac{R_2' + jsX_{2\sigma}'}{R_2' + js\sigma X_2'} \tag{162}$$

Der Magnetisierungsstrom beschreibt als Ortskurve ebenfalls einen Kreis mit den Punkten P_0 und P_∞ auf einem Durchmesser.

$$\text{s=0: } \underline{I}_{\mu 0} = \underline{I}_{10} \qquad s = \infty\text{: } \underline{I}_{\mu\infty} = \underline{I}_{10} \frac{X_{2\sigma}'}{\sigma X_2'} = \underline{I}_{10} \cdot \frac{\sigma_2}{\sigma(1+\sigma_2)}$$

Man entnimmt aus Bild 70, daß *eine IM in jedem Betriebszustand induktive Blindleistung aus dem Netz aufnimmt.* Bei kurzgeschlossenem Läufer kann nur so die zum Aufbau des magnetischen Feldes im Luftspalt erforderliche magnetische Feldenergie aufgebracht werden. Da die meisten Verbraucher im Netz (z.B. Motoren, Öfen, Leuchtstofflampen) ebenfalls induktiv wirken, ist eine IM als *Generator zur Energieerzeugung* nur sehr *eingeschränkt einsatzfähig*. Der Stromortskurve von Bild 70 liegt ein starres Netz zugrunde. Beim Fehlen eines taktgebenden Netzes, im sogenannten *Inselbetrieb*, erwachsen weitere Probleme für den generatorischen Betrieb. Auf die im Inselbetrieb mögliche Selbsterregungsschaltung, den kondensatorerregten Asynchrongenerator, welcher in sogenannten Ersatzstromaggregaten oder für autarke Kleinverbraucher mitunter zur Anwendung gelangt, kann im Rahmen dieses Skriptums nicht eingegangen werden.

Aus dem Kreisdiagramm Bild 70 kann unmittelbar das Luftspaltmoment entnommen werden. Da die Ständer-Stromwärmeverluste und die Eisenverluste bei der Herleitung der Ortskurve außer acht gelassen wurden, entspricht im Betriebspunkt P die gesamte dem Netz entnommene Wirkleistung der Luftspaltleistung P_δ und wird durch die Wirkkomponente des Ständerstromes repräsentiert.

Die Gerade durch die Kreispunkte P_0 *und* P_∞ *stellt deshalb die Gerade der Luftspaltleistung* und nach Gl. (150) zugleich die *Drehmomentgerade* dar, d.h. für jeden beliebigen Schlupf s kann das Drehmoment unmittelbar aus dem Abstand dieses Kreispunktes von der Drehmomentgeraden errechnet werden.

Zur *Parametrierung der Stromortskurve* wird noch an einen allgemein gültigen Satz aus der Ortskurven-Theorie erinnert: Bei einem Kreis in der allgemeinen Form von Gl. (156) kann als *Parametergerade* jede beliebige Parallele zur Tangente im Punkte P_∞ gewählt werden. Der Schlupf-Maßstab auf der Parametergeraden ist linear. Zur vollständigen Parametrierung eines Kreises reicht es deshalb aus, wenn neben den Punkten P_0 und P_∞ der Schlupf eines weiteren beliebigen Kreispunktes bekannt ist.

In Bild 70 ist der Betriebspunkt mit dem größtmöglichen motorischen Drehmoment, der sogenannte *Kippunkt*, eingezeichnet.

Im Ersatzschalt-Bild 69 wird die Luftspaltleistung in dem fiktiven Widerstand R_2'/s umgesetzt, so daß nach Gl. (149) für das Drehmoment gilt

$$M = \frac{P_\delta}{2\pi n_1} = \frac{m_1}{2\pi n_1} \cdot \frac{R_2'}{s} I_2'^2 \,, \tag{163}$$

wobei für den reduzierten Sekundärstrom nach den Gln. (157) und (162)

$$\underline{I}_2' = \underline{I}_1 - \underline{I}_\mu = \underline{U}_1 \cdot \frac{-s}{(1+\sigma_1)(R_2' + js\sigma X_2')} \tag{164}$$

einzusetzen ist. Mit den Abkürzungen

$$R_k = R_2' \cdot (1+\sigma_1)^2 \tag{165}$$

$$X_k = X_1 \cdot \frac{\sigma}{1-\sigma} \tag{166}$$

läßt sich Gl. (163) umformen in

$$M = \frac{m_1}{2\pi n_1} \cdot U_1^2 \cdot \frac{R_k/s}{(R_k/s)^2 + X_k^2} \,. \tag{167}$$

Damit liegt ein analytischer Ausdruck für die Drehmoment-Schlupf- bzw. die Drehmoment-Drehzahl-Kennlinie vor. Das Drehmoment einer IM ändert sich quadratisch mit der anliegenden Spannung. *Eine IM reagiert deshalb empfindlich auf Schwankungen der Netzspannung.*

Der *Kippschlupf* s_{kipp} wird durch Nullsetzen des Differentialquotienten dM(s)/ds ermittelt. Die Ausrechnung ergibt

$$s_{kipp} = \frac{R_k}{X_k} \tag{168}$$

und

$$M_{kipp} = \frac{m_1}{2\pi n_1} \cdot \frac{U_1^2}{2X_k} \,. \tag{169}$$

Auch diese Beziehung verdeutlicht in Zusammenhang mit Gl. (166), daß eine *IM zum Erzielen einer großen Überlastbarkeit streuungsarm gebaut sein muß.*

Führt man den Kippschlupf nach Gl. (168) in die Drehmomentbeziehung Gl. (167) ein, so erhält man für das Verhältnis des Drehmomentes bei einem beliebigen Schlupf s zu dem Kippmoment

$$\frac{M}{M_{kipp}} = \frac{2}{\frac{s_{kipp}}{s} + \frac{s}{s_{kipp}}} . \tag{170}$$

Speziell für den Stillstand ($s = 1, M = M_a$) gilt

$$\frac{M_a}{M_{kipp}} = \frac{2}{s_{kipp} + \frac{1}{s_{kipp}}} \approx 2 \cdot s_{kipp} . \tag{171}$$

Diese Zusammenhänge sind im Schrifttum unter dem Namen *Kloss'sche Formel* bekannt.

Die möglichen Betriebszustände einer IM werden durch die Ortskurve Bild 70 wie folgt erfaßt:

$P_k \ldots P_0$:	$M > 0$,	$0 < n < n_1$,	$P_{mech} > 0$;	*Motorbetrieb* zwischen Stillstand und Leerlauf
$P_0 \ldots P_\infty$:	$M < 0$,	$n > n_1$,	$P_{mech} < 0$;	*Generatorbetrieb*
$P_\infty \ldots P_k$:	$M > 0$,	$n < 0$,	$P_{mech} < 0$;	*Gegenstrom-Bremsbereich*.

Bei einer IM mit kurzgeschlossenem Läuferkreis tritt der Schlupf s in den Spannungsgleichungen (138a) und (152) nur in dem Quotienten R_2'/s auf. Folglich muß das Betriebsverhalten der Maschine unverändert sein, solange sich dieser Quotient nicht ändert. Bei einem Schleifringläufer kann man in die Größe R_2' auch einen in den Läuferkreis geschalteten äußeren Widerstand einbeziehen. Durch einen solchen äußeren Widerstand R_v ändert sich die Stromortskurve also nach Größe und Lage nicht, sondern nur die Verteilung der Parameterwerte auf dem Kreis. Man erkennt diesen Sachverhalt formal auch aus den abgeleiteten Beziehungen für den Strom im Synchronismus nach Gl. (158), den größtmöglichen Blindstrom nach Gl. (159) und das Kippmoment nach Gl. (169), welche alle unabhängig von der Größe R_2' sind.

5.3 Drehzahl-Drehmoment-Kennlinien

Nach den Überlegungen von Abschnitt 5.2 läßt sich am starren Netz die M/n-Kennlinie einer IM mit Hilfe von Vorwiderständen im Läuferkreis verändern. Zu jedem Punkt auf der Ortskurve nach Bild 70, welcher bei kurzgeschlossenem Läufer einen bestimmten Schlupf s besitzt, stellt sich bei eingeschaltetem Vorwiderstand R_v in einem Strang der Läuferwicklung ein Schlupf s′ ein nach der Beziehung

$$\frac{R_2}{s} = \frac{R_2 + R_v}{s'} \; ; R_v = R_2\left(\frac{s'}{s} - 1\right) . \qquad (172)$$

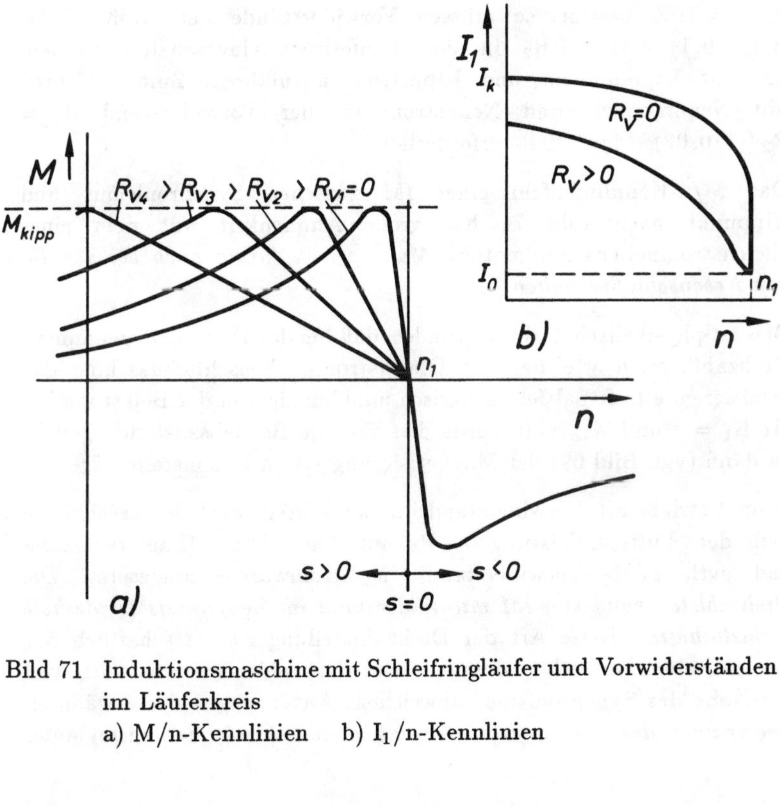

Bild 71 Induktionsmaschine mit Schleifringläufer und Vorwiderständen im Läuferkreis
a) M/n-Kennlinien b) I_1/n-Kennlinien

In Bild 71 sind die M/n-Kennlinien und die I_1/n-Kennlinien einer IM für verschiedene Werte des Vorwiderstandes R_v im Läuferkreis eingezeichnet. Die Kennlinien können auch nach Gl. (167) bzw. (170) berechnet werden. Durch entsprechende Wahl von R_v (sogenannter *Anlasser*) kann man erreichen, daß jeder beliebige Punkt der Stromortskurve im Bereich zwischen P_k und P_0 den Parameterwert $s'=1$ erhält und sich die diesem Kreispunkt zugeordneten Werte von *Anzugsstrom* und *Anzugsmoment* einstellen lassen. In der Praxis wird mitunter durch die Art der angetriebenen Maschine ein besonders großes Anzugsmoment verlangt, häufig aber auch durch die Netzverhältnisse ein maximal zulässiger Anzugsstrom vorgeschrieben.

Wenn ein Motor z.B. den Nennschlupf $s_N = 2\%$, den Kippschlupf $s_{kipp} = 10\%$ besitzt, so müssen Vorwiderstände der Größe $R_v = R_2((1/0{,}1) - 1) = 9\,R_2$ in den Läuferkreis eingeschaltet werden, um mit Kippmoment und Kippstrom anzufahren. Zum Anfahren mit Nennmoment und Nennstrom ist der Vorwiderstand $R_v = R_2\,((1/0{,}02) - 1) = 49\,R_2$ erforderlich.

Das M/n-Kennlinienfeld einer IM zwischen Synchronismus und Kippunkt nach Bild 71 hat große Ähnlichkeit mit dem eines Gleichstromnebenschlußmotors. *Man spricht darum auch bei der IM von Nebenschlußverhalten.*

Dies ist physikalisch darin begründet, daß bei der IM in dem genannten Drehzahlbereich wie bei der Gleichstrom-Nebenschlußmaschine das resultierende Luftspaltfeld praktisch unabhängig von der Belastung ist; für $R_1 = 0$ und $X_{1\sigma} = 0$ würde dies für alle Betriebszustände gelten, da dann (vgl. Bild 69) der Magnetisierungsstrom I_μ konstant wäre.

Beim Betrieb mit Vorwiderstand im Läuferkreis wird der geschlüpfte Teil der Luftspaltleistung $s \cdot P_\delta$ im Läuferkreis (Läuferwicklung und evtl. Läufer-Vorwiderstand) in Stromwärme umgesetzt. *Die Drehzahlsteuerung von IM mit Widerstand im Läuferkreis ist deshalb verlustbehaftet.* Diese Art der Drehzahlstellung ist wirtschaftlich nur bei Antrieben vertretbar, deren Betriebsdrehzahlen nur kurzzeitig von der Nähe des Synchronismus abweichen. Außer wegen der erwähnten *Begrenzung des Anzugsstromes* setzt man IM mit Schleifringläufer dann ein, wenn besonders *große Schwungmassen beschleunigt* werden müssen. Die Begründung hierfür wird in Abschnitt 5.6 abgeleitet.

5.4 Käfigläufer, Prinzip des Stromverdrängungsläufers

Beim Kurzschluß- oder Käfigläufer sind N_2 Stäbe, welche im einfachsten Fall kreisförmigen Querschnitt besitzen, in gleichmäßig am Umfang des Läuferblechpaketes verteilte Nuten eingeschlagen. Die Stäbe sind an beiden Stirnseiten mit Kurzschlußringen verlötet. Die Stabzahl wird so gewählt, daß die parasitären Wirkungen der in diesem Skriptum nur kurz gestreiften Oberfelder möglichst klein sind. Bei ausschließlicher Betrachtung des Grundwellen-Verhaltens ist die Stabzahl beliebig. Es muß überprüft werden, ob die abgeleiteten Beziehungen der allgemeinen Drehfeldmaschinen auf Käfigläufer angewendet werden dürfen.

Ein vom Ständer erregtes Kreisdrehfeld der Polpaarzahl p induziert in der Käfigwicklung Spannungen, welche in benachbarten Stäben um den Winkel $p \cdot (2\pi/N_2)$ phasenverschoben sind. Aus Symmetriegründen müssen die Stabströme und auch die Ringströme in den Abschnitten zwischen den einzelnen Stäben dem Betrage nach gleich groß, in der Zeitphasenlage um den gleichen Winkel $p \cdot (2\pi/N_2)$ gegeneinander verschoben sein. Da die Stäbe räumlich um den Umfangswinkel $2\pi/N_2$ versetzt angeordnet sind, entsprechen die vorstehenden Gegebenheiten genau den in Abschnitt 4.4 behandelten Randbedingungen einer symmetrisch gespeisten Mehrphasenanordnung. *Anstelle der Strangzahl m ist der Ausdruck* N_2/p *einzusetzen.* Alle abgeleiteten Gleichungen der allgemeinen Drehfeldmaschine sind somit auf Käfigläufer zu übertragen, wenn man die Substitutionen beachtet:

$$m_2 = \frac{N_2}{p} \; ; \; w_2 = \frac{1}{2} \; ; \; \xi_2 = 1$$

$$R_2 = \frac{R_{Stab}}{p} \; ; \; X_{2\sigma Nut} = \frac{X_{Stab}}{p} \, .$$

Hierbei ist in roher Annäherung unterstellt, daß die Kurzschlußringe zu den ohmschen Widerständen und Streureaktanzen des Läufers nichts beitragen. Diese Näherung ist oft zu grob. Die Berücksichtigung des Ringeinflusses wird am Beispiel des ohmschen Widerstandes aufgezeigt (Bild 72).

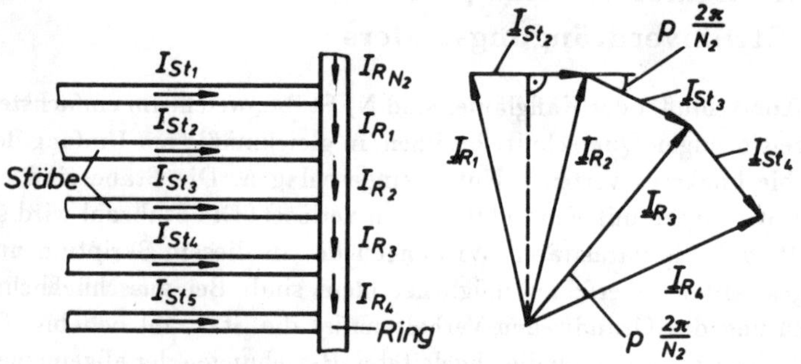

Bild 72 Zusammenhang zwischen den Stab- und Ringströmen eines Käfigläufers

Zwischen den Ring- und den Stabströmen besteht der Zusammenhang

$$I_R = \frac{I_{St}}{2\sin(p\frac{\pi}{N_2})} . \tag{173}$$

Bezeichnet man den ohmschen Widerstand eines Kurzschlußringes mit R_{Ring} und bedenkt, daß Kurzschlußringe auf beiden Stirnseiten angeordnet sind, so läßt sich mit Hilfe des Zeigerdiagramms in Bild 72 der auf den Stab bezogene Widerstand R^*_{Stab}, der vom realen Stabstrom durchflossen ist, aber die durch die Kurzschlußringe bewirkten Spannungsabfälle und Verluste berücksichtigt, anschreiben.

$$R^*_{Stab} = R_{Stab} + R_{Ring} \cdot \frac{1}{2N_2(\sin p\frac{\pi}{N_2})^2} \tag{174}$$

Das Betriebsverhalten von stromverdrängungsfreien Käfigläufern kann aus den Abschnitten 5.2 und 5.3 ermittelt werden. In der praktischen

Handhabung besteht allerdings der wesentliche Unterschied, daß der Widerstand im Läuferkreis von außen nicht beeinflußbar ist und somit die beim Schleifringläufer vorhandenen Möglichkeiten, bestimmte Werte von Anzugsstrom und Anzugsmoment einzustellen, ausscheiden. Im Abschnitt 5.6 werden Anlaufschaltungen vorgestellt, mit denen man diesen Nachteil auszugleichen versucht.

Die überragende wirtschaftliche Bedeutung des Käfigläufermotors basiert auf seinem einfachen, robusten Aufbau und auf dem sogenannten *Stromverdrängungsläufer*. Wegen des ziemlich hohen Rechenaufwandes, der für eine geschlossene analytische Abhandlung der Stromverdrängung in Nuten erforderlich ist, sollen die Vorgänge hier mit Hilfe des sog. Teilleiterverfahrens behandelt werden, das sich im übrigen gut zur numerischen Berechnung bei komplizierten Nutformen eignet. Hierzu wird eine bei größeren Maschinen häufig gewählte Ausführungsform von Stromverdrängungsläufern, der *Hochstabläufer mit Rechteck-Stäben*, angenommen (Bild 73).

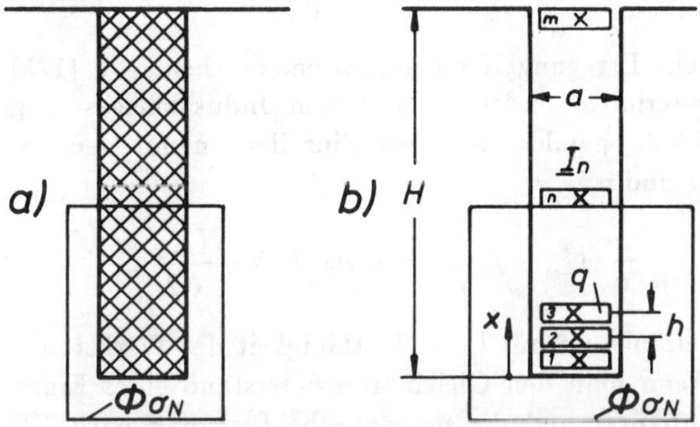

Bild 73 Zur Berechnung des Nutquerfeldes bei einem Hochstabläufer mit offenen Nuten
a) Rechteck-Hochstab
b) fiktive Unterteilung des Stabes in m parallele Leiter

Der eingezeichnete Prinzipverlauf des Nut-Querfeldes kommt dadurch zustande, daß der stromführende Leiter an drei Seiten von Eisen umgeben ist, welches als ideal ($\mu_{Fe} = \infty$) unterstellt wird, einseitig hingegen am Luftspalt liegt. Wegen dieser geometrischen Konfiguration spielt die *einseitige Stromverdrängung* in Nuten auch bei netzfrequenten Vorgängen eine *wichtige Rolle*, wohingegen bei diesen Frequenzen die sogenannte *allseitige Stromverdrängung*, bei welcher der stromführende Leiter allseitig von einem Medium der gleichen Permeabilität umgeben ist, meist *vernachlässigbar klein* ist.

Die Stromverteilung im Hochstab kann näherungsweise dadurch erfaßt werden, daß man sich diesen in eine größere Anzahl paralleler, gegeneinander isolierter Einzelleiter aufgeteilt denkt. Die Unterteilung möge so fein sein, daß die im Einzelleiter fließenden Wirbelströme vernachlässigbar klein sind. In Bild 73 sind die Teilleiter vom Nutgrund beginnend fortlaufend durchnumeriert. Für den eingezeichneten Integrationsweg liefert die Anwendung des Durchflutungsgesetzes

$$\underline{H}_{n-1} a = \sqrt{2} \sum_{\nu=1}^{n-1} \underline{I}_\nu \,. \qquad (175)$$

Die magnetische Erregung H möge sich entsprechend Gl. (175) stufig jeweils in Leitermitte ändern. Nach dem Induktionsgesetz gilt für eine Leiterschleife, gebildet aus den Einzelleitern mit den laufenden Nummern n–1 und n

$$\frac{l}{\kappa \cdot q} \cdot (\underline{I}_n - \underline{I}_{n-1}) = j\omega\mu_0 \cdot l \cdot h \cdot \frac{\underline{H}_{n-1}}{\sqrt{2}} \,. \qquad (176)$$

Die Blechpaketlänge ist mit l, die Leitfähigkeit des Werkstoffes mit κ bezeichnet. Wenn man den Gleichstromwiderstand eines Einzelleiters $R_g = l/(\kappa q)$ abkürzt und die magnetische Erregung nach Gl. (175) in Gl. (176) einführt, so ergibt sich die Differenz der Ströme von benachbarten Teilleitern in der Form

$$\underline{I}_n - \underline{I}_{n-1} = j \frac{\omega \cdot \mu_0 \cdot \frac{h \cdot l}{a}}{R_g} \cdot \sum_{\nu=1}^{n-1} \underline{I}_\nu = j \cdot \frac{\omega L_g}{R_g} \cdot \sum_{\nu=1}^{n-1} \underline{I}_\nu \,. \qquad (177)$$

Die Größe $L_g = (\mu_0 hl)/a$ hat die Dimension einer Induktivität. Wenn das Verhältnis $(\omega L_g)/R_g$ aus den geometrischen Abmessungen und

Werkstoffdaten bekannt ist, so läßt sich die Stromverteilung mit dem als Bezugsgröße gewählten Strom I_1 des Teilleiters am Nutgrund aus Gl. (177) errechnen und in einem Zeigerbild darstellen (Bild 74). Die Stromverdrängung ist bei praktischen Ausführungen extremer als in Bild 74 gezeichnet (Beispiel: Für einen Kupfer-Hochstab der Höhe 8 cm, welcher in m=4 Einzelleiter aufgeteilt wird und mit f=50 Hz gespeist ist, errechnet sich $(\omega L_g)/R_g = 7,9$). Die Änderung der Stromdichte entlang der radialen Nutausdehnung nimmt im Prinzip den in Bild 75 dargestellten Verlauf an.

Im Läuferstab stellt sich stets eine derartige *Stromverteilung* ein, daß die *Gesamtimpedanz zu einem Minimum* wird. Im Gleichstromfall wirkt nur der ohmsche Widerstand strombegrenzend, die Stromdichte über den Querschnitt ist demnach konstant. Bei einer IM liegt dieser Fall in der Nähe des Synchronismus ($f_2 = sf_1 \ll f_1$) vor. Bei Netzfrequenz (s=1, Stillstand) ist die Reaktanz des Nutquerfeldes für die Größe der Impedanz bestimmend. Der Strom drängt sich in der Nähe des Luftspaltes zusammen, dadurch werden der Nutquerfluß und die wirksame Nutquerinduktivität kleiner als bei Gleichstrom. Gleichzeitig wächst aber der effektive Wirkwiderstand an, weil ein beträchtlicher Teil des Leiterquerschnittes nur von einem geringen Strom durchflossen ist. Die genaue Rechnung zeigt, daß das *Impedanzminimum* dann vorliegt, wenn der *effektive Wirkwiderstand und die Nut-Querreaktanz gleich groß* sind.

Für Rechteck-Hochstäbe aus Kupfer und eine Frequenz von 50 Hz erhält man das einfache Ergebnis, daß der Faktor der *Widerstandserhöhung* gegenüber Gleichstrom *gleich* ist *der in cm gemessenen Stabhöhe.* Ein Hochstabläufer mit 4 cm Stabhöhe besitzt demnach im Stillstand einen vierfach höheren wirksamen Läuferwiderstand als im Nennbetrieb ($s \ll 1$).

Die Wirkung der Stromverdrängung bei Käfigläufern ist nicht völlig gleichartig den Vorgängen beim Einschalten eines Vorwiderstandes in den Läuferkreis von Schleifringläufern, weil *unter der Wirkung der Stromverdrängung* neben der Erhöhung des Läuferwiderstandes *eine Verringerung der Läuferstreureaktanz* und somit eine Vergrößerung des Anzugsstromes eintritt. Das Anwachsen des Anzugsstromes ist

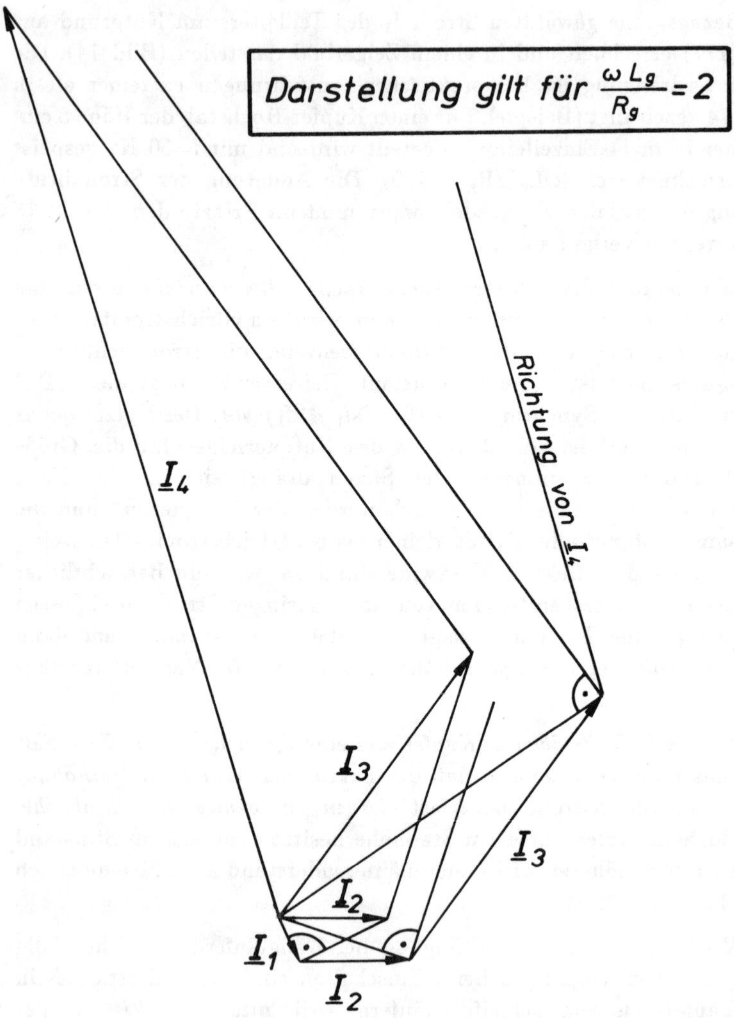

Bild 74 Zeigerdiagramm der Stromverteilung in einem fiktiven Hochstab

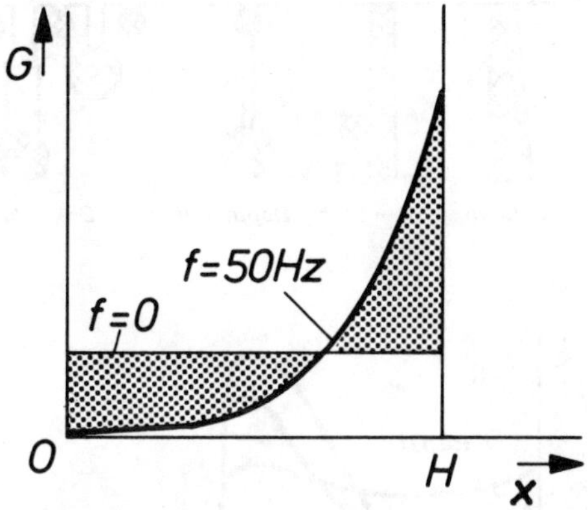

Bild 75 Abhängigkeit der Stromdichte G von der radialen Nutausdehnung x bei einem Hochstabläufer

stets unerwünscht. Genaue Untersuchungen zeigen jedoch, daß bei Stromverdrängungsläufern verglichen mit einer äquivalenten stromverdrängungsfreien Maschine das *Anzugsmoment stärker zunimmt als der Anzugsstrom*. Man bezeichnet das Verhältnis der auf die jeweiligen Nennwerte bezogenen Größen von Anzugsmoment und Anzugsstrom als *Einschaltgüte*.

Stromverdrängungsläufer werden vorteilhaft eingesetzt, wenn der Anlauf des Antriebes eine hohe Einschaltgüte erfordert. Sie sind *nicht geeignet für Schwungmassen-Antriebe* (vgl. Abschnitt 5.5), weil bei diesen eine große Stromwärmeenergie im Läuferkreis während des Hochlaufes auftritt. Durch den Stromverdrängungseffekt wird diese Energie in einem kleineren Leitervolumen umgesetzt als bei einer stromverdrängungsfreien Maschine. *Durch die Stromverdrängung wird die Wärmekapazität der Käfigwicklung beim Anlauf herabgesetzt.*

Neben dem Hochstabläufer haben sich eine Vielzahl von geometrischen Ausführungsformen des Stromverdrängungsläufers eingebürgert. Je nach Anwendungsfall führt man Kurzschlußläufer auch als Keilstab-, L-Stab-, Doppelkäfig- oder Dreinut-Läufer aus. In Bild 76 ist für einige Varianten der Nutquerschnitt und der charakteristische

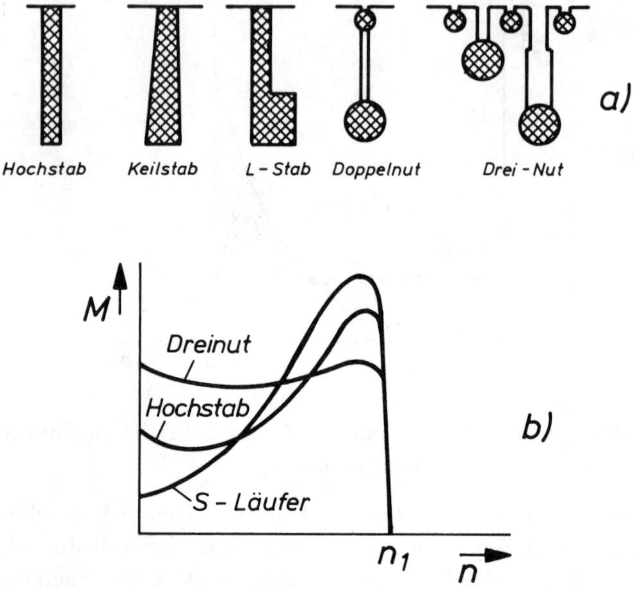

Bild 76 Stromverdrängungsläufer
a) Beispiele von Nutformen
b) Prinzipieller Verlauf der M/n-Kennlinien

Verlauf der M/n-Kennlinie skizziert. Wegen der vergleichsweise großen Nuttiefe ist die Läufernutstreuung eines Stromverdrängungsläufers in der Nähe des Synchronismus größer als die eines vergleichbaren Schleifringläufers. Da die Streuung maßgebend das Betriebsverhalten bestimmt, besitzen *extreme Stromverdrängungsläufer* ein *kleineres Kippmoment* und einen *schlechteren Leistungsfaktor* im Nennbetrieb als stromverdrängungsfreie Maschinen. Wegen der Schlupfabhängigkeit von Läufer-Widerstand und Läufer-Streureaktanz stellt die Stromortskurve eines Stromverdrängungsläufers keinen Kreis dar, sie wird zweckmäßig numerisch berechnet.

Die einseitige Stromverdrängung tritt nicht nur im Läufer von Käfigläufern auf, sondern bei allen von Wechselstrom durchflossenen Wicklungen. Die *Stromverdrängung in Spulenwicklungen* ist stets *nachteilig*, weil sie *verlusterhöhend* wirkt. Genaue Untersuchungen zeigen jedoch, daß die zusätzlichen Stromwärmeverluste durch Stromverdrängung meist nicht ins Gewicht fallen. Nur bei *Grenzleistungsmaschinen* und großen Niederspannungsmaschinen müssen zur Reduktion der Stromverdrängungsverluste sogenannte *verdrillte Kunstleiter* eingesetzt werden. Bekannt ist vor allem der nach dem Erfinder benannte Roebel-Stab. Der einseitigen Stromverdrängung in Nuten sehr ähnliche Erscheinungen treten übrigens auch im Kernfenster von Transformatoren auf.

5.5 Anlauf von Antrieben mit Induktionsmotoren

Bei den meisten Antrieben sind die Anlaufzeiten wesentlich länger als die Zeitkonstanten, mit welchen die elektromagnetischen Ausgleichsvorgänge beim Zuschalten eines Motors ans Netz ablaufen. Für die weiteren Betrachtungen wird deshalb ein elektromagnetisch eingeschwungener Zustand unterstellt.

Neben der Berechnung der *Hochlaufzeit* ist die Ermittlung der während des Anlaufs oder bei Lastwechseln in der Ständer- und Läuferwicklung auftretenden Stromwärmeverluste notwendig, denn sie bestimmen maßgebend die *Anlauferwärmung* und damit manchmal die Größe des Antriebsmotors.

Wenn ein Motor das Drehmoment $\mathrm{M_M(n)}$ entwickelt und eine Arbeitsmaschine mit dem Gegenmoment $\mathrm{M_A}$ beschleunigt, so lautet die Bewegungs-Differentialgleichung

$$\begin{aligned} M_M - M_A &= J \cdot \frac{d}{dt}(2\pi n) \\ &= J \cdot 2\pi n_1 \frac{d}{dt}(1-s) \\ &= -2\pi n_1 J \frac{ds}{dt} \, . \end{aligned} \tag{178}$$

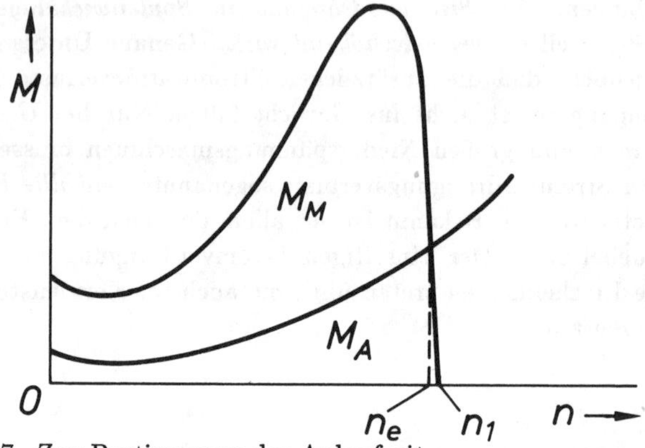

Bild 77 Zur Bestimmung der Anlaufzeit

Das Massenträgheitsmoment aller auf die Motordrehzahl bezogenen drehenden Massen des Antriebes ist mit J bezeichnet. Der Antrieb beschleunigt auf die Enddrehzahl n_e nach Bild 77, welche häufig mit der Nenndrehzahl übereinstimmt. Aus Gl. (178) erhält man die Anlaufzeit

$$t_a = 2\pi J \int_{n=0}^{n \leq n_e} \frac{dn}{M_M - M_A} \approx \frac{2\pi n_e J}{|\, M_M - M_A \,|_{mittel}}. \qquad (179)$$

Das Integral in Gl. (179) ist in geschlossener Form nur lösbar, wenn für die Kennlinie der Arbeitsmaschine ein analytischer Ausdruck vorliegt, die IM stromverdrängungsfrei ist und einen vernachlässigbar kleinen Ständer-Wicklungswiderstand besitzt, denn nur dann ist ihre Kennlinie nach Gl. (170) einfach faßbar.

Die Voraussetzungen treffen nur selten zu, weshalb die Integration bei hohen Genauigkeitsansprüchen meist graphisch oder numerisch ausgeführt werden muß. Die Schreibweise der oberen Integrationsgrenze in Gl. (179) soll ausdrücken, daß im Grenzfall $n = n_e$ die Anlaufzeit gegen Unendlich strebt. Für überschlägige Betrachtungen läßt sich der Integrand von Gl. (179) mitunter durch einen Mittelwert entsprechend dem letzten Term der Gleichung ausdrücken.

Bei Beschleunigungs- oder Bremsvorgängen entsteht zwischen zwei beliebigen Zeitpunkten t_1 und t_2 nach dem Gesetz über die Spaltung der Luftspaltleistung im Läuferkreis die Arbeit

$$Q_2 = \int_{t_1}^{t_2} sP_\delta \, dt = 2\pi n_1 \int_{t_1}^{t_2} M(s) \cdot s \cdot dt \,. \tag{180}$$

Ersetzt man das Motor-Drehmoment mit Hilfe von Gl. (178), so führt die Integration auf

$$Q_2 = 2A_k \int_{s_2}^{s_1} \frac{M_A}{M_M - M_A} s \, ds + A_k(s_1^2 - s_2^2) \,. \tag{181}$$

In Gl. (181) wurde zur Abkürzung die kinetische Energie A_k der rotierenden Massen im Synchronismus eingeführt.

$$A_k = \frac{1}{2} J (2\pi n_1)^2 \tag{182}$$

Bei einem Anlauf vom Stillstand ($s_1 = 1$) zum Synchronismus ($s_2 = 0$) wird der zweite Summand in Gl. (181) identisch mit A_k. Bei einem reinen *Schwungmassenanlauf* ($M_A = 0$) ist nach Gl. (181) die *Läuferstromwärmeenergie identisch der kinetischen Energie der drehenden Massen im Synchronismus* ($Q_2 = A_k$) und zwar unabhängig davon, wie der Läufer im einzelnen ausgelegt ist. Durch die Stromwärmeenergie Q_2 wird die Läuferwicklung aufgeheizt. Bei sehr kurzen Hochlaufzeiten verläuft der Vorgang näherungsweise *adiabatisch*, d.h. die Läufererwärmung wächst linear mit der Zeit.

$$\Delta\vartheta_2 = \frac{Q_2}{C} = \frac{Q_2}{c\, G_{Cu2}} \tag{183}$$

Um die Läufererwärmung auf zulässige Werte zu begrenzen, muß die Wärmekapazität der Läuferwicklung $C = c \cdot G_{Cu2}$ (c = spezifische Wärme des Leitermaterials) ausreichend groß gewählt werden. Aus diesem Grunde sind extreme Stromverdrängungsläufer für Schwungmassenantriebe ungeeignet.

Bei Schleifringläufern mit dem Vorwiderstand R_v im Läufer wird von der Energie im Läufer*kreis* Q_2 nach Gl. (181) in der Läufer*wicklung* nur der Teil $Q_2 \cdot R_2/(R_2 + R_v)$ in Stromwärme umgesetzt. Entsprechend reduziert sich die Wicklungserwärmung nach Gl. (183).

Nach Bild 70 gilt während des größten Teils der Hochlaufphase näherungsweise $I_1 \approx I_2'$. Die *Stromwärmeenergie der Ständerwicklung* folgt dann der Beziehung

$$Q_1 = Q_2 \frac{R_1}{R_2'}, \tag{184}$$

aus welcher sich die adiabatische Ständer-Wicklungserwärmung errechnet.

$$\Delta\vartheta_1 = \frac{Q_1}{c\,G_{Cu1}} \tag{185}$$

In Zusammenhang mit Schwungmassenantrieben soll ein *besonderer Anwendungsfall polumschaltbarer Maschinen* erwähnt werden. Man versteht hierunter Käfigläufer, deren Ständerwicklung unterschiedliche Grundfeldpolpaarzahlen erregen kann. Bei polumschaltbaren Motoren kann man in das Ständer-Blechpaket mehrere galvanisch getrennte Wicklungen unterschiedlicher Polzahl einbringen, von denen jeweils eine am Netz liegt. Bei polumschaltbaren Motoren wirkt sich nachteilig aus, daß der Aktivteil geringer ausgenutzt wird und die technischen Daten meist schlechter sind als bei Maschinen, welche nur für eine Polzahl bemessen sind. Zum Ausgleich dieser Nachteile wurde eine Vielzahl von Sonderschaltungen entwickelt, bei denen die Polumschaltung mit einer einzigen Wicklung realisiert wird, welche je nach Drehzahl anders geschaltet wird. Die bekannteste Sonderwicklung ist die sogenannte *Dahlander-Schaltung*, welche ein Polzahlverhältnis 1:2 ermöglicht. Wenn zum *Anlauf* vom Stillstand bis zum Synchronismus ein polumschaltbarer Motor mit dem Polzahlverhältnis 1:2 verwandt wird, wobei im Stillstand die Wicklung mit der größeren Polzahl ans Netz gelegt wird und nach Erreichen von der dieser zugeordneten synchronen

Drehzahl die Umschaltung auf die kleinere Polzahl erfolgt, so errechnet sich aus Gl. (181) ($M_A = 0$)

$$Q_2 = \frac{A_k}{4}(1-0) + A_k(\frac{1}{4} - 0) = \frac{A_k}{2} ,$$

d.h. die im Läufer erscheinende und in Wärme umgesetzte Energie hat sich gegenüber dem Direktanlauf halbiert.

Für das *Abbremsen* von der synchronen Drehzahl n_1, die der kleinen Polzahl zugeordnet ist, auf Null wird auf die große Polzahl umgeschaltet. Der Antrieb bremst dazu generatorisch auf $n_1/2$ ab und wird weiter durch Gegenstrombremsen verzögert. Nach Gl. (181) ergibt sich

$$Q_2 = \frac{A_k}{4}\{(-1)^2 - 0\} + \frac{A_k}{4}(2^2 - 1) = A_k .$$

Für das direkte Gegenstrombremsen in der kleinen Polzahl gilt hingegen $Q_2 = 3 \cdot A_k$.

Polumschaltbare Motoren können vorteilhaft bei Antrieben eingesetzt werden, die im Schaltbetrieb häufig Schwungmassen umsteuern müssen wie z.B. bei manchen Zentrifugen.

5.6 Anlaßschaltungen von Käfigläufern

Mit Rücksicht auf die Netzverhältnisse ist vor allem bei Niederspannungsmotoren der Anzugsstrom von Käfigläufern mitunter unzulässig hoch. In solchen Fällen benutzt man sogenannte *Anlaßschaltungen*, deren wichtigste in Bild 78 zusammengestellt sind. Durch die Anlaßschaltung soll der Anzugsstrom auf einen zulässigen Wert limitiert werden, ohne das Anzugsmoment so stark abzusenken, daß hierdurch die Sicherheit des Anlaufes gefährdet wäre.

Die bekannteste Anlaßschaltung bei Niederspannungsmotoren ist die sogenannte *Stern-Dreieck-Einschaltung.* Der Motor wird im Stillstand in Sternschaltung ans Netz gelegt, nach erfolgtem Anlauf schaltet man die Wicklungen in Dreieck um. Verglichen mit dem direkten Netzbetrieb

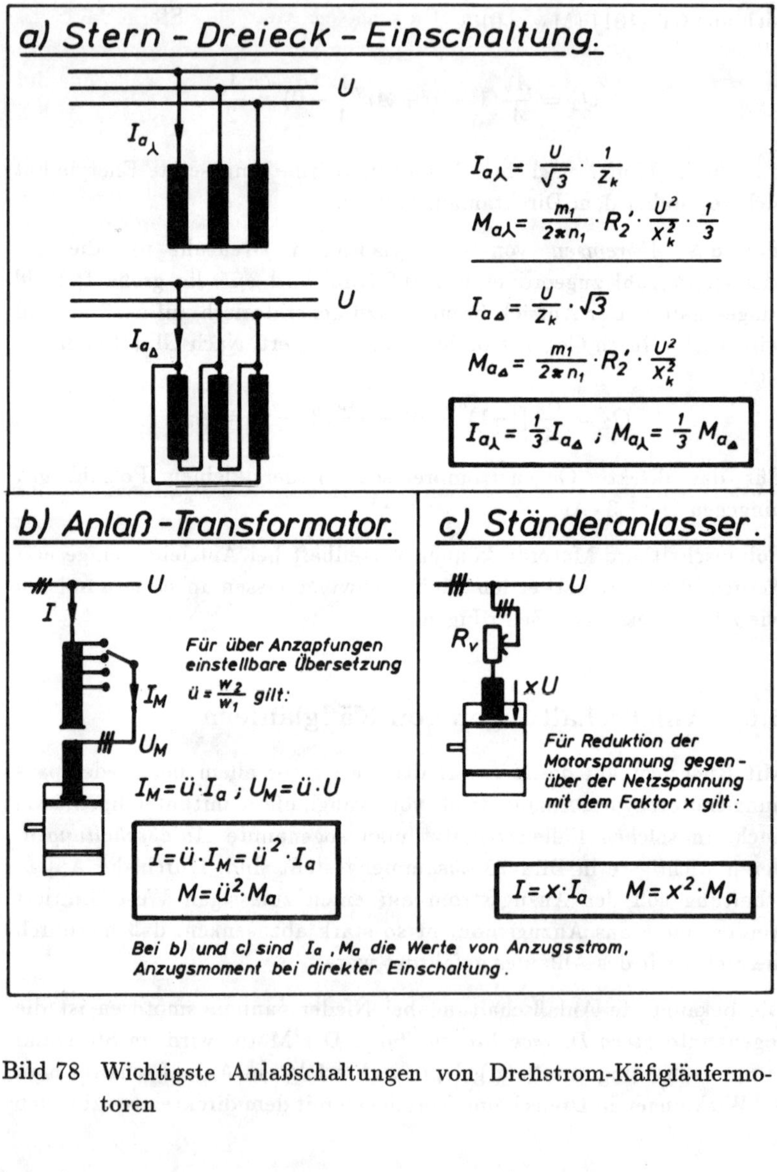

Bild 78 Wichtigste Anlaßschaltungen von Drehstrom-Käfigläufermotoren

in Dreieckschaltung werden Anzugsstrom und Anzugsmoment mit dem Faktor 1/3 reduziert. Beim Umschalten von der Stern- auf die Dreieckschaltung können sich dynamische Vorgänge insbesondere dann störend bemerkbar machen, wenn die Umschaltung während der Beschleunigungsphase erfolgt.

Bei Hochspannungsmotoren bevorzugt man *Anlaß-Transformatoren*, bei denen Strom und Drehmoment im Stillstand ebenfalls gegenüber dem direkten Netzbetrieb proportional verkleinert werden, wobei der Reduktionsfaktor über die Anzapfung einstellbar ist. Anlaß-Transformatoren werden immer als Spartransformatoren ausgebildet. Auch in dieser Anlaßschaltung gestaltet sich das Umschalten von der Anzapfungsstufe auf das Netz wegen der damit verbundenen Ausgleichsvorgänge nicht immer problemlos.

Der *Ständer-Anlasser* stellt die billigste Anlaufhilfe dar, welcher aber der Nachteil anhaftet, daß sich bei einer Spannungsabsenkung der Motorspannung auf einen bestimmten Anteil x der Netzspannung der Anzugsstrom gegenüber der Direkteinschaltung nur linear verkleinert, während das Anzugsmoment quadratisch abfällt.

5.7 Drehzahlstellen bei Induktionsmotoren

Bei IM am Netz (f_1=konst.) mit direkt oder über Schleifringe kurzgeschlossenem Läuferkreis wird die Schlupfleistung $s \cdot P_\delta$ in Stromwärme umgesetzt. Diese Art des Drehzahlstellens wird aus wirtschaftlichen Gründen nur bei energetisch unbedeutend kleinen Leistungen oder im Kurzzeitbetrieb praktiziert.

Die einfachste Form einer stetigen Drehzahlstellung von Käfigläufern geschieht durch Spannungssteuerung mit Hilfe eines sog. *Drehstromstellers* (Bild 79). Durch Phasenanschnittsteuerung wird in der Thyristorschaltung die am Motor anliegende Spannung zwischen der Netzspannung und dem Wert Null verändert. Da bei der Spannungsstellung der Kippschlupf (vgl. Gl. (168)) konstant bleibt, läßt sich je nach Gegenmomentkennlinie der Arbeitsmaschine nur eine Drehzahlstellung in geringen Grenzen realisieren. Deshalb werden Drehstromsteller

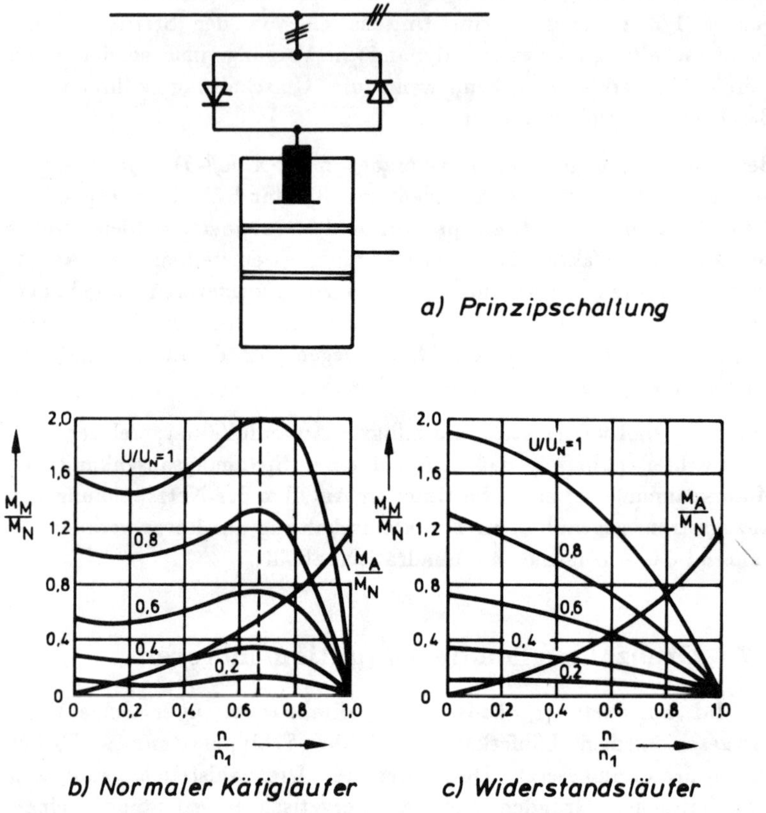

Bild 79 Drehzahlstellen von Käfigläufern mit Hilfe eines Drehstromstellers

häufig zusammen mit sog. *Widerstandsläufern* (auch Schlupfläufer genannt) benutzt, bei denen als Leitermaterial eine Widerstandslegierung im Läufer zum Einsatz gelangt. Mit Widerstandsläufern läßt sich der Drehzahlstellbereich ausweiten, doch ist dieser Vorteil mit einer erheblichen Verschlechterung des Wirkungsgrades verknüpft. Der technisch und wirtschaftlich sinnvolle Einsatz von Drehstromstellern ist deshalb auf wenige Anwendungsfelder bei kleinen Leistungen beschränkt.

Für manche Anwendungen reicht die stufige Drehzahlstellung aus. Dann bietet sich der Einsatz von *polumschaltbaren Käfigläufern* an. In der Praxis führt man bis zu vierfach polumschaltbare Maschinen aus.

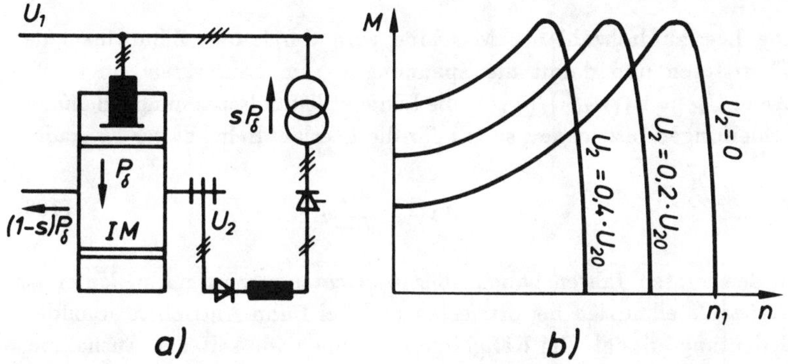

Bild 80 Drehzahlstellen von Schleifringläufern als untersynchrone Kaskade
a) Prinzipschaltung b) Drehmoment-Drehzahl-Kennlinien

Die verlustbehaftete Drehzahlstellung von *Schleifringläufern* mit Vorwiderstand im Läuferkreis wurde bereits im Abschnitt 5.3 behandelt. Zur verlustlosen Drehzahlstellung muß die im Läuferkreis in elektrischer Form erscheinende Leistung $s \cdot P_\delta$ dem Netz wieder zugeführt werden. Hierzu werden die schlupffrequenten Läuferströme in einer Drehstrombrückenschaltung gleichgerichtet und anschließend in einem Wechselrichter in netzfrequente Größen rückgewandelt (Bild 80). Zur Anpassung der Wechselrichterausgangsspannung an die Netzspannung ist ein sog. Stromrichtertransformator zwischengeschaltet. Bei dieser *untersynchronen Stromrichterkaskade* ist wegen der Durchlaßrichtung der Halbleiterventile nur Drehzahlstellung von der synchronen Drehzahl abwärts möglich.

Untersynchrone Stromrichterkaskaden werden zur Drehzahlstellung auch bei Antrieben großer Leistung eingesetzt, bei denen Gleichstrommaschinen nicht mehr ausführbar sind (Beispiel: $P_N \approx 10\,\mathrm{MW}$, 2p=4 für Kesselspeisepumpen in thermischen Kraftwerken). Der Drehzahlstellbereich wird meist auf $1/3 > s > 0$ beschränkt, weil sonst die Anordnung, bei der die Kosten der an die Schleifringe angeschlossenen Einrichtungen mit der zu übertragenden Leistung $s \cdot P_\delta$ wachsen, zu teuer wird.

Die Leerlaufdrehzahl der Maschine wird durch den Zündwinkel der Thyristoren und damit die Spannung U_2 im Läuferkreis eingestellt. Wenn $U_{20} = U_1(w_2\xi_2)/(w_1\xi_1)$ die Läuferstillstandsspannung bei offenen Schleifringen bezeichnet, so gilt für die Leerlaufdrehzahl der Kaskade

$$n = n_1(1 - \frac{U_2}{U_{20}}) \; . \tag{186}$$

In den letzten Jahren haben über *Umrichter gespeiste Käfigläufer* als Drehzahlstellantrieb bei ortsfesten und bei Bahn-Antrieben besondere Bedeutung erlangt. Bei Käfigläufern kommen von seltenen Ausnahmen abgesehen nur Zwischenkreisumrichter (Bild 81) zum Einsatz, da Direktumrichter nur bis zu einer Maximalfrequenz von rund 50% der Netzfrequenz ausführbar sind.

Umrichtergespeiste Käfigläufer haben sich aus Kostengründen nur langsam durchgesetzt, denn

- der Induktionsmotor benötigt in jedem Betriebszustand induktive Blindleistung aus der speisenden Spannungsquelle. Die Umrichter sind deshalb groß und teuer.
- bei der Asynchronmaschine existiert kein Zusammenhang zwischen der Läuferlage und dem Belastungszustand. Dadurch werden die sog. Kommutierungseinrichtungen, welche den Stromübergang von einem Strang zu einem anderen besorgen, aufwendig.

Bei Einzelantrieben sind zwei Gruppen von Umrichtern handelsüblich, deren typische Zeitverläufe von Strangspannung und Strangstrom in Bild 81 dargestellt sind:

- *Pulsumrichter mit fester Zwischenkreisspannung* (sog. U-Umrichter). Diese Umrichter besitzen netzseitig einen ungesteuerten,

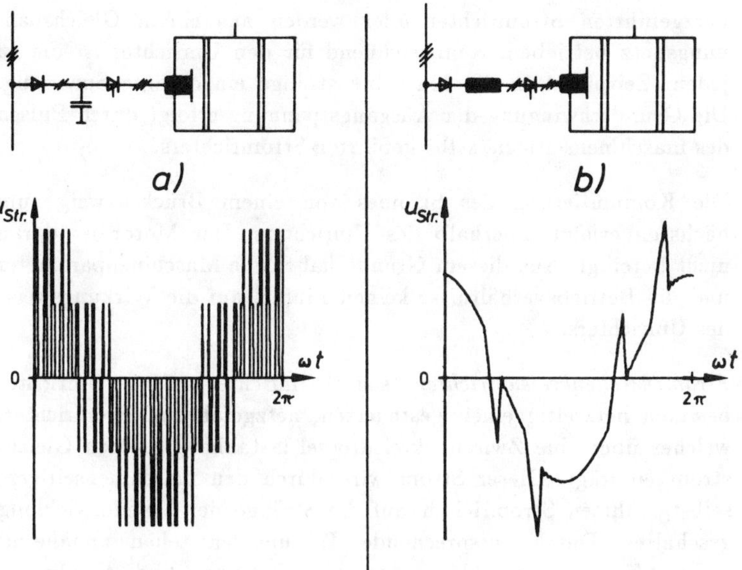

Bild 81 Zeitverläufe von Strangspannung und Strangstrom von umrichtergespeisten Käfigläufern in Sternschaltung
a) bei Speisung aus einem Pulsumrichter mit fester Zwischenkreisspannung (Pulsfrequenz $15 \cdot f_{Grund}$)
b) bei Speisung aus einem Stromzwischenkreisumrichter

netzgeführten Stromrichter oder werden aus einem Gleichspannungsnetz betrieben. Kennzeichnend für den Umrichter ist die zu jedem Zeitpunkt in die Maschinenstränge eingeprägte Spannung. Die Grundschwingung der Ausgangsspannung erfolgt durch Pulsen des maschinenseitigen, selbstgeführten Stromrichters.

Die Kommutierung des Stromes von einem Brückenzweig zum nächsten erfolgt innerhalb des Umrichters. Der Motor ist daran nicht beteiligt. Aus diesem Grunde haben die Maschinenparameter und die Betriebsverhältnisse keinen Einfluß auf die Wirkungsweise des Umrichters.

– *Stromzwischenkreisumrichter* (sog. I-Umrichter). Diese Umrichter besitzen netzseitig einen gesteuerten, netzgeführten Stromrichter, welcher über eine Zwischenkreisdrossel lastabhängig einen Gleichstrom einprägt. Dieser Strom wird durch den maschinenseitigen, selbstgeführten Stromrichter auf die Stränge der Ständerwicklung geschaltet. Durch entsprechende Taktung entstehen annähernd rechteckförmige Stromblöcke variabler Frequenz und Amplitude. Die Kommutierung des Stromes von einem Brückenzweig zum nächsten geschieht durch Entladung von Kondensatoren, welche zwischen die Stränge geschaltet sind. Die Kommutierungsströme sind deshalb außer von den Kapazitäten auch von den Streuinduktivitäten des Asynchronmotors abhängig. Aus der Kommutierung entstehen Spannungsspitzen an der Motorwicklung, welche u.U. die Isolation gefährden, und zusätzliche Verluste. Im Gegensatz zu den spannungseingeprägten Umrichtern ist ein Vierquadrantenbetrieb auf einfache Weise realisierbar. Stromzwischenkreisumrichter werden vorteilhaft bei Einzelantrieben großer Leistung eingesetzt.

Die Steuerung der Umrichter muß so ausgelegt sein, daß Spannung und Frequenz des Motors gleichzeitig geändert werden. Man erkennt dies aus dem Ersatzstromkreis Bild 69. Bei Vernachlässigung von ohmschem Widerstand und Streureaktanz der Ständerwicklung ($R_1 = 0$, $X_{1\sigma} = 0$) gilt $U_1 = X_{1h} \cdot I_\mu$, d.h. ein konstanter Fluß und damit konstante magnetische Beanspruchungen im Eisen werden bei Speisung mit variabler Frequenz erreicht, wenn Spannung und Frequenz proportional

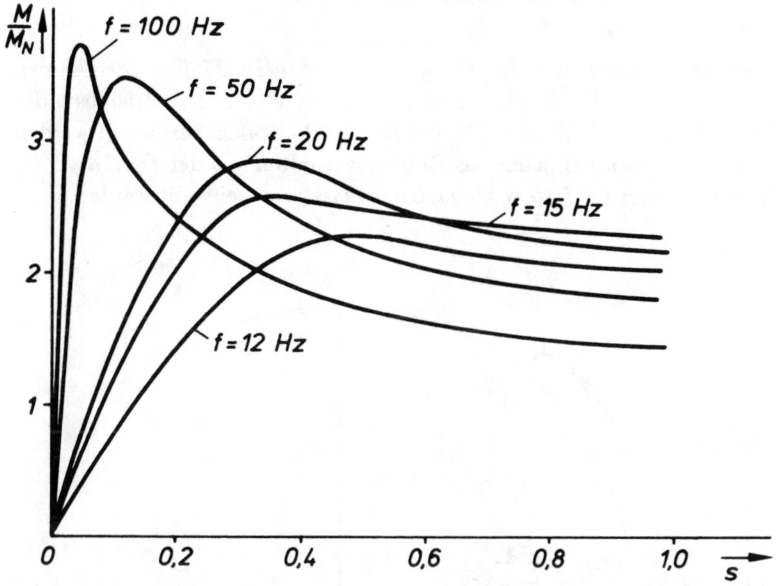

Bild 82 M(s)-Kennlinien eines Käfigläufers 11 kW, 2p=4 bei frequenzproportionaler Spannungsänderung

verstellt werden. Tatsächlich bewirken die Spannungsabfälle bei kleinen Speisefrequenzen ein "weicheres" Verhalten (Bild 82).

Die in Bild 82 zum Vergleich eingetragene Kennlinie für f=100 Hz ist theoretischer Natur, da in der Praxis oft keine höhere Spannung als die Netzspannung für f=50 Hz zur Verfügung steht. Eine Steigerung der Umrichter-Ausgangsfrequenz über die Netzfrequenz hinaus ist dann mit einer Verkleinerung der Luftspaltinduktion verbunden. In Analogie zur Gleichstrommaschine spricht man vom *Feldschwächbereich*.

Der Umrichterbetrieb eröffnet neue, am starren Netz nicht praktikable Möglichkeiten. Beispielsweise kann man die *Läuferfrequenz* f_2 *konstant* halten, indem man die Ausgangsfrequenz des Umrichters nach der Beziehung

$$f_1 = f_2 + p \cdot n$$

der jeweiligen Drehzahl entsprechend verstellt.

Gleichzeitig kann eine Regelung auf *konstanten Fluß* vorgenommen werden, wobei der Istwert durch Messung des Luftspaltfeldes oder durch Rechnung (z.B. mit Hilfe des Ersatzschaltbildes) ermittelt werden muß. Für diesen Fall kann das Betriebsverhalten aus der *Ortskurve des Primärstromes bei festem Magnetisierungsstrom* beurteilt werden.

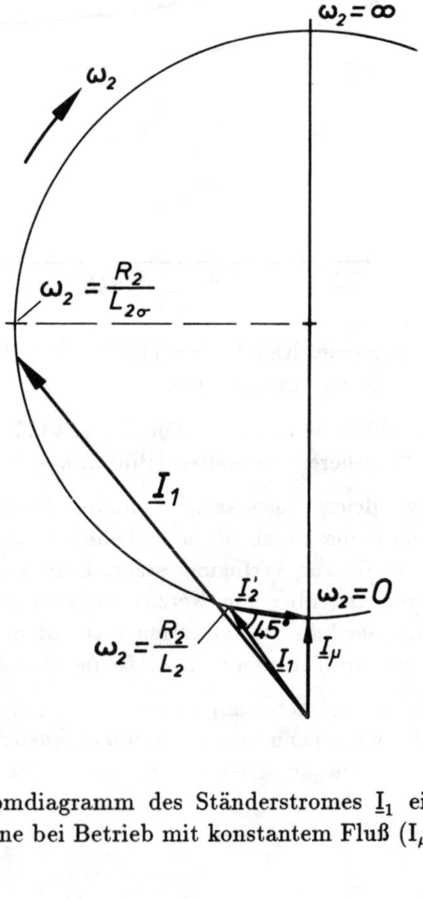

Bild 83 Stromdiagramm des Ständerstromes $\underline{I}_1$ einer Induktionsmaschine bei Betrieb mit konstantem Fluß (I_μ=konst.)

$$\underline{I}_1 = \underline{I}_\mu \cdot \frac{R_2 + j\omega_2 L_2}{R_2 + j\omega_2 L_{2\sigma}} \tag{187}$$

Nach Gl. (187) beschreibt der Ständerstrom als Funktion des Parameters ω_2 einen Kreis, bei welchem die Punkte P_0 und P_∞ auf einem Durchmesser liegen (Bild 83).

$$\omega_2 = 0 : \quad \underline{I}_{10} = \underline{I}_\mu \tag{188}$$

$$\omega_2 = \infty : \underline{I}_{1\infty} = \underline{I}_\mu \cdot \frac{L_2}{L_{2\sigma}} = \underline{I}_\mu \frac{1+\sigma_2}{\sigma_2} \tag{189}$$

Das Drehmoment

$$M = \frac{m_1}{2\pi n_1} \cdot I_2'^2 \cdot \frac{R_2'}{s} = \frac{m_1}{\omega_2} p \cdot I_\mu^2 \cdot \frac{(\omega_2 L_{2h})^2}{R_2^2 + (\omega_2 L_{2\sigma})^2} \cdot R_2' \tag{190}$$

erreicht das Maximum für

$$\omega_{2\,kipp} = \frac{R_2}{L_{2\sigma}} \tag{191}$$

und beträgt

$$M_{kipp} = m_1 \cdot p \cdot L_{1h} \cdot I_\mu^2 \cdot \frac{1}{2\sigma_2}\,. \tag{192}$$

Für die an *konstanter Spannung* U_1 betriebene Maschine war für $R_1 = 0$ der Ausdruck Gl. (169) hergeleitet worden. Mit

$$\sigma = 1 - \frac{X_{1h}^2}{X_1 X_2'} = 1 - \frac{1}{(1+\sigma_1)(1+\sigma_2)}$$

kann Gl. (169) umgeformt werden in

$$M_{kipp} = \frac{m_1}{2\pi n_1} \cdot \frac{U_1^2}{2X_1} \frac{1}{\sigma_1 + \sigma_2 + \sigma_1\sigma_2} \approx \frac{m_1}{2\pi n_1} \cdot \frac{U_1^2}{2X_1} \cdot \frac{1}{\sigma_1 + \sigma_2}\,. \tag{193}$$

Setzt man in Gl. (192) den konstanten Magnetisierungsstrom $I_\mu = U_1/X_1$ ein, so erhält man

$$M_{kipp} = \frac{m_1}{2\pi n_1} \cdot \frac{U_1^2}{2X_1} \frac{1}{\sigma_2(1+\sigma_1)} \approx \frac{m_1}{2\pi n_1} \cdot \frac{U_1^2}{2X_1} \cdot \frac{1}{\sigma_2}\,. \tag{194}$$

Für $\sigma_1 = \sigma_2$ wird somit

$$\frac{M_{kipp},\, I_\mu = konst.}{M_{kipp},\, U_1 = konst.} \approx 2\,. \tag{195}$$

Der Anstieg des Kippmomentes ist dadurch begründet, daß sich auch die Kreisdurchmesser von Bild 83 und Bild 70 wie 2:1 verhalten. Es gilt nämlich nach Gl. (159) und (189):

$$U_1 = konst.\ :\ I_{1\infty} = \frac{U_1}{X_1}\cdot\frac{1}{\sigma} \approx \frac{U_1}{X_1}\frac{1}{\sigma_1+\sigma_2} \tag{159a}$$

$$I_\mu = konst.\ :\ I_{1\infty} = \frac{U_1}{X_1}\frac{1+\sigma_2}{\sigma_2} \approx 2\cdot I_{1\infty}\,,\ U_1 = konst. \tag{189a}$$

Man kann nachweisen, daß ein weiterer ausgezeichneter Kreispunkt bei der Läuferkreisfrequenz $\omega_2 = (R_2/L_2)$ vorliegt. Dann schließen die Ströme $\underline{I}_1$ und $\underline{I}_2'$ den Winkel 135° ein, und das Drehmoment

$$M = m_1 p L_{1h}\cdot I_\mu^2 \frac{2(1+\sigma_2)}{1+(1+2\sigma_2)^2} \approx 2\cdot\sigma_2\cdot M_{kipp,\,I_\mu=konst.} \tag{196}$$

wird in diesem Betriebspunkt bei kleineren Stromwärmeverlusten erreicht als bei einer anderen Betriebsweise; anders formuliert: *Bei* $\omega_2 = (R_2/L_2)$ *erreicht das Verhältnis von Drehmoment zu Ständerstrom ein Maximum.*

Bei Umrichterbetrieb müssen auch die *durch Oberschwingungen hervorgerufenen Verluste und Pendelmomente* beachtet werden. Bei Speisung aus p-pulsigen I-Umrichtern entstehen Oberschwingungen der Ordnung

$$n = 1 + p\cdot g \quad \text{mit} \quad g = 0;\ \pm 1;\ \pm 2;\ \ldots \tag{197}$$

Das Vorzeichen der Ordnungszahl bezeichnet die Phasenfolge. Bei einem positiven Vorzeichen ist der Umlaufsinn des erregten Luftspaltfeldes wie bei der Grundfrequenz (g=0: n=1); bei einem negativen Vorzeichen der Ordnungszahl in Gl. (197) rotiert das erregte Drehfeld in entgegengesetzter Richtung. Hinsichtlich der *durch Oberschwingungen bewirkten Drehmomente* genügt die Berücksichtigung von deren Grundstrombelägen und Grundfeldern. Nach Gl. (127) entstehen folglich *Pendelmomente der Frequenz* $(n-1) \cdot f_1$. Bei einer Sechspulsschaltung (p=6) führen sowohl die Oberschwingungen mit n = −5 als auch mit n = 7 auf Pendelmomente von sechsfacher Grundfrequenz. Die Pendelmomente sind bedeutungsvoll im Hinblick auf die durch sie erregten Drehschwingungen des Wellenstranges. Bei der Bemessung von Antrieben mit umrichtergespeisten Käfigläufern muß gewährleistet sein, daß bei keiner Betriebsdrehzahl im Stellbereich eine torsionskritische Drehzahl angeregt wird. Die Amplituden der anregenden Pendelmomente bewegen sich bei den vorgestellten Umrichterarten in der Größenordnung 10 bis 50% des Motornennmomentes, wobei die Obergrenze für bestimmte Arten von Pulsumrichtern gilt.

Der aus der Umrichterspeisung erwachsende Verlustanstieg ist bedeutungsvoll mit Rücksicht auf die Wicklungserwärmung und den Wirkungsgrad.

Aus Bild 81 geht hervor, daß bei Block-Umrichtern in erster Linie Oberschwingungen von niedriger Ordnungszahl (n = −5; 7; −11; 13), bei Puls-Umrichtern von Ordnungszahlen in der Nähe von Vielfachen der Pulsfrequenz hervortreten.

Zur Verminderung der Oberschwingungseinflüsse, aber auch wegen der Begrenzung der Ventil-Ströme und -Spannungen führt man insbesondere bei großen Leistungen die I-Umrichter zwölfpulsig aus. Die Ständerwicklung ist dann als symmetrische sechssträngige Wicklung zu bemessen. Im Schrifttum wird diese Anordnung oft mit "zwei um 30° geschwenkte Drehstromwicklungen" umschrieben.

5.8 Bremsen bei Induktionsmotoren

Von den möglichen elektrischen Bremsverfahren ist das *Gegenstrombremsen* bereits kurz in Abschnitt 5.2 erwähnt worden. Man versteht hierunter den Betriebszustand einer IM im Schlupfbereich zwischen s=2 und s=1, also den Lauf gegen das Drehfeld. Die Gegenstrombremsung erfordert keine aufwendigen Hilfsmittel. Man muß lediglich zwei Ständerzuleitungen vertauschen und dadurch den Umlaufsinn des Drehfeldes umkehren. Natürlich ist dafür Sorge zu tragen, daß der Motor nach Erreichen des Stillstandes nicht in entgegengesetzter Richtung anläuft. Gegenstrombremsen ist mit zwei Nachteilen verbunden, die aus der Stromortskurve Bild 70 abzulesen sind:

- Die Bremsmomente sind bei Käfigläufern mit Ausnahme von extremen Stromverdrängungsläufern relativ klein (Bild 84).

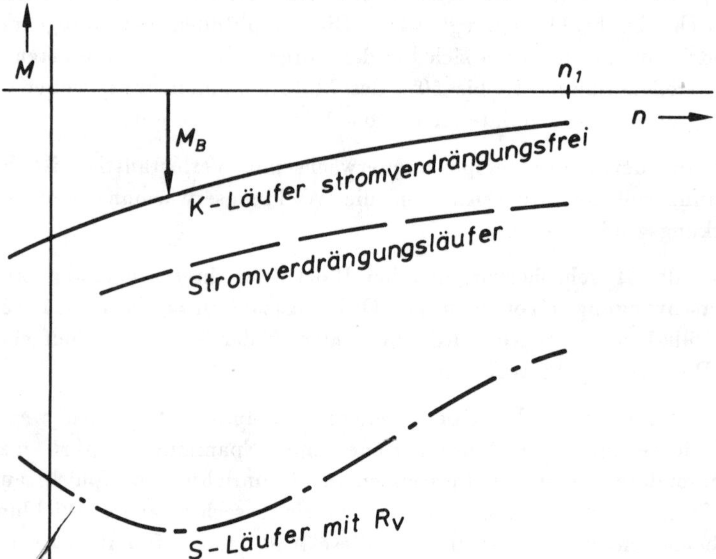

Bild 84 Bremskennlinien von IM beim Gegenstrombremsen

- Induktionsmaschinen nehmen beim Gegenstrombremsen Energie sowohl mechanisch über die Welle als auch elektrisch aus dem Netz auf. Deshalb besteht die Gefahr der thermischen Überlastung der Wicklungen.

Im Abschnitt 5.5 wurde auch schon auf die Möglichkeit des *generatorischen Nutzbremsens* bei polumschaltbaren Motoren hingewiesen. Diese

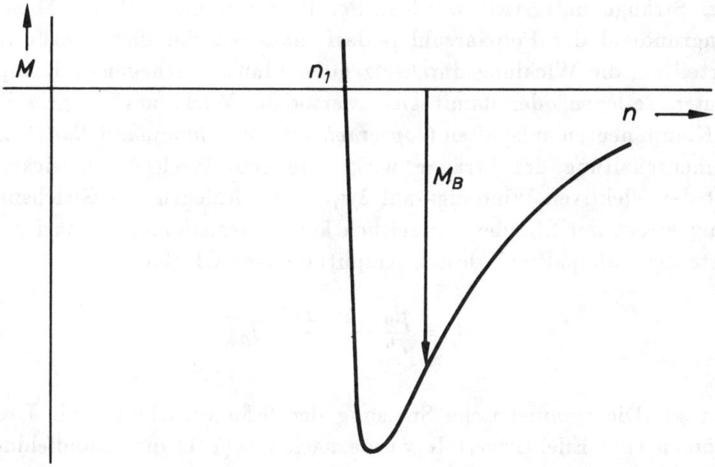

Bild 85 Bremskennlinie einer IM beim generatorischen Nutzbremsen

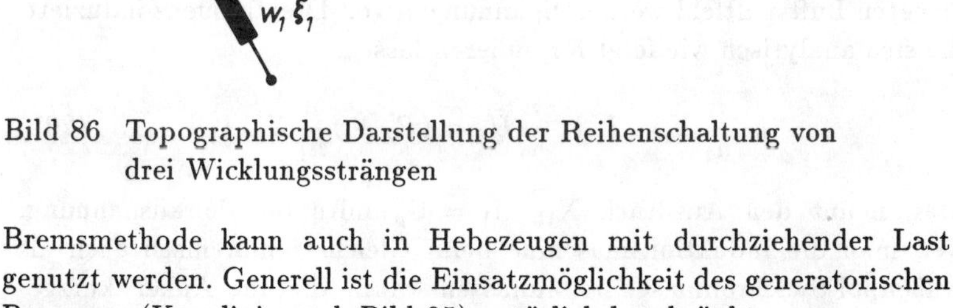

Bild 86 Topographische Darstellung der Reihenschaltung von drei Wicklungssträngen

Bremsmethode kann auch in Hebezeugen mit durchziehender Last genutzt werden. Generell ist die Einsatzmöglichkeit des generatorischen Bremsens (Kennlinie nach Bild 85) natürlich beschränkt.

Beim *Gleichstrombremsen* wird die Ständerwicklung mit Gleichstrom gespeist, wobei die Speisung je nach Verschaltung der Wicklung unterschiedlich erfolgen kann. In Bild 86 ist die Reihenschaltung aller drei Stränge unterstellt worden. Bei Beschränkung auf das Maschinengrundfeld der Polpaarzahl p darf man den räumlich sinusförmig verteilten, die Wicklung durchsetzenden Fluß in orthogonale Komponenten zerlegen oder damit gleichwertig die Wicklungsstränge selbst in Komponenten aufspalten (*topographische Wicklungsdarstellung*). Die Reihenschaltung der Stränge wirkt wie eine Wechselstromwicklung mit der effektiven Windungszahl $2w_1\xi_1$. Bei Anlegen von Gleichspannung erregt der Ständer ein zeitlich konstantes, räumlich sinusförmig verteiltes Luftspaltfeld, dessen Amplitude nach Gl. (96)

$$B_p = \frac{\mu_0}{\delta''} \cdot \frac{4}{\pi} \cdot \frac{w_1\xi_1}{p} I_g \tag{198}$$

beträgt. Die symmetrische Speisung der Ständerwicklung mit Drehströmen vom Effektivwert I_1 würde nach Gl. (121) die Grundfeldamplitude

$$B_p = \frac{3}{2} \cdot \frac{\mu_0}{\delta''} \cdot \frac{4}{\pi} \cdot \frac{w_1\xi_1}{2p} \cdot \sqrt{2} \cdot I_1 \tag{199}$$

erregen. Aus den Gln. (199) und (198) errechnet sich die Äquivalenz

$$I_g = \frac{3}{4}\sqrt{2} \cdot I_1 = 1,06 \cdot I_1 \, . \tag{200}$$

Durch Drehung des Läufers in dem durch den Ständer-Gleichstrom erregten Luftspaltfeld werden Spannungen von Drehfrequenz induziert, die sich analytisch wie folgt formulieren lassen:

$$j \cdot \frac{n}{n_1} X_{1h} \cdot \underline{I}_1 = \frac{n}{n_1} \underline{U}_p = (R_2' + j\frac{n}{n_1} X_2') \, \underline{I}_2' \tag{201}$$

Man nennt den Ausdruck $X_{1h} \cdot I_1 = U_p$ mitunter Polradspannung, weil man die Induktionsmaschine beim Gleichstrombremsen auch als Außenpol-Synchronmaschine auffassen kann, die im Anker kurzgeschlossen ist (vgl. Abschnitt 6). Der bezogene Läuferstrom

$$\underline{I}_2' = \underline{U}_p \frac{n/n_1}{R_2' + j\dfrac{n}{n_1} X_2'} \tag{202}$$

beschreibt einen Kreis, bei dem die Punkte mit den Drehzahlen

$$n = 0: \quad \underline{I}'_2 = 0$$

$$n = \infty: \quad \underline{I}'_2 = \frac{\underline{U}_p}{jX_2}$$

auf einem Durchmesser liegen (Bild 87).

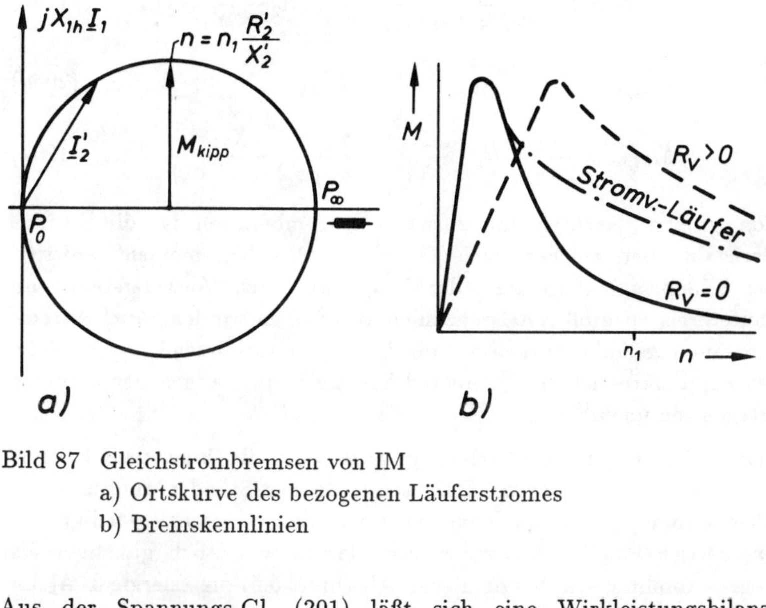

Bild 87 Gleichstrombremsen von IM
a) Ortskurve des bezogenen Läuferstromes
b) Bremskennlinien

Aus der Spannungs-Gl. (201) läßt sich eine Wirkleistungsbilanz erstellen, aus der die mechanische Leistung und somit das Drehmoment unmittelbar hervorgehen.

$$m_1 R'_2 \cdot I'^2_2 = m_1 \cdot \frac{n}{n_1} U_p \cdot I'_2 \cdot \cos\angle(\underline{U}_p; \underline{I}'_2) = P_{mech} \tag{203}$$

$$M = \frac{P_{mech}}{2\pi n} = \frac{(n/n_1) \cdot m_1}{2\pi n} U_p \cdot I'_{2w} \tag{204}$$

Das Drehmoment ist in jedem Betriebspunkt proportional der Wirkkomponente des bezogenen Läuferstromes. In Gl. (202) ist ablesbar, daß das Kippmoment bei der Drehzahl

$$n_{kipp} = n_1 \cdot \frac{R_2'}{X_2'} \tag{205}$$

auftritt. Die Höhe des Kippmomentes errrechnet sich zu

$$\underline{I}_2' = \underline{U}_p \cdot \frac{n/n_1}{R_2'^2 + ((n/n_1)\cdot X_2')^2}(R_2' - j\frac{n}{n_1}X_2') \tag{206}$$

$$\underline{I}_{2kipp} = \underline{U}_p \cdot \frac{R_2'/X_2'}{2\cdot R_2'^2}\cdot(R_2' - jR_2') \tag{206a}$$

$$M_{kipp} = \frac{m_1}{2\pi n_1}\cdot U_p^2 \cdot \frac{1}{2X_2'} = \frac{m_1}{2\pi n_1}\cdot\frac{X_{1h}}{2\cdot(1+\sigma_2)}\cdot I_1^2\,. \tag{207}$$

Von großem Nachteil für das Gleichstrombremsen ist die geringe Drehzahl, bei welcher nach Gl. (205) das Kippmoment auftritt. Bei Schleifringläufern kann der Kippunkt durch Vorwiderstände im Läuferkreis zu größeren Drehzahlen verschoben werden. Auch Stromverdrängungsläufer wirken auf die Bremszeit verkürzend, in der Nähe des Kippunktes ist die Stromverdrängung jedoch wegen der geringen Frequenzen unwirksam.

Beim Abbremsen einer Schwungmasse wird die kinetische Energie im Läufer in Stromwärme umgesetzt, da der Ständer aufgrund der Gleichstromspeisung an dem Energieaustausch nicht beteiligt ist. Energetisch ist Gleichstrombremsen darum wesentlich günstiger als Gegenstrombremsen, bei dem (vgl. Abschnitt 5.5) die Energie $3\cdot \mathrm{A_k}$ im Läufer umgesetzt wird.

Der Vollständigkeit halber sei auf die sog. *Unsymmetrischen Bremsschaltungen* hingewiesen, bei denen die Ständerwicklung in bestimmter Weise unsymmetrisch an das Netz geschaltet wird. Hierbei sind im Gegensatz zu den anderen Bremsschaltungen keine Kontrollgeräte oder zusätzliche Speiseeinrichtungen erforderlich, aber die erzielbaren Bremsmomente sind deutlich kleiner. Diese Schaltungen haben sich darum in der Praxis kaum durchgesetzt.

5.9 Grundsätzliches zu Wechselstrom-Induktionsmotoren

Das Anwendungsgebiet der Wechselstrom-IM ist wegen ihrer im Vergleich zu Drehstrom-IM etwa mit dem Faktor 0,6 geringeren Ausnutzung des Aktivteils und der schlechteren technischen Daten auf kleine Leistungen beschränkt. Insbesondere für etwa $P_N < 1\,kW$ setzt man aus Gründen der Ersparnis von Installationskosten häufig Wechselstrom-IM ein. In diesem Skriptum sollen Wirkungsweise und Betriebsverhalten von Wechselstrom-IM nur qualitativ behandelt werden.

Die einsträngige Ständerwicklung erregt im Luftspalt ein Wechselfeld, das nach Gl. (114) in zwei gegenläufige Kreisdrehfelder halber Amplitude zerlegt werden kann. Da beide Drehfelder gleich groß sind, *läuft der Motor nicht an.* Deshalb wird zunächst angenommen, die Maschine sei durch äußere Einwirkung auf eine Drehzahl n (zugehöriger Schlupf s) gebracht worden. Das zu diesem Drehsinn mitläufige Teildrehfeld induziert im Läufer Spannungen der Schlupffrequenz sf_1, für das gegenläufige Teildrehfeld beträgt der Schlupf hingegen

$$s_g = \frac{-f_1 - f}{-f_1} = \frac{2f_1 - (f_1 - f)}{f_1} = 2 - s \qquad (208)$$

Im Läufer werden deshalb Spannungen der Frequenzen sf_1 und $(2 - s)f_1$ induziert, welche in der kurzgeschlossenen Käfigwicklung Dämpferströme zur Folge haben. Die vom Ständer primär erregten Drehfelder werden umso stärker abgedämpft, je größere Spannungen sie im Läufer induzieren. Man übersieht die Richtigkeit dieser Behauptung leicht am Grenzfall des Synchronismus, in welchem eine Rückwirkung durch das mitläufige Teildrehfeld ausgeschlossen ist. *Das inverse Teildrehfeld* wird darum *vom Läufer stärker abgedämpft als das synchrone.* Ein einmal in Drehung versetzter Wechselstrommotor entwickelt ein Drehmoment. Wegen der nicht vollständigen Dämpfung des Inversfeldes sind seine technischen Daten (Wirkungsgrad, Leistungsfaktor, Kippmoment) aber schlechter als die eines vergleichbaren Drehstrommotors.

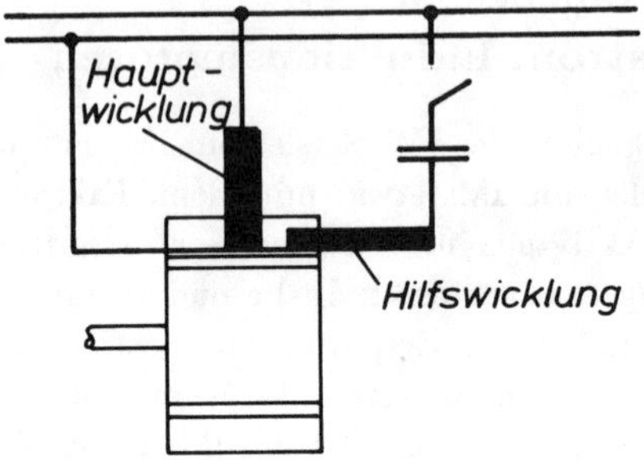

Bild 88 Prinzipschaltung eines Wechselstrommotors mit Anlaufwicklung

Um den Anlauf eines Wechselstrommotors zu bewirken, wird die Maschine mit einer Hilfswicklung (*Anlaufwicklung*) ausgerüstet, die gegenüber der Hauptwicklung am Umfang um den Winkel $\pi/2p$ versetzt angeordnet wird (Bild 88).

Wenn die Anlaufwicklung mit einem um $\pi/2$ phasenverschobenen Strom gespeist würde, wäre ein reines Kreisdrehfeld wirksam (vgl. Abschnitt 4.4). Dieses Ziel wird näherungsweise durch einen in Reihe mit der Anlaufwicklung geschalteten Kondensator erreicht. Wenn der Kondensator nach erfolgtem Hochlauf z.B. durch einen Fliehkraftregler abgeschaltet wird, spricht man von einem *Anlaufkondensator*. Bei einem Wechselstrommotor mit *Betriebskondensator* ist die Hilfswicklung hingegen in jedem Betriebszustand stromdurchflossen.

Die Wirkungsweise einer Wechselstrom-IM ist weitgehend äquivalent der in Bild 89 gezeichneten Kaskadenschaltung von zwei gleichen Drehstrommaschinen, bei denen die Ständerwicklungen in Reihe geschaltet sind, der mit II bezeichnete Motor jedoch durch Phasenkreuzung die umgekehrte Drehfeldrichtung erhält wie Motor I.

Durch Schaltungszwang sind die Ständerströme beider Maschinen identisch. Im Stillstand gilt aus Symmetriegründen $U_I = U_{II} = U_{Netz}/2$: Wegen der Phasenkreuzung addieren sich die Anzugsmomente beider Maschinen zum resultierenden Wert Null.

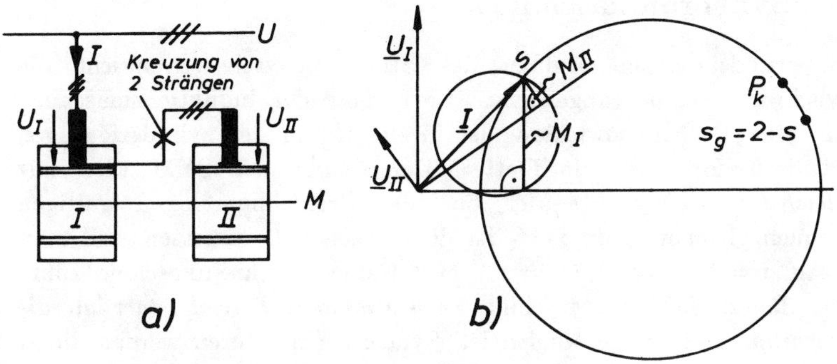

Bild 89 Kaskadenschaltung von zwei Drehstrom-IM
a) Schaltung
b) Zeigerdiagramm der Spannungen und Ströme

Wenn der Maschinensatz in Richtung des Drehfeldes von Maschine I angetrieben wird bis zu einem bestimmten Schlupf s, dann besitzt Maschine II den Schlupf $s_g = 2 - s$. Berücksichtigt man die Tatsachen, daß

- der Primärstrom einer IM proportional der angelegten Spannung ist,
- sich bei einer Reihenschaltung die Spannungen proportional den Impedanzen verhalten,

so erhält man die vereinfachten Stromdiagramme (Ständerwicklungswiderstände vernachlässigt) von Bild 89b).

Die sich drehende Maschinenkaskade entwickelt das resultierende Drehmoment $M = M_I - M_{II}$ im Antriebs-Drehsinn.

6. Synchronmaschinen

Im grundsätzlichen Aufbau des Ständeraktivteils entspricht die Synchronmaschine (abgekürzt: SYM) völlig der Induktionsmaschine, d.h. eine Drehstromwicklung ist in die Nuten des zylinderförmigen Ständerblechpaketes eingebettet. Der *Läufer* der SYM wird mit *Gleichstrom erregt.* In der für alle Drehfeldmaschinen gültigen Frequenzgleichung $f_1 = f + f_2$ ist demnach $f_2 = 0$ zu setzen, und man erhält $f = f_1$ bzw. $f_1/p = n_1$. Der Name Synchronmaschine rührt also daher, daß die Maschine *im stationären Betrieb starr an die synchrone Drehzahl gebunden* ist. Synchrongeneratoren werden durch die Antriebsmaschine auf diese Drehzahl beschleunigt, der Selbstanlauf von Synchronmotoren bedarf gesonderter Überlegungen.

Das überwiegende Einsatzgebiet von SYM ist der *Generatorbetrieb* zur Energieerzeugung. Grenzleistungs-SYM stellen die größten und leistungsstärksten Maschinen dar. Man unterscheidet zwei Läuferbauformen (wegen Einzelheiten vgl. Abschnitt 6.1), den sogenannten *Vollpol-* oder *Turbo-Läufer* sowie den *Einzelpol-* oder *Schenkelpol-Läufer*.

Das wichtigste Anwendungsgebiet von Vollpolläufern sind die von Dampfturbinen angetriebenen Generatoren in thermischen Kraftwerken. Mit Rücksicht auf die Turbinendrehzahlen handelt es sich überwiegend um zweipolige, bei sehr großen Einheiten auch um vierpolige Ausführungen. Die bei Turbogeneratoren auftretenden mechanischen Beanspruchungen sind nur mit massiven Läuferballen beherrschbar. Der gesamte Läuferkörper besteht aus einem einzigen Schmiedestück, in das am äußeren Umfang Nuten zur Aufnahme der gleichstromgespeisten Läuferwicklung (Induktorwicklung) eingefräst werden. Turbogeneratoren werden in zweipoliger Ausführung z. Zt. bis zu Nennleistungen in der Größenordnung $P_N = 1000$ MW, in vierpoliger Ausführung bis zu Nennleistungen von ca. $P_N = 1500$ MW gefertigt. Diese Grenzleistungsmaschinen werden mit Wasser direkt gekühlt, d.h. das Kühlmedium wird durch Kanäle gepreßt, die innerhalb oder direkt an den stromführenden Leitern angeordnet sind. Im Leistungsbereich von etwa 200 bis 800 MW ist auch direkte Leiterkühlung mit Wasserstoffgas üblich. Zur Herabsetzung der Reibverluste werden bei den Konstruktionen der meisten Hersteller auch die lastunabhängigen Verluste über Wasserstoff als Zwischenkühlmittel abgeführt. Das Gehäuse steht unter Überdruck, und es müssen Vorkehrungen getroffen werden, daß es an den Durchführungen zur umgebenden Atmosphäre, insbesondere an der Wellendurchführung, nicht zu explosiven Knallgas-Gemischen kommt. Die zweipoligen Grenzleistungsmaschinen besitzen einen Ballendurchmesser von rund 1,2 m, so daß die Polteilung $\tau_p = 1,9$ m und die Umfangsgeschwindigkeit bei 50 Hz Netzfrequenz 190 m/s = 680 km/h erreicht. Die mechanische Beanspruchung der die Wicklung haltenden Nutenverschlußkeile, der die Stirnköpfe umfassenden Kappen und die Beanspruchung der Induktorzähne erreichen sehr hohe Werte. Der Bau solcher Grenzleistungsmaschinen erfordert darum große Kenntnisse und Erfahrungen. Turbogeneratoren werden bis zu Ballenlängen von 8 bis 10 m gefertigt. Außer den hohen mechanischen Beanspruchungen im Läufer stellt die Beherrschung der Wickelkopfversteifungen, der Wärmespannungen, der Schwingungen, der Dichtigkeit des Gehäuses und der Wellendurchführungen gegen den Wasserstoffüberdruck, der Gestaltung der Wasseranschlüsse, der Biegeschwingungen in der Welle, der zusätzlichen Verluste in den Wicklungen, auf der Läuferoberfläche, im Ständerblechpaket, in den Preßplatten und in den Läuferkappen usw. besonders hohe Anforderungen.

Aufgrund neuerer Entwicklungen könnten die bisher ausgeführten Grenzleistungen nochmals um etwa 30 bis 50% gesteigert werden, falls bei Kraftwerksneubauten ein solcher Anstieg der Blockleistungen erwogen wird. Für einen darüber hinaus gehenden Leistungssprung wird der Einsatz supraleitender Erregerwicklungen diskutiert. Prototypen mit vergleichsweise kleiner Leistung wurden bereits ausgeführt.

Die Vollpolbauweise hat sich in den letzten Jahren aus wirtschaftlichen Gründen auch bei Maschinen kleinerer Leistung (etwa bis P_N = 20 MW) und Polzahlen $2p \leq 12$ durchgesetzt. Bei solchen Maschinen ist der Läufer aus Blechen aufgebaut, in welche zur Aufnahme der Induktorwicklung und der Dämpferwicklung Nuten eingestanzt werden. Die Läufer-Wickelköpfe werden bei dieser Konstruktion durch

Bandagen aus glasfaserverstärkten Kunststoffen gegen Fliehkräfte geschützt.

Als Generatoren in Wasserkraftwerken und für Notstromanlagen kommen Einzelpolmaschinen zur Anwendung. Im konstruktiv einfachsten Fall werden die Läuferpole mit einer Tragkonstruktion aus Stahl- oder Grauguß, deren Außenring gleichzeitig das Läuferjoch bildet, verschraubt. Bei Wasserkraftgeneratoren sind meist aufwendigere Konstruktionen erforderlich, weil diese Maschinen trotz relativ kleiner synchroner Drehzahl aufgrund ihrer großen Abmessungen (Läuferdurchmesser von Grenzleistungsmaschinen bis 20 m) hohe Umfangsgeschwindigkeiten besitzen und damit erheblichen Fliehkräften unterliegen. Hinzu tritt, daß sie mit Rücksicht auf die Durchgangs- bzw. Schnellschlußdrehzahl der Wasserturbine für Schleuderdrehzahlen ausgelegt werden müssen, welche mitunter ein Mehrfaches der synchronen Drehzahl ausmachen. Aus diesen extremen Bedingungen bei hochpoligen Generatoren, aber auch aus den konstruktiven Anforderungen großer vierpoliger Schenkelpolmaschinen, resultiert eine außerordentliche Fülle von Konstruktionsvarianten für den Tragkörper, das Joch und die Pole. Bei den vierpoligen Maschinen können die Pole in Schwalbenschwanz- oder Hammerkopf-Nuten der Läuferwelle eingesetzt werden, oder sie werden in der sogenannten Kammpol-Bauart gefertigt. Bei Wasserkraftgeneratoren wird das Läuferjoch üblicherweise aus Blechsegmenten aufgebaut, man spricht deshalb von Blechketten-Läufern. Wasserkraftgeneratoren werden bis zu Leistungen von etwa P_N = 800 MW ausgeführt. Auch bei diesen Grenzleistungsmaschinen hat sich die direkte Leiterkühlung mit Wasser durchgesetzt.

Die *Gleichstromversorgung der Läuferwicklung* geschieht beispielsweise dadurch, daß die Wicklungsenden zu zwei Schleifringen geführt werden (Bild 90a)). Als Gleichstromquelle kommen überwiegend Stromrichterschaltungen zum Einsatz. Die *Schleifringerregung* wirft im Hinblick auf die Bürstenstandzeit, die Kühlung von Schleifringen und Bürsten sowie die Wartung Probleme auf. Man ist deshalb in den letzten Jahren zunehmend zur *bürstenlosen Erregung* in der Prinzipschaltung von Bild 90b) übergegangen. Die von der Erregermaschine, welche in Form einer Außenpol-Synchronmaschine ausgeführt ist, abgegebene

Drehstromleistung wird in rotierenden Dioden gleichgerichtet und dem Polrad zugeführt.

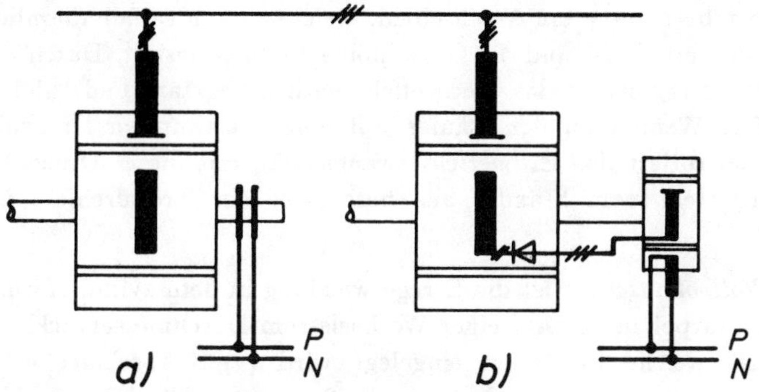

Bild 90 Zur Gleichstromerregung von SYM
a) Erregung über Schleifringe b) Bürstenlose Erregung

Bei großen Maschinen wird häufig auch die Reihenschaltung verschiedener Erregermaschinen, eine sogenannte Maschinenkaskade, auf der Welle angeordnet. Da auch die schleifringlose Erregung Nachteile aufweist – beispielsweise erfordert sie einen besonderen Aufwand in der Leistungselektronik für den Hochlauf von Motoren, bei Generatoren liegen die Entregungszeiten im Störungsfall höher als bei herkömmlichen Schnellentregungsschaltungen –, werden beide Erregungsarten bis in den Grenzleistungsbereich angewandt.

Für den Anlauf von Synchronmotoren, zur Abdämpfung von Schieflasten bei Synchrongeneratoren und zum Abdämpfen sogenannter Pendelungen ist im Läufer von SYM meist eine weitere Wicklung, die sogenannte *Dämpferwicklung*, angebracht. Sie ist im Prinzip aufgebaut wie die Käfigwicklung einer IM. Bei Vollpol-SYM mit geblechten Läufern ist die Äquivalenz nahezu vollständig. Bei Einzelpol-SYM fehlen die Dämpferstäbe aus konstruktiven Gründen in der Pollücke. Bei Turbogeneratoren dienen häufig die aus Leitbronzen gefertigten Nuten-Verschlußkeile der Induktorwicklung als Dämpferstäbe. Bei massiven Läufer-Oberflächen unterstützen die dort fließenden Wirbelströme die Funktion der Dämpferwicklung.

6.1 Entstehung des Läufer-Drehfeldes

Die gleichstromgespeiste Läuferwicklung erregt im Luftspalt vom Läufer aus betrachtet ein Wechselfeld, welches im Idealfall räumlich sinusförmig verteilt ist und die Grundpolpaarzahl p besitzt. Durch die Gleichstromerregung ist das Wechselfeld zeitlich konstant und "klebt" am Läufer. Wenn man den Läufer mit einer bestimmten Drehzahl antreibt, so rotiert das Erregerfeld zwangsläufig mit dieser Drehzahl, und es entsteht vom Ständer aus betrachtet ein Kreisdrehfeld im Luftspalt.

Bei der *Vollpolmaschine* ist die Erregerwicklung in dem zylinderförmigen Läuferkörper in der Art einer Wechselstrom-Durchmesserwicklung ausgeführt, welche in Nuten eingelegt wird (vgl. Abschnitt 4.1). Die Zonenbreite wird normalerweise zu $2\alpha = (2/3) \cdot (\pi/\mathrm{p})$ gewählt. Bei Vernachlässigung der diskreten Nutung (Annahme eines feinverteilten Strombelages) erhält man einen trapezförmigen Feldverlauf entsprechend Bild 56c). Das Erregerfeld enthält neben dem Maschinenhauptfeld der Polpaarzahl p Feldoberwellen, deren Polpaarzahlen ein ungeradzahliges Vielfaches von p ausmachen. Die Amplitude des Grundfeldes kann mit Hilfe von Gl. (96) mit $\nu = \mathrm{p}$ ermittelt werden, wenn man dort bzw. in Gl. (92) anstelle von $\sqrt{2} \cdot \mathrm{I}_1$ den Erregergleichstrom einsetzt. Bei der gewählten Zonenbreite ist der Wicklungsfaktor nach Gl. (93) für $\nu = 3\mathrm{p}$ Null, so daß diese Feldwelle im Läuferfeld einer Vollpolmaschine nicht vorkommt.

Die Erregerpole von *Einzelpolmaschinen* sind im Prinzip so aufgebaut wie die Hauptpole im Ständer von Gleichstrommaschinen (Bild 91). Die Erregerwicklung wird abhängig von der Maschinengröße aus Runddrähten oder Profilkupfer gewickelt bzw. gelötet und umschließt konzentrisch den Polkern. Die Polschuhe überdecken etwa 60 bis 75% der Polteilung. Wenn der Luftspalt im Bereich der Polschuhe konstant ist, spricht man von *Rechteckfeld-Polen*.

Die Fourier-Zerlegung der Feldkurve nach Bild 91 umfaßt die Polpaarzahlen $\nu = \mathrm{p}, 3\mathrm{p}, 5\mathrm{p}, \ldots$. Eine Verkleinerung der Oberfeld-Amplituden im Vergleich zur Grundfeld-Amplitude kann dadurch erzielt werden, daß man den Luftspalt von der Polmitte ausgehend

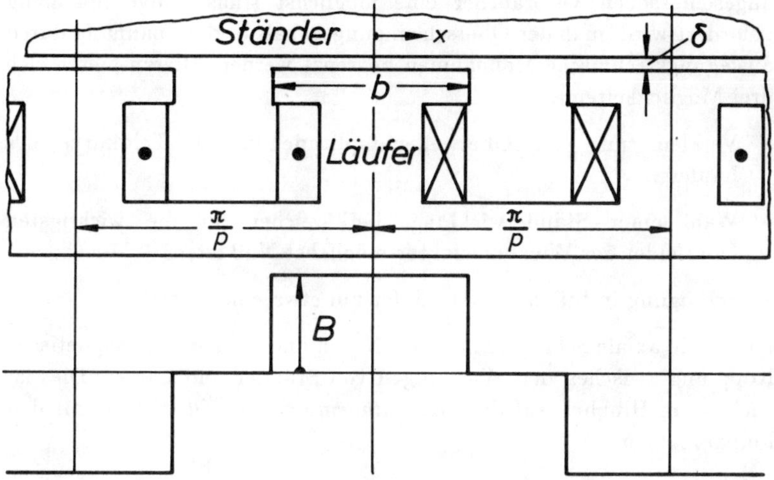

Bild 91 Abgewickelter Querschnitt und Feldkurve des Läufers einer SYM mit Rechteckfeld-Polen

zu den Polschuhflanken hin nach der Funktion $\delta(x) = \delta_0/|\cos px|$ aufweitet. Man spricht dann von *Sinusfeld-Polen*.

Wenn eine SYM, deren Ständerwicklung vom Netz getrennt ist, mit synchroner Drehzahl $n_1 = f_1/p$ angetrieben und im Läufer mit Gleichstrom gespeist wird, so induziert ein Läuferfeld der Polpaarzahl ν in einem Strang der Ständerwicklung die Spannung

$$U_\nu = \frac{2\pi}{\sqrt{2}} \cdot \frac{\nu}{p} f_1 \cdot w_1 \xi_{1\nu} \cdot \frac{2}{\pi} \frac{\tau_p}{(\nu/p)} l\, B_\nu \,. \tag{209}$$

Die Spannung nach Gl. (209) besitzt die Frequenz

$$f_\nu = \frac{\nu}{p} f_1 \,. \tag{210}$$

Durch die Feldoberwellen des Läufers wird demnach die Spannungskurve verzerrt. Da mit Rücksicht auf die an die Ständerwicklung im Betrieb angeschlossenen Verbraucher eine möglichst sinusförmige Spannung gefordert wird, muß der Oberschwingungsgehalt in der Spannung durch auslegungstechnische Maßnahmen begrenzt werden. Hierzu bieten sich drei Möglichkeiten an:

- Verkleinerung der Oberwellenamplitude in der Feldkurve des Läufers,
- Wahl einer Ständerwicklung, bei welcher für die wichtigsten Oberfelder der Wicklungsfaktor möglichst Null ist,
- Schrägung in Ständer oder Läufer um etwa eine Nutteilung.

Durch die axiale Schrägstellung der Nuten ändert man die magnetische Kopplung zwischen den Wicklungen von Ständer und Läufer. Dies ist wichtig im Hinblick auf die sog. *nutharmonischen Oberfelder* mit den Polpaarzahlen

$$\nu = p + g \cdot N_1 \qquad \text{mit} \quad g = \pm 1; \pm 2; \ldots$$

(N_1 = Ständernutzahl), die in den Feldwellen des Läufers enthalten sind, und deren Spannungsanteile von den Frequenzen $f_1 \cdot (1 + g \cdot N_1/p)$ zu Störungen des Fernsprechverkehrs, von Rundsteueranlagen usw. führen können. Der *Einfluß von nutharmonischen Oberfeldern* des Läufers auf die induzierte Spannung wird *durch Schrägung wirksam unterdrückt*. Nutharmonische sind dagegen durch die Auslegung der Wicklung nicht beeinflußbar, weil für sie sowohl der Zonen- als auch der Sehnungs-Wicklungsfaktor gleich groß ist wie der des Grundfeldes. Auf den Beweis für diese sog. *Periodizität der Wicklungsfaktoren* soll hier verzichtet werden.

Die wichtigsten Hilfmittel zur Verkleinerung der Wicklungsfaktoren der Ständerwicklung sind entsprechende *Sehnung* der Wicklung (vgl. Abschnitt 4.2) und die Verwendung sogenannter *Bruchlochwicklungen*. Unter Bruchlochwicklungen versteht man Wicklungen, bei denen die Zahl der Nuten je Pol und Strang im Mittel eine gebrochene Zahl ist. Auf diese Weise lassen sich mit relativ kleinen Nutzahlen Wicklungsfaktoren des Grundfeldes und der Oberfelder erzielen, wie sie mit Ganzlochwicklungen nur mit erheblich höheren Nutzahlen realisierbar sind. Allerdings wird dieser Vorteil erkauft durch das Auftreten zusätzlicher Wicklungsoberfelder, weshalb Bruchlochwicklungen bei Maschinen mit kleinen Luftspalten, insbesondere Induktionsmaschinen, selten benutzt werden. Die meisten mehrpoligen SYM sind mit Bruchlochwicklungen ausgeführt. Auf Einzelheiten von Bruchlochwicklungen soll hier nicht eingegangen werden.

Einer besonderen Betrachtung bedarf das Läuferfeld der Polpaarzahl $\nu = 3\mathrm{p}$, welches in den einzelnen Strängen der Ständerwicklung Spannungen dreifacher Netzfrequenz induziert. Dieses Oberfeld läßt sich theoretisch durch Sehnung der Ständerwicklung auf $\mathrm{W}/\tau_\mathrm{p} = 2/3$ eliminieren. Dadurch würde jedoch der Wicklungsfaktor des Grundfeldes und damit die Ausnutzung des Aktivteiles deutlich verschlechtert. Die Strangspannung einer Schenkelpol-SYM enthält deshalb auch Frequenzanteile dreifacher Netzfrequenz. Da die dritte Harmonische aber in allen Strängen gleichphasige Spannungen hervorruft (vgl. Abschnitt 3.7), tritt der Spannungsanteil dreifacher Frequenz bei in Stern geschalteter Ständerwicklung in der verketteten Spannung nicht mehr auf. *Synchron-Generatoren werden darum stets in Stern geschaltet.* Bei einer Dreieckschaltung würde sich in den drei Wicklungssträngen des Ständers unter der Wirkung der dritten Harmonischen ein Kreisstrom dreifacher Frequenz ausbilden und zusätzliche Stromwärmeverluste erzeugen. Diese ungünstige Schaltung ließe sich nicht an der Kurvenform der Spannung erkennen, denn die induzierte Spannung dreifacher Netzfrequenz wäre gleich dem inneren Spannungsabfall, so daß bei Dreieckschaltung die Strangspannung sinusförmig bleibt (Analogie: an einer kurzgeschlossenen Batterie kann man nicht die Quellenspannung messen). Bei Einphasen-Generatoren, die z.B. für die Bahnstromversorgung eingesetzt werden, löst sich die Problematik dadurch, daß der Wicklungsfaktor von Einphasenwicklungen wegen $2\alpha = (2/3) \cdot (\pi/\mathrm{p})$ sich zu $\xi_{\mathrm{z},\nu=3\mathrm{p}} = 0$ ergibt.

Es soll an dieser Stelle besonders darauf hingewiesen werden, daß die Oberwellen aus dem Erregerfeld von SYM bezüglich ihres Einflusses auf die Kurvenform der Spannung der Ständerwicklung einen gänzlich anderen Einfluß ausüben als die sogenannten Wicklungsoberfelder (vgl. Abschnitt 4.4). Die Wicklungsoberfelder, welche in der Ständerwicklung netzfrequente Spannungen induzieren, werden bei stromdurchflossener Ständerwicklung natürlich auch in der SYM erregt, besitzen wegen des vergleichsweise großen Luftspaltes bei dieser Maschinengattung aber nur geringe praktische Bedeutung.

Nach der in Abschnitt 2.2 gewählten Nomenklatur nennt man den *Ständer* einer SYM auch *Anker*, weil unter der Wirkung des Maschinenhauptfeldes Spannungen nur in der Ständerwicklung induziert werden.

6.2 Synchronisation, Phasenschieber-Betrieb

Bevor die Wirkung der stromführenden Ankerwicklung in die Untersuchungen mit einbezogen wird, soll kurz die *Synchronisation einer SYM mit dem Netz* erläutert werden. Die Maschine kann nur dann ohne schädliche Ausgleichsvorgänge mit dem Netz parallel geschaltet werden, wenn die bei geöffnetem Kuppelschalter S in Bild 92 zwischen Ständerwicklung und Netz anstehende, vom Läuferdrehfeld induzierte Spannung nach Frequenz, Größe, Phasenlage und Phasenfolge mit der Netzspannung übereinstimmt. Die Größe der Spannung wird über den Erregerstrom eingestellt, die Frequenz über die Antriebsdrehzahl. In der Praxis gibt es eine Reihe von *Synchronisierschaltungen* und Einrichtungen, welche die Erfüllung der Synchronisationsbedingungen anzeigen. Bei einwandfreiem Synchronisiervorgang fließt nach dem Schließen des Kuppelschalters im Anker kein Strom.

Die mit einem starren Netz synchronisierte SYM wird zunächst *mechanisch unbelastet* angenommen. Dieser Betriebszustand kann praktisch z.B. durch Abkuppeln der Antriebsmaschine realisiert werden. Man spricht vom sogenannten *Phasenschieber-Betrieb*.

Bei einer SYM, bei welcher die Synchronisationsbedingungen erfüllt sind, wird das magnetische Feld von der gleichstromgespeisten Erregerwicklung aufgebracht, so daß hierzu keine Blindleistung erforderlich ist. Wenn man den Erregerstrom gegenüber dem Zustand beim Synchronisieren verkleinert, würden bei offenen Ständerklemmen das Luftspaltfeld und die im Ständer induzierte Spannung abnehmen.

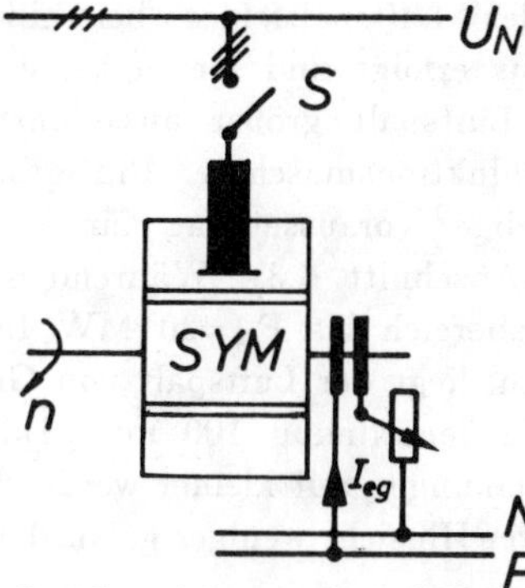

Bild 92 Zum Synchronisieren einer SYM mit dem Netz

Beim Betrieb am starren Netz ist dies nach dem Induktionsgesetz nicht möglich. Die Maschine muß deshalb die Magnetisierung teilweise vom Ständer aus aufbringen und hierzu induktive Blindleistung aus dem Netz aufnehmen. Man nennt diesen Betriebszustand einer SYM *untererregt. Eine untererregte Synchronmaschine verhält sich wie eine Drossel.*

Im umgekehrten Fall einer Erhöhung des Erregerstromes über den Synchronisationspunkt hinaus *(Übererregung)* gibt die Maschine induktive Blindleistung an das Netz ab, oder – was auf dasselbe hinausläuft – sie nimmt kapazitive Blindleistung aus dem Netz auf. *Eine übererregte Synchronmaschine verhält sich wie ein Kondensator.*

Damit ist qualitativ das Verhalten der SYM als Phasenschieber beschrieben. Die Fähigkeit der SYM, induktive Blindleistung abzugeben, ist für die Energieversorgung von ausschlaggebender Wichtigkeit, denn die meisten Verbraucher am Netz verhalten sich induktiv. Die zwischen Generator und Verbraucher pendelnde Blindleistung belastet alle Übertragungseinrichtungen wie Freileitungen, Kabel, Schaltanlagen, Verteilungstransformatoren usw., und die Blindströme verursachen in diesen Anlagenteilen Stromwärmeverluste. Man ist darum bestrebt, direkt am Verbrauchsort die induktive Blindleistung so klein wie möglich zu halten. Darum installiert man in Industrienetzen an vielen Stellen Kompensationseinrichtungen mit statischen Kondensatoren.

Da die Magnetisierung des Luftspaltfeldes bei einer SYM im wesentlichen vom Läufer aus erfolgt und hierzu keine Blindleistung erforderlich ist, kann der Luftspalt größer ausgeführt werden als bei einer vergleichbaren Induktionsmaschine. Ein großer Luftspalt ist außerdem eine notwendige Voraussetzung für ein ausreichend großes Kippmoment (vgl. Abschnitt 6.3). Während schnellaufende IM (2p=2; 4) im Leistungsbereich bis P_N=20 MW Luftspalte von maximal ca. 5 mm aufweisen, liegt der Luftspalt von Grenzleistungs-Turbogeneratoren in der Größenordnung 100 mm. Da die meisten parasitären Oberwellenerscheinungen mit kleiner werdendem Luftspalt wachsen, ist die SYM in dieser Hinsicht weniger gefährdet.

Die bisherige phänomenologische Betrachtungsweise läßt vermuten, daß unabhängig von dem behandelten Blindleistungstransfer die *Wirkleistung einer SYM durch das Drehmoment an der Welle einstellbar* ist. Wird ein Drehmoment aufgedrückt, welches bei geöffnetem Kuppelschalter S in Bild 92 zur Beschleunigung über die synchrone Drehzahl hinaus führen würde, so gibt die Maschine am starren Netz Wirkleistung ab, sie wirkt als Generator. Die analytische Behandlung in Abschnitt 6.3 wird aufzeigen, daß tatsächlich unter der Wirkung der *Ankerrückwirkung* Wirk- und Blindlast nicht unabhängig voneinander eingestellt werden können.

6.3 Grundfeldtheorie der Vollpolmaschine

Da SYM weit überwiegend als Generatoren Verwendung finden, sollen alle Gleichungen in *Erzeugerschreibweise* formuliert werden. Dies hat den Vorteil, daß im Generatorbetrieb der Phasenwinkel zwischen Spannung und Strom kleiner als $\pi/2$ ist. Damit lauten die in Abschnitt 4.5 abgeleiteten Spannungsgleichungen

$$\underline{U}_1 = -(R_1 + jX_{1\sigma})\underline{I}_1 - jX_{1h}(\underline{I}_1 + \underline{I}'_2)\,, \tag{211}$$

$$\underline{U}'_2 = -(R'_2 + jsX'_{2\sigma})\underline{I}'_2 - jsX_{1h}(\underline{I}_1 + \underline{I}'_2)\,. \tag{212}$$

Wegen s=0 geht die Spannungsgleichung für den Läufer in die Trivialbeziehung des ohmschen Gesetzes über.

$$\underline{U}'_2 = -R'_2\underline{I}'_2 \tag{212a}$$

Für den bezogenen Läuferstrom I_2' soll bei der SYM I_e geschrieben werden, da er stellvertretend steht für den Erregergleichstrom I_{eg}. Der Zusammenhang zwischen beiden Größen folgt daraus, daß die Grundwelle des Feldes, welches von einem fiktiven netzfrequenten Strangstrom I_e in der Ankerwicklung erzeugt wird, gleichgesetzt wird der Grundwelle des tatsächlich vom Gleichstrom I_{eg} erregten Polradfeldes.

Nach den Gln. (96) und (92) mit der Zonenbreite $2\alpha = (2/3) \cdot (\pi/p)$ wird das Läufer-Grundfeld

$$B_p = \frac{\mu_0}{\delta''} \cdot R \cdot \frac{1}{p} \cdot \frac{2}{\pi} \cdot \frac{2}{3}\pi \cdot \xi_2 \cdot \frac{w_2 \cdot I_{eg}}{(2/3)\pi R} \tag{213}$$

und das fiktive, vom Ständerstrangstrom I_e erregte Grundfeld nach Gl. (120)

$$B_p = \frac{3}{2} \cdot \frac{\mu_0}{\delta''} \cdot R \cdot \frac{1}{p} \cdot \frac{2}{\pi} \cdot \frac{\pi}{3} \cdot \xi_1 \cdot \sqrt{2} \cdot \frac{3w_1 \cdot I_e}{\pi R}\,. \tag{214}$$

Der quantitative Zusammenhang zwischen den Strömen I_e und I_{eg} beträgt somit

$$I_e = \frac{2}{3 \cdot \sqrt{2}} \cdot \frac{w_2\xi_2}{w_1\xi_1} I_{eg} = 0,47 \cdot \frac{w_2\xi_2}{w_1\xi_1} \cdot I_{eg}\,. \tag{215}$$

Mit diesen Bezeichnungen lautet die Spannungsgleichung der Ankerwicklung

$$\underline{U} = -(R + jX_\sigma)\underline{I} - jX_h(\underline{I} + \underline{I}_e)\,. \tag{211a}$$

Der Index 1 für die Ständergrößen kann entfallen, da der fiktive Läuferstrom durch den Index e unterschieden wird. Mit der vom resultierenden Luftspaltfeld im Anker induzierten Spannung

$$\underline{U}_r = -jX_h(\underline{I} + \underline{I}_e) = -jX_h\underline{I}_\mu \tag{216}$$

läßt sich Gl. (211a) umformen in

$$\underline{U} = -(R + jX_\sigma)\underline{I} + \underline{U}_r\,. \tag{211b}$$

Führt man die vom Läuferfeld in einem Strang der Ankerwicklung induzierte *Polradspannung* U_p ein,

$$\underline{U}_p = -jX_h\underline{I}_e \tag{217}$$

und bezeichnet mit $X = X_h + X_\sigma$ die gesamte *Ankerreaktanz*, nimmt die Spannungsgleichung die Form an

$$\underline{U} = -(R + jX)\underline{I} + \underline{U}_p \,. \tag{211c}$$

Hiermit liegt das *Ersatzschaltbild der Vollpolmaschine* fest (Bild 93). In das Zeigerdiagramm Bild 93b) ist der *Lastwinkel* β, welcher die Phasenverschiebung zwischen der Netzspannung und der Polradspannung beschreibt, eingezeichnet.

Zwischen Ankerstrom und Polradspannung besteht die innere Phasenverschiebung Ψ. Der Phasenwinkel zwischen den im Luftspalt umlaufenden Strombelagswellen ist wie bei der allgemeinen Drehfeldmaschine mit dem Buchstaben γ belegt. Aus dem Zeigerbild liest man die Winkelbeziehung ab

$$\gamma = \frac{3}{2}\pi - \Psi \quad ; \quad \sin\gamma = -\cos\Psi \,.$$

Der *ohmsche Widerstand R der Ankerwicklung* ist gegenüber der Reaktanz X so klein, daß er für praktische Rechnungen fast immer *vernachlässigt* werden kann. Mit dieser Vernachlässigung errechnet sich der *Kurzschlußstrom* zu

$$\underline{I}_k = \frac{\underline{U}_p}{jX} = -\frac{X_h \cdot \underline{I}_e}{X_h(1+\sigma_1)} = -\frac{1}{1+\sigma_1}\,\underline{I}_e \,. \tag{218}$$

Der Magnetisierungsstrom wird im Kurzschluß auf den geringen Rest

$$\underline{I}_{\mu k} = \underline{I}_k + \underline{I}_e = \frac{\sigma_1}{1+\sigma_1}\,\underline{I}_e \tag{219}$$

abgedämpft, da der Anker dem Induktor voll entgegenwirkt. Bei streuungsloser Maschine ($\sigma_1 = 0$) wäre der Magnetisierungsstrom im

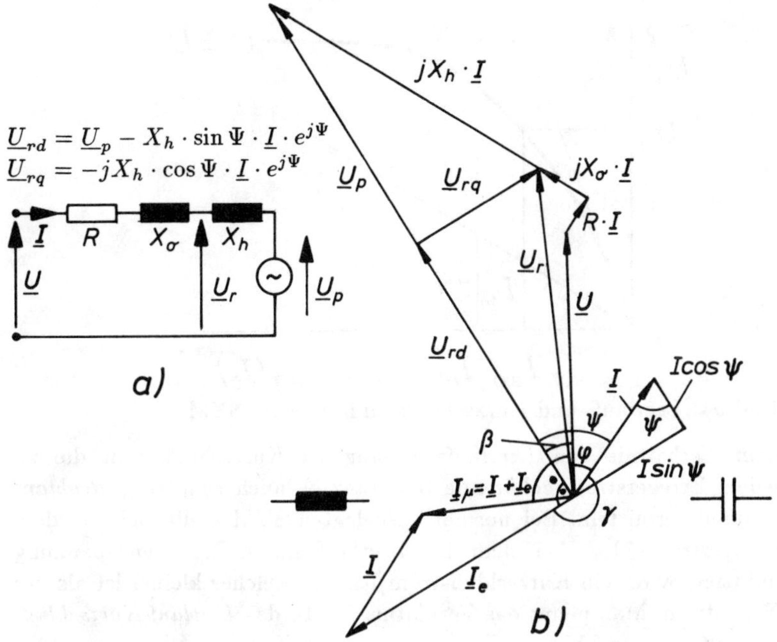

Bild 93 Vollpol-Synchronmaschine
a) Ersatzschaltbild
b) Zeigerdiagramm eines übererregten Generators

Kurzschluß Null. Im Kurzschluß ist die Maschine deshalb ungesättigt und *die Kurzschlußkennlinie stellt eine Gerade dar* (Bild 94).

Im Leerlauf hingegen sind die Eisenwege einer normal bemessenen Maschine gesättigt, d.h. der Zusammenhang zwischen Leerlaufspannung und Erregerstrom, die sogenannte *Leerlaufkennlinie, ist nichtlinear*. In Gl. (217) kann dieser Sachverhalt dadurch berücksichtigt werden, daß man in dem Ausdruck für die Hauptreaktanz entsprechend Gl. (122) einen vom Erregerstrom I_e abhängigen Luftspalt δ'' einführt.

Mit Hilfe der Leerlauf- und Kurzschlußkennlinie kann man aus

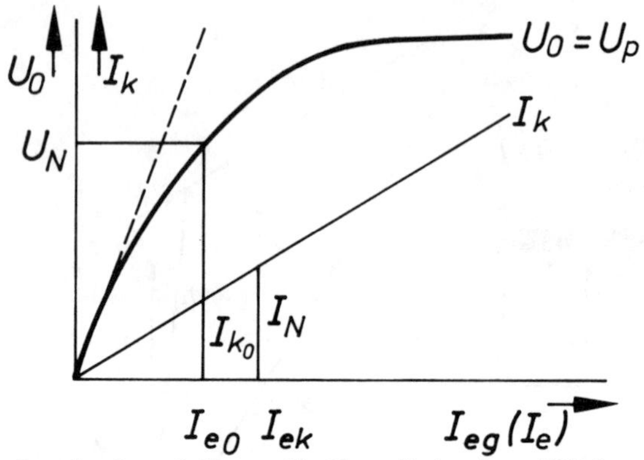

Bild 94 Leerlauf- und Kurzschlußkennlinie einer SYM

dem Verhältnis von Leerlaufspannung zu Kurzschlußstrom die zu jedem Erregerstrom gehörende Reaktanz X, auch *synchrone Reaktanz* genannt, ermitteln. Bei normal ausgelegten SYM stellt sich bei dem Erregerstrom I_{e0}, bei dem im Leerlauf im Anker Nennspannung induziert wird, ein Kurzschlußstrom I_{k0} ein, welcher kleiner ist als der Nennstrom. Man nennt das Verhältnis I_{k0}/I_N das *Leerlauf-Kurzschluß-Verhältnis* einer SYM.

Die auf die Nennwerte je Strang *bezogene Synchronreaktanz*

$$x = \frac{X I_N}{U_N} = \frac{I_N}{I_{k0}} \tag{220}$$

ist gleich dem Kehrwert des Leerlauf-Kurzschluß-Verhältnisses. In modernen SYM beträgt das Leerlauf-Kurzschluß-Verhältnis $I_{k0}/I_N = 0,5 \ldots 0,8$, d.h. die bezogene Synchronreaktanz schwankt im Intervall x = 200% ... 125%. Man nennt SYM mit einem kleinen *Leerlauf-Kurzschluß-Verhältnis weiche Maschinen*, weil sie eine geringe Überlastbarkeit besitzen, und dementsprechend SYM mit einem *großen Leerlauf-Kurzschluß-Verhältnis harte Maschinen.*

Die Begriffe drücken die Überlastbarkeit einer SYM aus. Um dies einzusehen, muß die Abhängigkeit des *Kippmomentes* von den Maschinenparametern bekannt sein. Zur Bestimmung des Drehmomentes wird mit Hilfe von Gl. (211a) eine Wirkleistungsbilanz aufgestellt.

$$mUI\cos\varphi = -mRI^2 + mU_pI\cos\Psi \tag{221}$$

Die über den Luftspalt übertragene Wirkleistung P_δ beträgt demnach

$$P_\delta = mU_pI\cos\Psi = -mX_hII_e\sin\gamma\,. \tag{222}$$

Der Ausdruck stimmt mit der für alle Drehfeldmaschinen gültigen Beziehung nach Gl. (148) überein.

Bei Vernachlässigung des Ständer-Wicklungswiderstandes R, was bei großen SYM stets zulässig ist, vereinfacht sich das Zeigerdiagramm eines übererregten Generators auf die Form von Bild 95. Aus dem Zeigerbild liest man einen einfachen Zusammenhang zwischen der inneren Phasenverschiebung Ψ und dem Lastwinkel β ab.

$$XI\cos\Psi = U\sin\beta \tag{223}$$

Man erhält damit endgültig aus der Luftspaltleistung nach Gl. (222) das *Drehmoment* einer SYM

$$M = \frac{P_\delta}{2\pi n_1} = \frac{m}{2\pi n_1}\frac{UU_p}{X}\sin\beta = \frac{m}{2\pi n_1}UI_k\sin\beta\,. \tag{224}$$

In den letzten Ausdruck von Gl. (224) wurde der Kurzschlußstrom entsprechend Gl. (218) eingeführt. Das *Kippmoment* tritt beim Lastwinkel $\beta = \pi/2$ auf und ist vom Erregerstrom abhängig.

$$M_{kipp} = \frac{m}{2\pi n_1}\frac{UU_p}{X} = \frac{m}{2\pi n_1}UI_k \tag{225}$$

Beim generatorischen Betrieb mit einer Antriebsmaschine, welche ein konstantes Drehmoment liefert, führen nur Polradwinkel, die kleiner als $\pi/2$ sind, zu einem stabilen Betriebsverhalten, denn nach Bild 96 bewirkt nur dann eine Abweichung von der Gleichgewichtslage Ausgleichs-Drehmomente, die wieder zum Ausgangspunkt zurückführen.

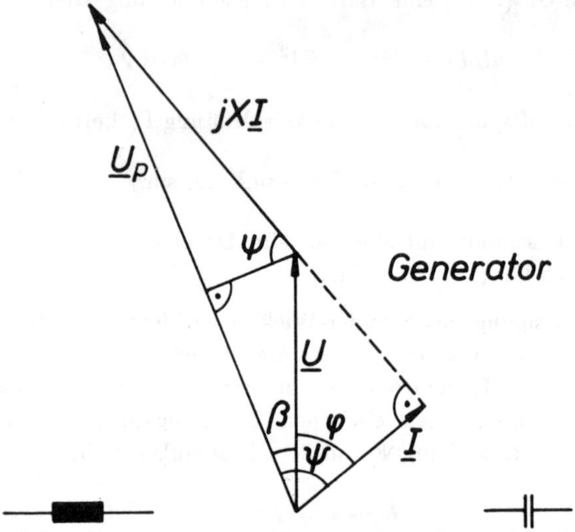

Bild 95 Zeigerdiagramm eines übererregten Generators bei Vernachlässigung des Ständer-Wicklungswiderstandes

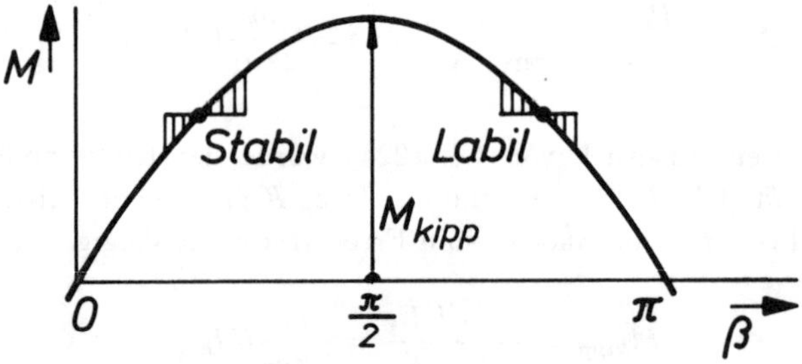

Bild 96 Abhängigkeit des Drehmomentes vom Lastwinkel bei einer Vollpol-Synchronmaschine

Aus Bild 95 liest man die Winkelbeziehungen für Nennbetrieb

$$\sin\Psi = \frac{XI_N}{U_p} + \frac{U_N}{U_p}\sin\varphi \tag{226}$$

$$\cos\Psi = \frac{U_N}{U_p}\cos\varphi \tag{227}$$

ab, welche durch Quadrieren und Addieren den Ausdruck ergeben

$$\begin{aligned} U_p^2(\sin^2\Psi + \cos^2\Psi) &= U_p^2 \\ &= (XI_N)^2 + 2U_N X I_N \sin\varphi + U_N^2(\sin^2\varphi + \cos^2\varphi)\,. \end{aligned} \tag{228}$$

Damit nimmt das Kippmoment in Gl. (225) die Form an

$$M_{kipp} = \frac{m}{2\pi n_1}\sqrt{\left(\frac{U_N^2}{X}\right)^2 + (U_N I_N)^2 + 2\frac{U_N^3 I_N}{X}\sin\varphi}\,. \tag{229}$$

Für das *Nennmoment als Generator* gilt

$$M_N = \frac{P_N}{\eta 2\pi n_1} = \frac{m}{2\pi n_1}\frac{1}{\eta}U_N I_N \cos\varphi\,. \tag{230}$$

Man erhält schließlich für das Verhältnis von Kippmoment zu Nennmoment einer generatorisch arbeitenden SYM

$$\frac{M_{kipp}}{M_N} = \frac{\eta}{\cos\varphi}\sqrt{\left(\frac{I_{k0}}{I_N}\right)^2 + 2\frac{I_{k0}}{I_N}\sin\varphi + 1}\,. \tag{231}$$

Der Zusammenhang zwischen Überlastbarkeit und Leerlauf-Kurzschluß-Verhältnis bzw. bezogener Synchronreaktanz nach Gl. (220) wird besonders augenfällig für die mit reiner Wirklast betriebenen Maschinen ($\cos\varphi$=1).

$$\frac{M_{kipp}}{M_N} = \eta\sqrt{\left(\frac{I_{k0}}{I_N}\right)^2 + 1} \tag{232}$$

Aus dem Ersatzschaltbild der Vollpol-Synchronmaschine nach Bild 93a) bzw. den diesem zugrunde liegenden Gleichungen (211) bis (217) kann man das stationäre Verhalten in allen Betriebszuständen mit Hilfe

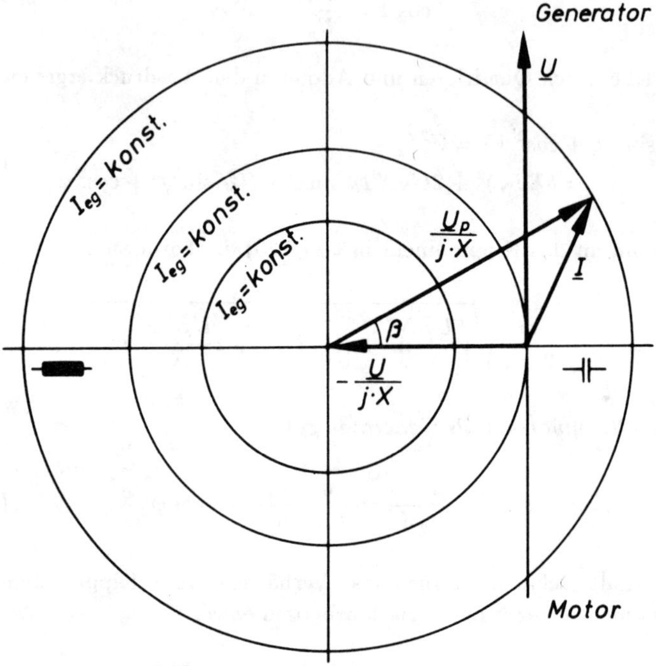

Bild 97 Stromdiagramm einer Vollpol-Synchronmaschine bei konstanter Erregung

von *Ortskurven des Ankerstromes* beschreiben. Aus der Gleichung des Ankerstromes für R=0

$$\underline{I} = -\frac{\underline{U}}{jX} + \frac{\underline{U}_p}{jX} \tag{233}$$

erkennt man, daß das *Stromdiagramm bei konstanter Erregung* einen Kreis darstellt (Bild 97). Der erste Summand in Gl. (233) beschreibt nämlich einen konstanten Blindstrom, der zweite Summand bei konstanter Erregung einen dem Betrage nach konstanten Strom, welcher abhängig von der Belastung (Lastwinkel β) in Bezug auf die als starr unterstellte Netzspannung alle Phasenlagen zwischen β=0 und $\beta=2\pi$ annehmen kann.

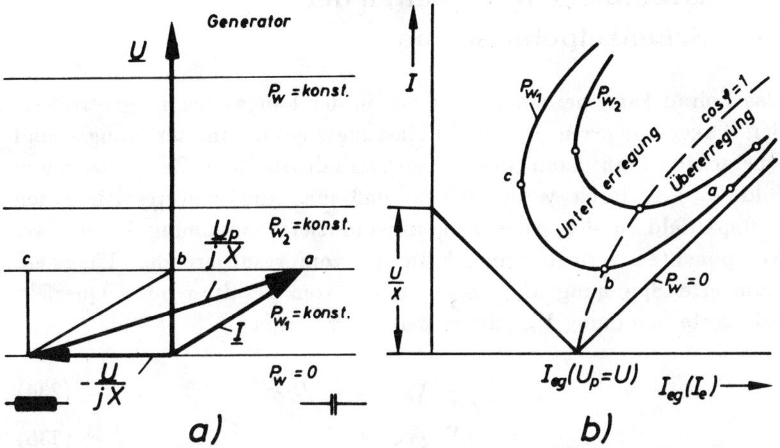

Bild 98 Vollpol-Synchronmaschine bei konstanter Wirkleistung
a) Stromdiagramm des Ankerstromes b) V-Kurven

Das *Stromdiagramm für konstante Wirkleistung* stellt nach Gl. (233) eine Gerade dar (Bild 98), aus welcher man die sogenannten V-Kurven, d.h. den Zusammenhang zwischen Erreger- und Ankerstrom bei konstanter Wirkleistung, ermitteln kann. Beim Betrieb als reiner *Phasenschieber* entspricht der Punkt mit dem Ankerstrom I=0 den Synchronisationsbedingungen, bei gegenüber diesem Punkt abweichendem Erregerstrom steigt der Strom in der Ankerwicklung als induktiver oder kapazitiver Blindstrom linear an. Bei einer bestimmten eingestellten Wirkleistung P_{w1} tritt das Stromminimum für $\cos\varphi=1$ bei einem Erregerstrom auf, der etwas größer ist als beim Synchronisieren (Punkt b in Bild 98b)). Im Betriebspunkt c als untererregter Generator erreicht der Erregerstrom ein Minimum. Mit zunehmender Belastung sind für $\cos\varphi=1$ wachsende Erregerströme notwendig (gestrichelte Kurve in Bild 98b)). Die V-Kurven verdeutlichen, daß sich wegen der Ankerrückwirkung Wirk- und Blindleistung bei einer SYM nicht unabhängig voneinander einstellen lassen.

6.4 Drehmoment-Verhalten der Schenkelpolmaschine

Das Polrad kann bei einer SYM nur in der Längsachse magnetisieren, der Anker hingegen je nach Belastungszustand in der Längs- und Querachse. Man kann diesen Sachverhalt in dem Zeigerdiagramm Bild 93b) dadurch verdeutlichen, daß man die vom resultierenden Luftspaltfeld in der Ankerwicklung induzierte Spannung U_r in zwei Komponenten zerlegt, nämlich in die vom resultierenden Längsfeld induzierte Spannung U_{rd} sowie in die vom resultierenden Querfeld induzierte Spannung U_{rq}, deren Zeitzeiger lauten

$$\underline{U}_{rd} = \underline{U}_p - X_h \cdot \sin\Psi \cdot \underline{I} \cdot e^{j\Psi} \,, \tag{234}$$

$$\underline{U}_{rq} = -jX_h \cdot \cos\Psi \cdot \underline{I} \cdot e^{j\Psi} \,. \tag{235}$$

Die längsmagnetisierende Komponente $I \cdot \sin\Psi$ erregt ein Luftspaltfeld, welches dem Polradfeld entgegen magnetisiert. Die in der Querachse magnetisierende Komponente des Ankerstromes $I \cdot \cos\Psi$ bewirkt das resultierende Luftspaltfeld in der Querachse. Bei der Übertragung dieser Überlegungen auf die SYM mit Einzelpolen ist zu beachten, daß wegen der Pollücke die magnetischen Leitwerte in Längs- und Querachse unterschiedlich groß sind.

In Bild 99 sind für eine *SYM mit Rechteckfeldpolen* das Polradfeld und das Ankerfeld in den möglichen Grenzfällen, nämlich reine Ankermagnetisierung in der Längsachse bzw. reine Ankermagnetisierung in der Querachse, eingetragen. Aus den in Abschnitt 4.4 hergeleiteten Beziehungen zwischen Strombelagsdrehwellen und den durch sie erregten Induktions-Drehwellen und mit Hilfe der allgemein gültigen Beziehung Gl. (29) kann man die Amplitude des Anker-Grundfeldes für die Grenzstellungen ermitteln. Für die Einzelpolmaschine mit Rechteckfeld-Polen ergibt sich demnach die *Hauptreaktanz in der Längsachse*

$$X_{hd} = X_h(\alpha + \frac{1}{\pi}\sin(\alpha\pi)) \tag{236}$$

"Rechteckfeldpole", Luftspalt ist über Polbogen $b = \alpha \cdot \tau_p$ konstant.

Vom Polrad erregtes Feld

Fourier-Analyse liefert

$b_{2\nu}(x) = \frac{4}{\pi} \cdot \frac{p}{\nu} \cdot B_2 \cdot \sin\left(\frac{\nu}{p} \cdot \alpha \cdot \frac{\pi}{2}\right) \cdot \cos \nu x$

mit ν/p ungerade und $\mathrm{B}_2 = (\mu_0 \cdot \Theta_2)/\delta''$

Grundwelle davon

$$b_{2p}(x) = \frac{4}{\pi} B_2 \cdot \sin \alpha \frac{\pi}{2} \cdot \cos px$$

Vom Anker bei Magnetisierung in Längsachse erregtes Feld

Durchflutungssatz liefert

$$B_d = \frac{\mu_0}{\delta''} \cdot \frac{\tau_p}{\pi} \cdot \sqrt{2} \cdot \xi_1 \cdot A_{eff}$$

Aus der Fourieranalyse folgen Cosinus-Glieder der Amplitude

$$B_d \, \frac{2}{\pi} \left\{ \frac{\sin\left(\frac{\nu}{p} - 1\right) \frac{\pi}{2} \alpha}{\frac{\nu}{p} - 1} + \frac{\sin\left(\frac{\nu}{p} + 1\right) \frac{\pi}{2} \alpha}{\frac{\nu}{p} + 1} \right\}$$

Amplitude des Grundfeldes

$$B_d\left(\alpha + \frac{1}{\pi} \sin(\alpha\pi)\right)$$

Vom Anker bei Magnetisierung in Querachse erregtes Feld

Durchflutungssatz liefert

$$B_q = B_d = \frac{\mu_0}{\delta''} \cdot \frac{\tau_p}{\pi} \cdot \sqrt{2} \cdot \xi_1 \cdot A_{eff}$$

Aus der Fourieranalyse folgen Sinus-Glieder der Amplitude

$$B_q \, \frac{2}{\pi} \left\{ \frac{\sin\left(\frac{\nu}{p} - 1\right) \frac{\pi}{2} \alpha}{\frac{\nu}{p} - 1} - \frac{\sin\left(\frac{\nu}{p} + 1\right) \frac{\pi}{2} \alpha}{\frac{\nu}{p} + 1} \right\}$$

Amplitude des Grundfeldes

$$B_q\left(\alpha - \frac{1}{\pi} \sin(\alpha\pi)\right)$$

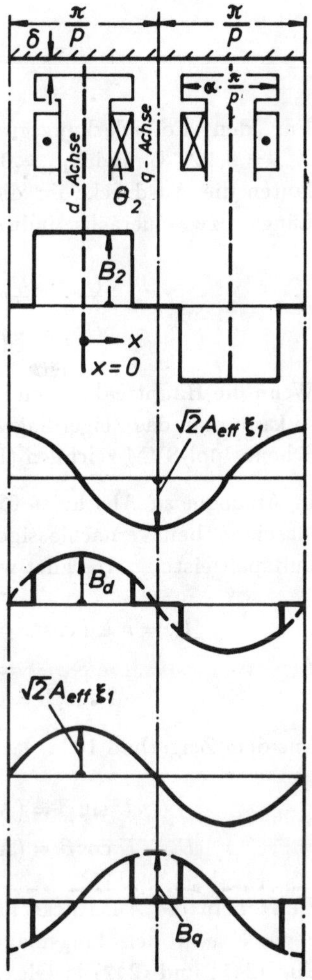

Bild 99 Zur Bestimmung der Hauptreaktanzen in der d- und q-Achse einer Einzelpol-Synchronmaschine mit Rechteckfeldpolen

und die *Hauptreaktanz in der Querachse*

$$X_{hq} = X_h(\alpha - \frac{1}{\pi}\sin(\alpha\pi)) . \tag{237}$$

Für den Polbedeckungsgrad $\alpha = 0,7$ erhält man beispielsweise $\mathrm{X_{hd}} = 0,92 \cdot \mathrm{X_h}$ und $\mathrm{X_{hq}} = 0,48 \cdot \mathrm{X_h}$. Anstelle der Gln. (234) und (235) lauten die Ausdrücke für die vom resultierenden Luftspaltfeld in der Längs- bzw. Querachse induzierten Spannungen

$$\underline{U}_{rd} = \underline{U}_p - X_{hd} \cdot \sin\Psi \cdot \underline{I} \cdot e^{j\Psi} , \tag{238}$$

$$\underline{U}_{rq} = -jX_{hq} \cdot \cos\Psi \cdot \underline{I} \cdot e^{j\Psi} . \tag{239}$$

Wenn die Hauptreaktanzen in der d- und in der q-Achse bekannt sind, so kann man das Zeigerdiagramm der Spannungen und Ströme für eine Schenkelpol-SYM zeichnen (Bild 100).

In Analogie zu Abschnitt 6.3 soll das Drehmoment der Schenkelpolmaschine bei Vernachlässigung des Ständerwiderstandes R aus der Luftspaltleistung errechnet werden.

$$\begin{aligned} P_\delta = mUI\cos\varphi &= mUI\cos(\Psi - \beta) \\ &= mUI(\cos\Psi\cos\beta + \sin\Psi\sin\beta) \end{aligned} \tag{240}$$

Aus dem Zeigerbild 100a) lassen sich die Winkelbeziehungen ablesen

$$U\sin\beta = (X_{hq} + X_\sigma)I\cos\Psi = X_q I\cos\Psi , \tag{241}$$

$$U_p - U\cos\beta = (X_{hd} + X_\sigma)I\sin\Psi = X_d I\sin\Psi . \tag{242}$$

Führt man die Ausdrücke für den quermagnetisierenden Ankerstrom $\mathrm{I} \cdot \cos\Psi$ und den längsmagnetisierenden Ankerstrom $\mathrm{I} \cdot \sin\Psi$ nach Gln. (241) und (242) in Gl. (240) ein, so erhält man nach elementaren Umformungen das *Drehmoment der Schenkelpol-Synchronmaschine*.

$$M = \frac{P_\delta}{2\pi n_1} = \frac{m}{2\pi n_1}\frac{UU_p}{X_d}\sin\beta + \frac{m}{2\pi n_1}\frac{U^2}{2}\left(\frac{1}{X_q} - \frac{1}{X_d}\right)\sin(2\beta) \tag{243}$$

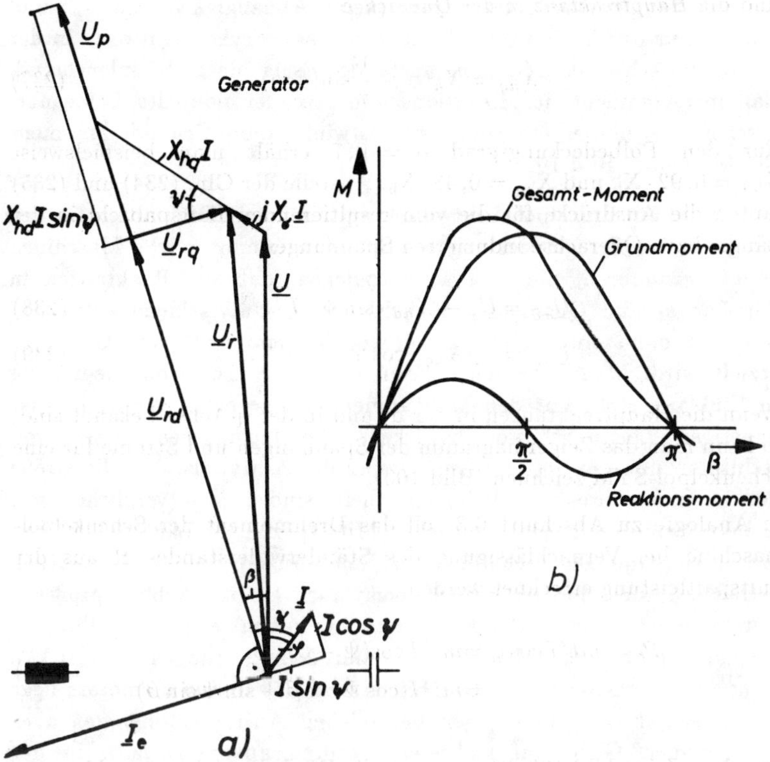

Bild 100 Schenkelpol-Synchronmaschine bei Vernachlässigung des ohmschen Ankerwiderstandes
a) Zeigerdiagramm eines übererregten Generators
b) Abhängigkeit des Drehmomentes vom Lastwinkel

Der erste Summand von Gl. (243) entspricht dem Ausdruck der Vollpolmaschine nach Gl. (224) mit dem einzigen Unterschied, daß im Nenner die Reaktanz in der Längsachse $X_d = X_{hd} + X_\sigma$ erscheint. Völlig neuartig ist der zweite Summand, das sogenannte *Reaktionsmoment* oder *Reluktanzmoment*. Seine Größe hängt ab von dem Unterschied der Reaktanzen in der Längs- und in der Querachse. Das Reaktionsmoment ist unabhängig vom Erregerstrom (keine Abhängigkeit von U_p) und kommt nur durch die unterschiedlichen magnetischen Leitwerte in der d- und q-Achse der Maschine zustande. Es ist deshalb einleuchtend, daß im Argument des Reaktionsmomentes der doppelte Lastwinkel erscheint gegenüber dem einfachen Lastwinkel beim Grunddrehmoment der Maschine (Bild 100b)).

Eine SYM mit Einzelpolen entwickelt auch dann ein Drehmoment, wenn sie gar keine Erregerwicklung besitzt. Man nennnt solche Maschinen *Reluktanzmotoren*. Sie sind so auszulegen, daß die Reaktanzen in der Längs- und Querachse möglichst große Unterschiede aufweisen, weil nur dann ein ausreichend großes Kippmoment nach Gl. (243) erzielt wird. Man kann nachweisen, daß diese Auslegungsbedingung in Einklang steht mit den Maßnahmen, welche einen vergleichsweise günstigen Leistungsfaktor bewirken. Die technischen Daten von Reluktanzmotoren und die Ausnutzung des Aktivteils, d.h. die Größe des Drehmomentes pro Volumeneinheit, sind jedoch verglichen mit Induktionsmotoren sehr schlecht. Mit speziellen Läuferbauformen lassen sich die Eigenschaften von Reluktanzmotoren zwar deutlich verbessern, sie erfordern jedoch meist auch einen erheblich größeren Herstellungsaufwand. Reluktanzmotoren haben sich deshalb, von Ausnahmen abgesehen, bei Maschinen mit Nennleistungen $P_N > 10\,kW$ nicht durchsetzen können. Das Einsatzfeld des Reluktanzmotors liegt im Bereich kleiner Leistungen bei solchen Antrieben, bei denen es auf genauen Gleichlauf mehrerer Motoren ankommt, z.B. in der Faserstoffindustrie.

Der Reluktanzmotor darf nicht verwechselt werden mit *Synchronmotoren mit Permanentmagneterregung*, bei denen im Vergleich mit konventionellen SYM das Läuferfeld an Stelle der gleichstromdurchflossenen Polradwicklung durch Dauermagnete aufgebracht wird. Mit hochwertigen Magnetwerkstoffen (Magnete aus Selten-Erden, z.B. Samarium-Kobalt) lassen sich die gleichen Ausnutzungen erzielen wie bei Gleichstromerregung. Wegen der hohen Kosten und Fertigungsproblemen bei der mechanischen Bearbeitung und Fliehkraftsicherung der Magnete sind SYM mit Dauermagnetläufer von Ausnahmen abgesehen auf Leistungen unter 10 kW beschränkt. Die analytische Theorie dieser

Maschinen gestaltet sich sehr einfach: Innerhalb der Dauermagnete ist praktisch $\mu = \mu_0$; dadurch ist die Ankerrückwirkung vernachlässigbar klein, d.h. die Klemmenspannung und die vom Polradfeld induzierte Spannung unterscheiden sich nur durch die ohmschen und Streuspannungs-Abfälle im Ständer.

Die dem Zeigerdiagramm in Bild 100 zugrunde liegenden Beziehungen gestatten auch die Herleitung der Stromortskurven und V-Kurven der Schenkelpol-SYM. Hier soll auf die Rechnung verzichtet und nur erwähnt werden, daß sich als Ortskurve des Ankerstromes bei konstanter Erregung die Überlagerung von zwei Kreisen, eine sogenannte bizirkulare Quartik, ergibt. Der eine Kreis entspricht dem bei der Vollpolmaschine abgeleiteten, der andere stellt den sogenannten Reaktionskreis dar.

6.5 Synchronmaschine als motorischer Antrieb

Synchronmaschinen sind von ihrem physikalischen Prinzip her ($f_2 = 0 : f = f_1$) starr an die Frequenz des Luftspaltfeldes gebunden. Abgesehen von kleinen Leistungen ($P_N < 10\,kW$) werden SYM in industriellen Antrieben selten ihres Synchronlaufes wegen eingesetzt.

Wegen des durch den Läufergleichstrom vorgeschriebenen Drehzahlzwanges läuft ein Synchronmotor am *starren Netz* (U_1 = konst., f_1 = konst.) von Hause aus nicht an. Synchronmotoren am Netz werden im Prinzip wie Induktionsmotoren angelassen, wobei die Dämpferstäbe mit ihren stirnseitig angelöteten Kurzschlußringen als Käfigwicklung wirken. Bei geblechten Vollpolläufern kann die Käfigwicklung praktisch symmetrisch ausgeführt werden, bei Schenkelpolläufern ist sie wegen der fehlenden Stäbe in der Pollücke unsymmetrisch. Vor allem schnellaufende Synchronmotoren ($2p = 4; 6$) werden von manchen Herstellern als sog. *Massivpolläufer* mit Polschuhen und Polkernen aus Stahlguß ausgeführt. Es bilden sich dann Wirbelströme in den Polschuhoberflächen aus, welche ähnlich wie eine Dämpferwicklung wirken. Massivpolläufer besitzen eine große Wärmekapazität im Läufer und eignen sich darum zur Beschleunigung großer Schwungmassen.

Unter der Wirkung der u. U. unsymmetrischen Käfigwicklung und der magnetischen Anisotropie des Läufers (unterschiedliche magnetische Leitwerte in der d- und q-Achse) werden im asynchronen Betrieb zusätzliche *Pendelmomente* erregt, welche mit doppelter Schlupffrequenz $2s \cdot f_1$ um den Mittelwert Null schwanken. Außerdem bewirken beide Einflüsse eine Einsattelung der Drehzahl-Drehmoment-Kennlinie in der Nähe der halben synchronen Drehzahl. Die Pendelmomente regen den Wellenstrang zu Drehschwingungen an, deshalb müssen Antriebe mit Synchronmotoren in schwingungstechnischer Hinsicht besonders sorgfältig projektiert werden.

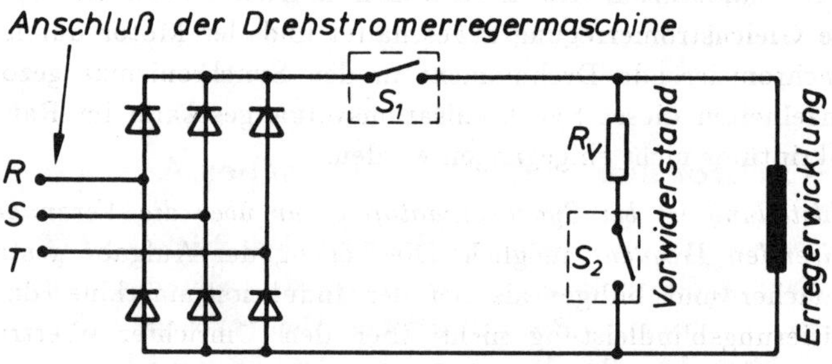

Bild 101 Prinzipschaltung des Erregerkreises eines Synchronmotors mit bürstenloser Erregung
Asynchroner Anlauf: S1 geöffnet, S2 geschlossen
Synchronbetrieb : S1 geschlossen, S2 geöffnet

Synchronmotoren laufen als Asynchronmaschinen je nach Gegenmoment der Arbeitsmaschine nur bis in die Nähe des Synchronismus. Zur Verbesserung des Anlaufverhaltens und zum Schutz der Erregerwicklung gegen zu hohe induzierte Wechselspannungen wird die Erregerwicklung während des Hochlaufes mit einem ohmschen Widerstand abgeschlossen, dessen Größe etwa das 5 – 10-fache des Wicklungswiderstandes beträgt. Besondere Vorkehrungen sind zum asynchronen Anlauf von bürstenlos erregten Synchronmotoren erforderlich. In der Schaltung nach Bild 90b) könnte in der Erregerwicklung wegen der Gleichrichterschaltung nur ein lückender Gleichstrom fließen, der eine deutliche Verschlechterung des Anlaufes verursachen würde. Bei der heute gebräuchlichsten Lösung des Problems wird eine Schaltung entsprechend dem in Bild 101 aufgezeigten Prinzip ausgeführt. Während des asynchronen Anlaufes ist das Diodenrad über einen Thyristorschalter S_1 abgeschaltet, so daß der schlupffrequente Wechselstrom durch den im rotierenden Teil montierten Widerstand R_v in Analogie zur konventionellen Ausführung mit Schleifringerregung fließen kann. Im Synchronbetrieb ist nach Bild 101 der Widerstand R_v stromlos; er kann jedoch in anderen Schaltvarianten auch für Dauerbetrieb bemessen werden.

Wenn die Enddrehzahl des asynchronen Betriebes etwa erreicht ist, wird die Gleichstromerregung zugeschaltet und der Motor durch das sog. synchronisierende Drehmoment in den Synchronismus gezogen. Auf Einzelheiten dieses Synchronisationsvorganges kann im Rahmen dieses Skriptums nicht eingegangen werden.

Drehzahlstellung ist bei Synchronmotoren nur über die Veränderung der speisenden Frequenz möglich. Die Lösung der Aufgabe gestaltet sich einfacher und billiger als bei der Induktionsmaschine, da die Magnetisierungsblindleistung nicht über den Umrichter übertragen werden muß, und weil ein eindeutiger Zusammenhang zwischen dem Betriebszustand und dem Polradwinkel besteht. Obwohl die Maschine selbst teurer ist als ein Asynchronmotor, stellen umrichtergespeiste Synchronmaschinen für manche Anwendungsfälle eine konkurrenzfähige Alternative zum umrichtergespeisten Käfigläufer dar. Synchronmaschinen können außerdem im Läufer aus massivem Eisen gefertigt werden und sind deshalb für höhere Leistungen und höhere Drehzahlen ausführbar. Die Entwicklung bei den Dauermagnetmaterialien hat das Vordringen von umrichtergespeisten Synchronmotoren mit Permanenterregung beschleunigt. Bei Synchronmotoren sind zwei Arten der Umrichterspeisung gebräuchlich, der Direkt- und der Zwischenkreisumrichter.

Der *Direktumrichter* nach Bild 102a) ist aus zwei antiparallel geschalteten Drehstrombrücken pro Strang aufgebaut. Die in Stern geschalteten, netzgeführten Umkehrstromrichter werden in der Regel kreisstromfrei

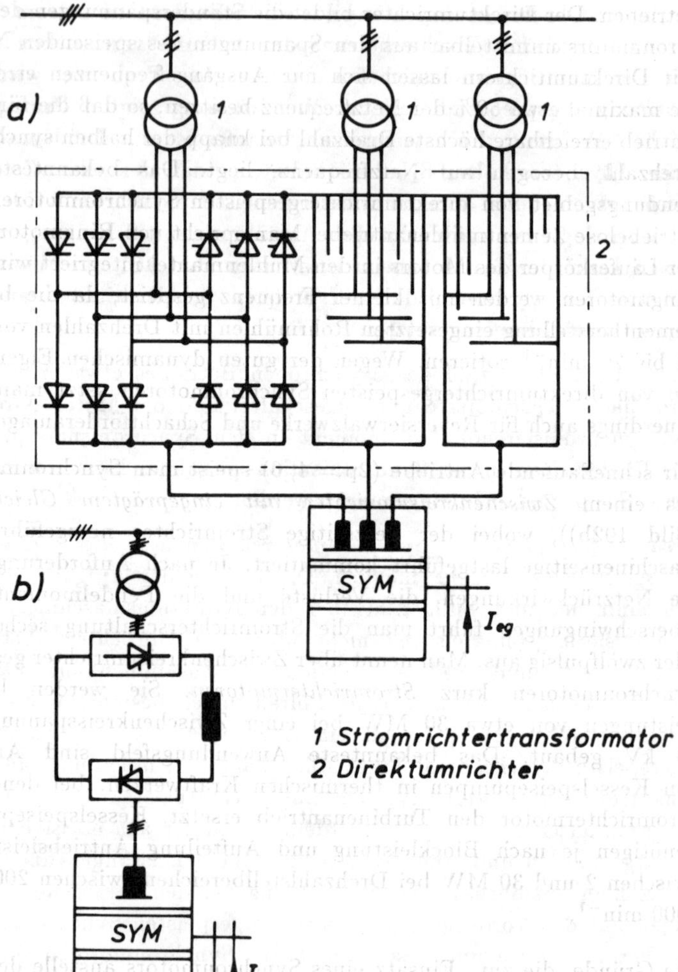

Bild 102 Aus Stromrichterschaltungen gespeiste Synchronmotoren
a) Speisung über Direktumrichter
b) Speisung mit Zwischenkreisumrichter mit eingeprägtem Gleichstrom (sog. Stromrichtermotor)

betrieben. Der Direktumrichter bildet die Ständerspannungen des Synchronmotors unmittelbar aus den Spannungen des speisenden Netzes. Mit Direktumrichtern lassen sich nur Ausgangsfrequenzen erreichen, die maximal etwa 50% der Netzfrequenz besitzen, so daß die für einen Antrieb erreichbare höchste Drehzahl bei knapp der halben synchronen Drehzahl, bezogen auf Netzfrequenz, liegt. Das bekannteste Anwendungsgebiet von direktumrichtergespeisten Synchronmotoren sind getriebelose Zementmühlenantriebe. Man spricht von Ringmotoren, da der Läuferkörper des Motors in den Mühlenmantel integriert wird. Die Ringmotoren werden mit kleiner Frequenz gespeist, da die bei der Zementherstellung eingesetzten Rohrmühlen mit Drehzahlen von etwa 10 bis 20 $\min^{-1}$ rotieren. Wegen der guten dynamischen Eigenschaften von direktumrichtergespeisten Synchronmotoren setzt man diese neuerdings auch für Reversierwalzwerke und Schachtförderanlagen ein.

Für schnellaufende Antriebe ($2p = 4; 6$) speist man Synchronmotoren aus einem *Zwischenkreisumrichter mit eingeprägtem Gleichstrom* (Bild 102b)), wobei der netzseitige Stromrichter netzgeführt, der maschinenseitige lastgeführt kommutiert. Je nach Anforderungen an die Netzrückwirkungen, die Verluste und die Pendelmomente aus Oberschwingungen führt man die Stromrichterschaltung sechspulsig oder zwölfpulsig aus. Man nennt über Zwischenkreisumrichter gespeiste Synchronmotoren kurz *Stromrichtermotoren.* Sie werden bis zu Leistungen von etwa 30 MW bei einer Zwischenkreisspannung bis 10 kV gebaut. Das bekannteste Anwendungsfeld sind Antriebe von Kesselspeisepumpen in thermischen Kraftwerken, bei denen der Stromrichtermotor den Turbinenantrieb ersetzt. Kesselspeisepumpen benötigen je nach Blockleistung und Aufteilung Antriebsleistungen zwischen 2 und 30 MW bei Drehzahlstellbereichen zwischen 2000 und 6000 $\min^{-1}$.

Die Gründe, die zum Einsatz eines Synchronmotors anstelle der billigeren Induktionsmaschine führen, müssen fallweise untersucht werden. Die wichtigsten Beurteilungskriterien sind in Tafel 3 zusammengestellt. SYM können wegen der Gleichstromerregung im Läufer und des großen Luftspaltes im Gegensatz zu IM als Massivläufer ausgeführt werden, ohne daß hierdurch eine Beeinträchtigung der technischen

Tafel 3 Vor- und Nachteile eines Synchronmotors gegenüber einem Käfigläufer

Vorteile

Einstellung des Leistungsfaktors, kann induktive Blindleistung abgeben

höhere Grenzleistungen (bzw. Drehzahlen) möglich durch den Einsatz von Massivläufern ohne nachteilige Wirkung auf technische Daten

wegen größeren Luftspaltes geringere Gefahr des Anstreifens

etwas besserer Wirkungsgrad wegen kleinerer Leerlaufverluste durch Oberfelder

wegen größeren Luftspaltes geringere Gefährdung durch magnetisch erzeugten Lärm

kleinere Empfindlichkeit gegen Schwankungen der Netzspannung (SYM: $M_{kipp} \sim U$, IM : $M_{kipp} \sim U^2$)

Bemessung der Anlaufwicklung hat keinen Einfluß auf Betriebsverhalten bei Nennlast

bei Massivpolläufern größere Wärmekapazität im Läufer

kleinere Stromrichterschaltung und einfachere Steuerungselektronik bei Umrichterspeisung (Stromrichtermotor)

Nachteile

wesentlich höherer Anschaffungspreis

wegen komplizierten Aufbaus störanfälliger und erhöhter Wartungsaufwand bei Motoren mit Schleifringen

Drehmomentsättel und Pendelmomente beim Hochlauf aus Wirkung der Pollücke können Anlauf- und Schwingungsprobleme auslösen

wegen begrenzten Platzes in den Polschuhen schwierige Auslegung der Anlaufwicklung

Eigenschaften eintritt. Im Hinblick auf die Fliehkraftbeanspruchungen bei Grenzleistungsmaschinen oder Stromrichtermotoren für hohe Drehzahlen erschließt dies dem Elektromotor Anwendungsgebiete, welche mit geblechten Läufern gar nicht realisierbar sind. Mitunter schlägt die Möglichkeit, Synchronmotoren gleichzeitig zur Phasenkompensation für andere Verbraucher heranzuziehen, bei Wirtschaftlichkeitsbetrachtungen besonders zu Buche. Ein gewisser Vorteil des Synchronmotors besteht auch darin, daß man die Dämpferwicklung als Anlaufwicklung nur für die Bedürfnisse des Hochlaufes zu bemessen hat, daß ihre Auslegung auf das Betriebsverhalten im Nennbetrieb im Gegensatz zur IM jedoch keinen Einfluß nimmt. In der Auslegung der Dämpferwicklung ist man aber in der Regel wegen der begrenzten Platzverhältnisse in den Polschuhen eingeengt. Die geringere Empfindlichkeit der SYM gegen Schwankungen der Netzspannung spielt im vermaschten mitteleuropäischen Verbundnetz kaum noch eine Rolle, ist jedoch in schwach industrialisierten Gebieten und Entwicklungsländern von praktischer Bedeutung.

6.6 Aufgaben der Dämpferwicklung

Die in der Polschuhoberfläche angeordnete Dämpferwicklung tritt im wesentlichen bei folgenden Vorgängen in Erscheinung:

- als Anlaufwicklung bei Motoren,
- zur Abdämpfung von Schieflasten (Grenzfall einphasige Belastung) bei Generatoren,
- zur Abdämpfung von Pendelungen.

Die Funktion der Dämpferwicklung als Anlaufwicklung wurde in Abschnitt 6.5 behandelt.

Bei Synchron*generatoren*, welche *unsymmetrisch* oder im Grenzfall *einphasig belastet* sind, bildet sich in der Ankerwicklung ein unsymmetrisches Stromsystem aus. Im Grenzfall der Einphasenlast stellt sich im Luftspalt ein reines Wechselfeld ein, welches in zwei gegenläufige Teildrehfelder halber Amplitude zerlegt werden kann (vgl. Abschnitt

4.4). Das mitläufige Teildrehfeld läuft mit dem Polrad synchron um und induziert in der Dämpferwicklung keine Spannungen. Das inverse Teildrehfeld besitzt nach Gl. (208) gegenüber dem Polrad den Schlupf $s_g = 2$ und induziert in der Dämpferwicklung Spannungen von doppelter Netzfrequenz. Die Dämpferwicklung eines Synchrongenerators ist so auszulegen, daß das inverse Teildrehfeld möglichst vollständig abgedämpft wird. Nach diesen Überlegungen ist einsichtig, daß der Kupferaufwand für die Dämpferwicklung bei Synchrongeneratoren umso höher ist, je größer die im Betrieb mögliche Schieflast ist. Einphasengeneratoren für die Bahnstromversorgung besitzen eine besonders ausgeprägte Dämpferwicklung.

Die dritte Funktion der Dämpferwicklung betrifft *Pendelungen*. Man versteht hierunter Drehschwingungen des Polrades, welche sich dem Synchronlauf überlagern und deren Frequenz klein ist verglichen mit der Netzfrequenz. Solche Pendelungen können verursacht werden z.B. durch Antriebsmaschinen mit einem zeitlich pulsierenden Drehmoment. Pendelungen müssen deshalb stets bei Antrieben mit Kolbenmaschinen beachtet werden. Solche Antriebe kommen vor bei von Dieselmotoren angetriebenen Generatoren (Notstromaggregate, Schiffsantriebe usw.) und bei Synchronmotoren, welche Kolbenverdichter antreiben. Pendelungen können sich äußerst unangenehm bemerkbar machen: In mechanischer Hinsicht führen sie zu Laufruhestörungen, in Extremfällen zu Fundamentschäden, bezüglich der elektrischen Wirkungen entstehen unzulässige Schwankungen der Netzspannung oder des Netzstromes. Es zeigt sich, daß die Synchronmaschine selbst die Vorgänge unter Umständen anfacht, weil sie ein *drillschwingungsfähiges Gebilde* darstellt. Eine SYM reagiert auf Drehschwingungen wie eine mechanische Feder mit Dämpfung. Die Eigenschwingungsfrequenz der SYM errechnet sich zu

$$f_0 = \frac{1}{2\pi}\sqrt{\frac{pM_{kipp}\cos\beta}{J} - \left(\frac{Dp}{2J}\right)^2} \,. \tag{244}$$

Genaue Untersuchungen zeigen, daß die Dämpferwicklung nicht unter allen Umständen günstig auf die Vorgänge einwirkt, daß sie aber in dem gefährlichen Bereich in der Nähe der Eigenfrequenz sehr wirksam ist. Wenn man in Gl. (244) Zahlenwerte für die einzelnen Kenngrößen einsetzt, findet man, daß die Eigenfrequenz aller SYM sich in der Größenordnung $f_0 = (1\ldots2)\mathrm{Hz} = (60\ldots120)\mathrm{min}^{-1}$ bewegt und im wesentlichen durch den ersten Summanden unterhalb der Quadratwurzel, nicht durch die Dämpfung D bestimmt ist. Die Dämpfung D errechnet sich aus der Steigung der asynchronen Drehzahl-Drehmoment-Kennlinie entsprechend Bild 103 nach der Beziehung

$$D = \frac{M_i}{s_i} \cdot \frac{1}{\omega_1} \tag{245}$$

und steht somit in direktem Zusammenhang mit der Bemessung der Dämpferwicklung, wobei nach den in Abschnitt 5.3 abgeleiteten Gesetzmäßigkeiten vor allem der ohmsche Widerstand und damit das Kupfervolumen den Anstieg der Kennlinie bestimmt. In Gl. (244) ist das Massenträgheitsmoment mit J bezeichnet. Das Produkt aus dem synchronen Kippmoment M_{kipp} und der Größe $\cos\beta$ wird im Schrifttum über Pendelungen häufig elastisches Moment genannt.

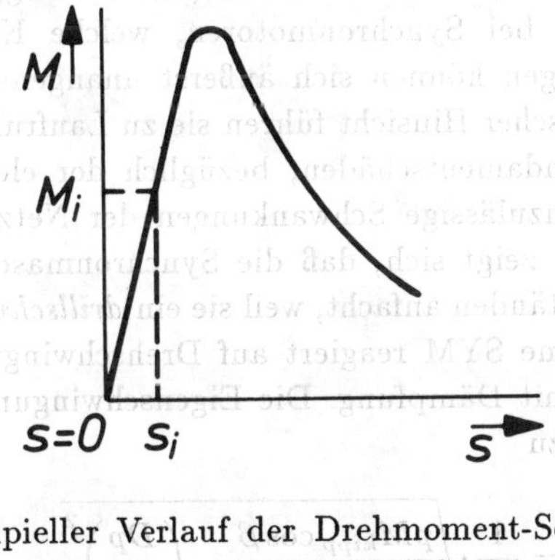

Bild 103 Prinzipieller Verlauf der Drehmoment-Schlupf-Abhängigkeit einer Synchronmaschine im asynchronen Betrieb

Auf die Herleitung von Gl. (244) und die theoretische Durchdringung des Drehschwingungsverhaltens, welche übrigens in ähnlicher Weise auch bei Induktionsmaschinen durchgeführt werden muß, soll in diesem Skriptum verzichtet werden.

SYM werden überwiegend als Generatoren eingesetzt und darum dicht am Freileitungsnetz betrieben. Deshalb spielt der sogenannte *Stoßkurzschluß* als Störungsfall z.B. bei Blitzeinschlägen im Netz eine besondere Rolle. Der bei einphasig-einsträngigen (einpoligen), einphasig-zweisträngigen (zweipoligen) oder dreipoligen Kurzschlüssen ablaufende Ausgleichsvorgang wird in seinem Zeitverlauf und der Größe der auftretenden Maximalwerte auch von der Dämpferwicklung beeinflußt. Die Ausgleichsvorgänge sind in thermischer Hinsicht nicht von Bedeutung, da sie sehr schnell abklingen. Die Maschine muß aber den auftretenden mechanischen Beanspruchungen (insbesondere den Stromkräften in den Wickelköpfen und der Beanspruchung der mechanischen Konstruktionsteile im Ständer und im Wellenstrang) gewachsen sein. Außerdem ist die Kenntnis der bei Stoßkurzschlußvorgängen relevanten Maschinenimpedanzen für die Berechnung der Kurzschlußströme in den angeschlossenen Anlagen- und Netzteilen von ausschlaggebender Wichtigkeit. Einzelheiten müssen vertiefenden Betrachtungen vorbehalten bleiben.

7. Kommutatormotoren für Wechselstrom und Drehstrom

Durch die Entwicklung der Halbleiterbauelemente für die Leistungselektronik ist die frühere Bedeutung der Wechselstrom- und Drehstrom-Kommutatormotoren stark zurückgedrängt worden. Aus der Vielfalt ausgeführter Kommutatormaschinen hat sich bei Neuanlagen nur der läufergespeiste Drehstrom-Nebenschlußmotor (DNM) behauptet, welcher in der Bundesrepublik mit einem jährlichen Produktionsvolumen von ca. 70 Mio DM gebaut wird. Der Einphasen-Reihenschluß-Motor (ERM) für 16 2/3 Hz Netzfrequenz ist zwar zur Zeit noch der überwiegend benutzte Antriebsmotor in den Lokomotiven der Deutschen Bundesbahn, wird jedoch bei neuen E-Loks durch umrichtergespeiste Käfigläufer ersetzt.

Bei allen Wechselstrom- und Drehstrom-Kommutatormotoren bereitet die Kommutierung größere Schwierigkeiten als bei Gleichstrommaschinen, weil in den von den Bürsten jeweils kurzgeschlossenen Ankerspulen (k-Spulen) neben der durch die Stromwendung bewirkten Selbstinduktionsspannung eine zusätzliche sog. Transformatorspannung auftritt. Die k-Spulen sind nach Bild 18 mit dem Erregerfeld voll verkettet, so daß bei Speisung der Erregerwicklung mit Wechselstrom in ihnen transformatorisch Spannungen induziert werden. Bei *feststehenden Bürsten* kann die Transformatorspannung prinzipiell wie die Selbstinduktionsspannung durch eine durch Drehung im Feld der Wendepole induzierte Spannung aufgehoben werden. Hierzu muß das Wendefeld eine Komponente besitzen, welche gegenüber dem Ankerstrom um 90° phasenverschoben ist. Es zeigt sich, daß die vollständige Kompensation von Selbstinduktions- und Transformatorspannung in der k-Spule mit technisch vertretbarem Aufwand nur in einem einzigen Betriebspunkt erzielt werden kann. Die Erschwernisse bei der Kommutierung sind der Grund, warum in Deutschland und in verschiedenen anderen Ländern die Vollbahnnetze mit 16 2/3 Hz betrieben werden. Die Probleme zur Beherrschung der Kommutierung sind noch größer, wenn die Motoren zur Stellung der Drehzahl mit verdrehbaren Bürstensätzen ausgerüstet sind, weil dann Wendepolwicklungen gar nicht ausgeführt werden können.

7.1 Läufergespeister Drehstrom-Nebenschlußmotor

Der läufergespeiste Drehstrom-Nebenschlußmotor wird nach seinem Erfinder mitunter *Schrage-Motor* genannt. Schrage-Motoren werden vorzugsweise in der Textil-, Papier- und Kunststoffindustrie im Leistungsbereich von etwa 2 bis 200 kW für Antriebe mit vergleichsweise kleinem Drehzahlstellbereich (etwa 1 : 2) eingesetzt. Wegen der Stromzufuhr über Schleifringe können läufergespeiste DNM nur als Niederspannungsmotoren gebaut werden.

Um die Wirkungsweise einer Drehstrom-Kommutatormaschine zu verstehen, muß man in groben Zügen das Verhalten eines mit einem Drehstrom-Bürstensatz bestückten und mit Drehstrom gespeisten Kommutatorankers kennen. Für Drehstrom-Kommutatormotoren werden im Prinzip die gleichen Trommelwicklungen eingesetzt, wie sie bei der Gleichstrommaschine vorkommen, also Zweischicht-Wicklungen mit Durchmesserspulen. Es ist bei den Drehstrom-Kommutatormaschinen im Gegensatz zur Gleichstrommaschine aber unzweckmäßig, sich die Betriebsweise mit Hilfe von Ringwicklungen klarmachen zu wollen. Ringwicklungen erregen nämlich bei Einspeisung über Drehstrom-Bürstensätze andere Luftspaltfelder als Trommelwicklungen.

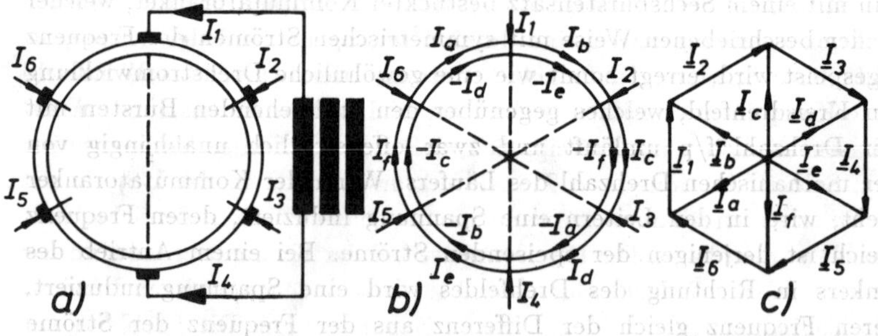

Bild 104 Sechsbürstensatz mit gegenüberliegenden Bürsten
a) Prinzipschaltung
b) Bezeichnung der inneren Ankerströme
c) Zeigerdiagramm der Ströme

In Bild 104 ist ein sogenannter Sechsbürstensatz mit gegenüberliegenden Bürsten dargestellt, bei dem sechs Bürsten gleichmäßig über den Umfang des Kommutators verteilt sind.

Jeweils zwei am Umfang gegenüberliegende Bürsten (die Darstellung bezieht sich auf eine zweipolige Maschine, im allgemeinen Fall ist die Zahl der Bürsten p-mal so groß) werden aus einem Strang einer Drehstromwicklung gespeist. Die in der Wicklungs-Oberlage fließenden inneren Ankerströme sind mit den Buchstaben a bis f in Bild 104b) gekennzeichnet. Da die Ankerwicklung aus Durchmesserspulen besteht, fließen in der Wicklungs-Unterlage Ströme, welche denen der am Umfang gegenüberliegenden Wicklungs-Oberlage entgegengesetzt gleich sind. Wenn es sich bei den Strömen I_1, I_3, I_5 um symmetrische Drehströme handelt, so lassen sich die inneren Ankerströme aus den Knotenpunktsbedingungen an den Einspeisepunkten (Bürsten) einfach errechnen. Man erhält das Zeigerbild der Ströme entsprechend Bild 104c). Die Überlagerung der Durchflutungen von Wicklungs-Ober- und -Unterlage in den durch den Sechsbürstensatz entstehenden sechs Wicklungszonen weist aus, daß die resultierenden Durchflutungen benachbarter Zonen dem Betrage nach gleich groß, in der Zeitphasenlage um $\pi/3$ phasenverschoben sind. Die erläuterte Stromverteilung gilt unabhängig davon, ob der Kommutatoranker stillsteht oder sich dreht. Ein mit einem Sechsbürstensatz bestückter Kommutatoranker, welcher in der beschriebenen Weise mit symmetrischen Strömen der Frequenz f gespeist wird, erregt somit wie eine gewöhnliche Drehstromwicklung ein Kreisdrehfeld, welches gegenüber den stillstehenden Bürsten mit der Drehzahl f/p umläuft und zwar offensichtlich unabhängig von der mechanischen Drehzahl des Läufers. Wenn der Kommutatoranker steht, wird in den Leitern eine Spannung induziert, deren Frequenz gleich ist derjenigen der speisenden Ströme. Bei einem Antrieb des Ankers in Richtung des Drehfeldes wird eine Spannung induziert, deren Frequenz gleich der Differenz aus der Frequenz der Ströme und der Frequenz der Drehung ist. Die inneren Ankerströme besitzen demnach diese Differenz-Frequenz. Man erkennt hieraus nochmals die schon bei der Gleichstrommaschine aufgezeigte *Wirkung eines Kommutators als Frequenzwandler*: Das von einem Kommutatoranker erregte magnetische Feld im Luftspalt besitzt stets die Frequenz der den Bürsten zugeführten Ströme.

Beim DNM ist der Sechsbürstensatz in zwei Hälften geteilt, die auf dem Kommutator in axialer Richtung nebeneinander sitzen (Bild 105). Die beiden Hälften des Bürstensatzes sind über eine mechanische Vorrichtung in Umfangsrichtung verschiebbar, welche so aufgebaut ist, daß beide Hälften jeweils um gleiche Winkel, aber in entgegengesetzter Richtung, verdreht werden. Auf diese Weise können die Bürsten beispielsweise aus der *Durchmesserstellung* A–B in die Stellung a–b nach Bild 105 verstellt werden. Man kann nachweisen, daß bei dieser Anordnung im Vergleich zu dem Sechsbürstensatz mit gegenüberliegenden Bürsten die vom Kreisdrehfeld in der Kommutatorwicklung induzierte Spannung nach der Beziehung abweicht

$$\underline{U}_{ab} = \underline{U}_{AB} \sin \frac{\alpha}{2} \, . \tag{246}$$

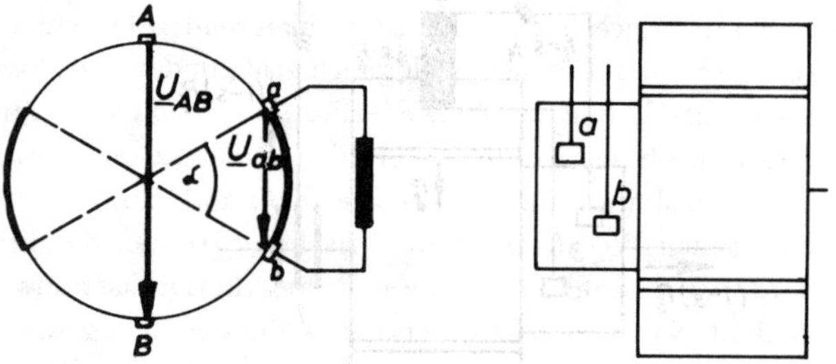

Bild 105 Sechsbürstensatz in zwei Hälften geteilt, beide Hälften gleichzeitig in entgegengesetzter Richtung verschiebbar

Für $\alpha = 0$, in der sogenannten *Deckungsstellung*, werden die Bürsten über den Kommutator galvanisch kurzgeschlossen, und die abgegriffene Spannung ist Null.

Der Aufbau und die konkrete Schaltung des DNM gehen aus Bild 106 hervor. Der DNM besitzt im Läufer eine über Schleifringe mit dem Netz verbundene Drehstromwicklung. Daneben trägt der Läufer eine Stromwenderwicklung, welche über einen Sechsbürstensatz der vorhin beschriebenen Art mit der Ständerwicklung verbunden ist. Die Ständerwicklung ist als normale Drehstromwicklung ausgeführt. Wenn die Bürsten in *Deckungsstellung* ($\alpha = 0$) stehen, ist die Ständerwicklung kurzgeschlossen, und der *DNM entspricht einem läufergespeisten Induktionsmotor*. Abgesehen von dem überflüssigen Aufwand und den sonstigen Problemen, welche mit einer Stromzufuhr über Schleifringe verbunden sind, würde sich am Betriebsverhalten einer Induktionsmaschine verglichen mit den in Abschnitt 5 erläuterten Ergebnissen kein Unterschied einstellen, wenn man die Maschine "umgekehrt" speisen würde, d.h. die normalerweise kurzgeschlossene Wicklung im Ständer anordnen würde. Somit verhält sich ein DNM bei Deckungsstellung der Bürsten wie ein Induktionsmotor und strebt im Leerlauf der synchronen Drehzahl $n_1 = f_1/p$ zu.

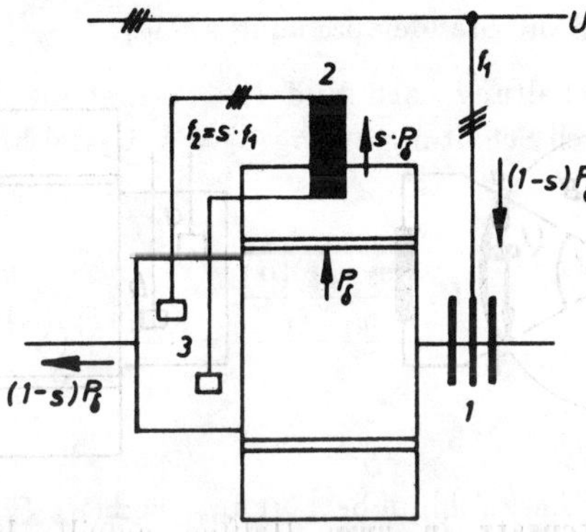

Bild 106 Schaltbild und Wirkleistungsfluß bei einem läufergespeisten Drehstrom-Nebenschlußmotor bei Vernachlässigung aller Wicklungswiderstände

Da die Schleifringwicklung direkt mit dem Netz verbunden ist, ist das resultierende Luftspaltfeld nach dem Induktionsgesetz annähernd konstant wie bei allen Nebenschlußmaschinen. Deshalb ist auch die *am*

Kommutator abgegriffene Spannung nur durch die Stellung der Bürsten bestimmt und von Drehzahl und Belastung unabhängig.

Die Drehzahlstellung durch Bürstenverschiebung und ihre Grenzen kann man sich wie folgt klarmachen:

- Im Stillstand und bei offenen Ständerklemmen wird durch das von der Wicklung 1, welche mit dem Netz verbunden ist, erregte Kreisdrehfeld in der Ständerwicklung eine netzfrequente Spannung induziert, deren Größe mit U_{20} bezeichnet wird und der sog. Läuferstillstandsspannung eines Schleifringläufers entspricht.

$$U_{20} = U_1 \cdot \frac{w_2 \xi_2}{w_1 \xi_1} \tag{247}$$

- Wenn die Maschine bei offenen Ständerklemmen fremd angetrieben wird mit einer bestimmten Drehzahl n bzw. dem zugehörigen Schlupf s, beträgt die Ständerspannung $s \cdot U_{20}$.

- In der Betriebsschaltung nach Bild 106 beträgt die Spannung am Kommutator durch Schaltungszwang $U_3 = s \cdot U_{20}$, d.h. die Maschine nimmt den Schlupf

$$s = \frac{U_3}{U_{20}} = \frac{U_1 \dfrac{(w_3 \cdot \xi_3)(\alpha)}{w_1 \cdot \xi_1}}{U_{20}} = \frac{(w_3 \cdot \xi_3)(\alpha)}{w_2 \cdot \xi_2} \tag{248}$$

  an.

- Der größte einstellbare Schlupf beträgt $s_{max} = \pm(w_3 \cdot \xi_3)_{max}/(w_2 \cdot \xi_2)$. Dabei ist $(w_3 \cdot \xi_3)_{max}$ die effektive Windungszahl der Kommutatorwicklung bei Durchmesserstellung ($\alpha = \pi$ bzw. $\alpha = -\pi$).

- Mit einem DNM sind demnach Leerlaufdrehzahlen zwischen

$$n_{max} = n_1 \left(1 + \frac{(w_3 \cdot \xi_3)_{max}}{w_2 \cdot \xi_2}\right) \quad \text{und}$$
$$n_{min} = n_1 \left(1 - \frac{(w_3 \cdot \xi_3)_{max}}{w_2 \cdot \xi_2}\right) \quad \text{zu erreichen.} \tag{249}$$

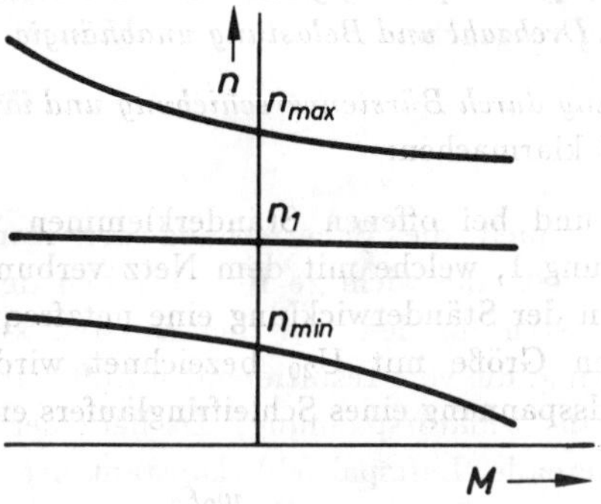

Bild 107 Drehzahl-Drehmoment-Kennlinien eines läufergespeisten Drehstrom-Nebenschlußmotors

Ausgehend von den jeweiligen Leerlaufdrehzahlen stellen sich die für das Nebenschlußverhalten typischen Drehzahl-Drehmoment-Kennlinien entsprechend Bild 107 ein.

Eine genaue Rechnung liefert, daß im Bereich kleiner Drehzahlen das Kippmoment klein und der Leistungsfaktor schlecht wird. DNM sind deshalb nur einsetzbar, wenn der vom Antrieb geforderte Drehzahlstellbereich nicht zu groß ist. DNM werden durchweg so ausgelegt, daß die synchrone Drehzahl etwa in der Mitte des Drehzahlstellbereiches liegt, weil dann die für die Übertragung der Leistung $s \cdot P_\delta$ auszulegenden Wicklungen 2 und 3 sowie der Kommutator bei vorgegebenem Drehzahlstellbereich am kleinsten werden.

Das Gesetz über die Spaltung der Luftspaltleistung (vgl. Abschnitt 4.6) ist gültig, da es sich beim DNM um eine Drehfeldmaschine handelt. Die im Sekundärkreis (hier in der Ständerwicklung) auftretende "geschlüpfte Leistung" $s \cdot P_\delta$ wird bei Vernachlässigung des Wicklungswiderstandes über den Kommutator dem Läufer wieder zugeführt. Die dem Netz entnommene Wirkleistung ist somit identisch der mechanischen Leistung an der Welle (vgl. Wirkleistungsfluß in Bild 106). *Die Drehzahlstellung mit Hilfe eines DNM geschieht* – abgesehen von den unvermeidlichen Stromwärme-, Eisen- und Reibungsverlusten – *verlustlos*. Die jeweilige Leerlaufdrehzahl wird durch die Bürstenstellung vorgegeben.

Auch beim DNM spielt die Beherrschung der Kommutierung für die Betriebstüchtigkeit eine wichtige Rolle. Neben der Spannung der Selbstinduktion entsteht in den von den Bürsten kurzgeschlossenen Spulen eine Spannung, die vom resultierenden Luftspalt-Drehfeld induziert wird (sog. Transformatorspannung). Da bei einer läufergespeisten DNM das resultierende Luftspaltfeld konstant ist und gegenüber dem Läufer mit der synchronen Drehzahl f_1/p umläuft, ist auch die zusätzliche Spannung in der k-Spule last- und drehzahlunabhängig. Eine Kompensation der in der k-Spule induzierten Spannung durch Wendepole ist jedoch beim DNM wegen der Bürstenverschiebung nicht möglich, denn evtl. Wendepole müßten ebenfalls am Umfang verdreht werden. Durch die Kommutierungsprobleme ist der Bau von DNM in der Leistung nach oben begrenzt.

Literaturverzeichnis

Eckhardt, H. Grundzüge der elektrischen Maschinen
Teubner, Stuttgart 1982

Fischer, R. Elektrische Maschinen, 6. Auflage
Carl Hanser, München 1986

Meyer, M. Elektrische Antriebstechnik
Bd. 1: Asynchronmaschinen im Netzbetrieb und drehzahlgeregelte Schleifringläufermaschinen
Bd. 2: Stromrichtergespeiste Gleichstrommaschinen und vollumrichtergespeiste Drehstrommaschinen
Springer, Berlin 1985 und 1987

Müller, G. Elektrische Maschinen, 5. Auflage
VDE Verlag, Berlin 1985

Späth, H. Elektrische Maschinen und Stromrichter, 2. Auflage
Braun, Karlsruhe 1986

Vogel, J. u.a. Grundlagen der elektrischen Antriebstechnik mit Berechnungsbeispielen, 3. Auflage
Hüthig, Heidelberg 1986

Sachregister

Adiabatische Erwärmung 153
Aktivteil 14
Anker 23, 184
Ankerreaktanz 188
Ankerrückwirkung 46, 186
Ankerwiderstand 24
Ankerwindungszahl 35
Ankerzeitkonstante 57
Anlasser 27
Anlaßschaltungen 156
Anlaß-Transformator 156
Anlaufkondensator 174
Anlaufzeit 152
Anlaufwicklung 173
Anzugsmoment 142
Anzugsstrom 142
Asynchrongenerator 138
Asynchronmaschinen 129
Ausdehnungsgefäß 69
Ausgleichsverbinder 39

Behn-Eschenburg'sche Streuziffer 67
Betriebskondensator 174
Blechpaket 16
Blondel'sche Streuziffer 67
Bohrungsradius 22
Bremsschaltungen
  Gleichstrommaschine 59
  Induktionsmaschine 167
Bruchlochwicklung 182
Brückenschaltung 49
Bürstenübergangswiderstand 24
Bürstenverschiebung 64

Carter'scher Faktor 32
Chopper 52

d-Achse 23
Dahlander-Schaltung 154
Dämpferwicklung 179, 207
Dauerkurzschlußstrom
  Gleichstrommaschine 54
  Synchronmaschine 188
  Transformator 101
Deckungsstellung 214
Direktumrichter 203
Doppelkonzentrische Wicklung 77
Doppeltverkettete Streuung 112
Drehfeld 114
Drehfeld-Nutzreaktanz 117
Drehmoment 25, 127, 198
Drehmomentgerade 138
Drehstrom-Bank 84
Drehstrombelag 119
Drehstrom-Bürstensatz 212
Drehstromsteller 157
Drehstromsystem
Dreischenkelkern 70
Durchmesserstellung 214
Durchmesserwicklung 34, 103
Dynamobleche 18
Dynamische Kapazität 56

Effektiver Strombelag 105
Effektive Windungszahl 107
Eigenschwingungsfrequenz 208
Einfachkonzentrische Wicklung 77
Einlochwicklung 106
Einphasen-Reihenschluß-Motor 211
Einschalt-Rush 101

Einschichtwicklung 131
Einseitige Stromverdrängung 146
Einzelpolläufer 176
Erregerwicklung 16
Erzeugerschreibweise 186

Feinverteilter Strombelag 103
Felderregerkurve 44, 105
Feldkurve 22, 105
Feldsteller 27
Feldverzerrung 64
Fensterbedingung 92
Folienwicklung 73
Frequenzwandler 21, 213
Fünfschenkelkern 71

Gangzahl 19
Ganzformspule 132
Ganzlochwicklung 131
Gegenläufiges Drehfeld 114
Gegen-Reihenschluß-Wicklung 64
Gegenstrombremsen 60, 167
Gekreuzte Wicklung 35
Generator 11
Generatorschreibweise 186
Geradlinige Kommutierung 42
Gesehnte Wicklung 109
Glättungsdrossel 49
Gleichstrommaschine 14
Gleichstrombremsen 169
Gleichstromsteller
Größengleichung 16
Grundstrombelag 122
Grundwelle 105

Hauptinduktivität 67

Heylandkreis 136
Hochstabläufer 145
Hysterese-Verluste 18

Idealer Transformator 91
Ilgner-Umformer 56
Inaktivteil 14, 69
Induktionsmaschine 129
Induktorwicklung
Innerer Ankerstrom 21
Inverses Drehfeld 173

Joch 15, 69

Käfigläufer 129
Kernbauformen 70
Kerntransformator 70
Kessel 69
Kippmoment 139, 191, 217
Kippunkt 138
Kloss'sche Formel 140
Knäuel-Transformator 65
Koeffizient der doppeltverketteten Streuung 112
Kohlebürsten 20
Kommutator 20
Kommutatorsteg 34
Kommutatorwicklung 33
Kommutierung 22
Kompensationswicklung 46
Konzentrische Spulen 131
Kreisdrehfeld 114
Kreisfrequenz 66
Kurzschlußimpedanz 82
Kurzschlußläufer 129
Kurzschlußring 129
Kurzschlußstäbe 129

Lagenwicklung 73
Längsachse 23
Läufer 14
Läufergespeister Drehstrom-Nebenschlußmotor 212
Lastwinkel 191
Leerlauf-Kurzschluß-Verhältnis
  Synchonmaschine 190
  Transformator 68
Leonard-Umformer 55
Lorentzkraft 25
Losbrech-Drehmoment
Luftkennlinie 32
Luftspalt 16
Luftspaltfeld 103
Luftspaltleistung 126, 138, 191, 217

Magnetische Spannung 44
Magnetisch wirksamer Luftspalt 32
Manteltransformator 69, 94
Maschinentransformator 68
Massivpolläufer 201
Mehrphasenstrom 114
Mitläufiges Drehfeld 114
Mittelpunktschaltung 49
Motor 11
Motorschreibweise 24

Natürliche Drehzahl 28
Nebenschluß-Verhalten 30
Nenngröße 31
Netzkupplungstransformator 68
Nut 33
Nutenschritt 38
Nutstreuung 120
Nutzbremsen 61, 169

Oberschwingungen 88, 166
Oberwellen 105
Ossanna-Kreis 136

Parallele Wicklungszweige 36
Parametergerade 138
Pendelmoment 166, 202
Pendelungen 208
Phasenschieber 184, 195
Polbedeckungsgrad 23
Pol 15
Polfluß 24
Pollücke 22
Polpaar 16
Polradspannung 188
Polschuh 14
Polteilung 23
Polumschaltbarer Motor 154, 159
Polzahl 16
Pulsumrichter 160

q-Achse 23
Querachse 23

Reaktionsmoment 199
Rechteckfeld-Pol 196
Regeltransformator 73
Reihenschlußverhalten 32
Relative Nenn-Kurzschlußspannung 83
Reluktanzmotor 200
Ringwicklung 21

Schaltgesetz 41
Schaltgruppe 84
Schenkel 69
Schenkelbedingung 93
Schenkelpolläufer 176

Schleifenwicklung 33, 36
Schleifringläufer 129
Schrage-Motor 212
Schwungmassenanlauf 153
Sechsbürstensatz 212
Segmentspannungskurve 47
Sehnungs-Wicklungsfaktor 110
Selbsterregung 53
Sinusfeld-Pol 181
Spartransformator 90
Spulenseite 24, 103
Spulenwicklung 73
Stabwicklung 33
Ständer 14
Ständer-Anlasser 157
Stern-Dreieck-Einschaltung 155
Stirnstreuung 120
Stirnverbinder 24
Stoßkurzschlußstrom
  Synchronmaschine 210
  Transformator 101
Streufeldzeitkonstante 102
Streuinduktivität 67
Strombelagskurve 43
Stromrichtermotor 204
Stromverdrängung 151
Stromwender 20
Stromwendung 40
Synchrone Drehzahl 123
Synchrone Reaktanz 190
Synchrones Drehfeld 173
Synchronisierschaltungen 184
Synchronismus 124
Synchronmaschine 176

Thyristor 50
Träufelwicklung 132
Transformator 11, 65
Transformatorspannung 211
Treppenwicklung 38
Trockentransformator 69
Trommelwicklung 33
Turboläufer 176

Übererregung 192
Überkommutierung 42
Übersetzung 66
Umfangsgeschwindigkeit 23
Umformer 11
Umrichter 160
Ungekreuzte Wicklung 38
Ungetreppte Wicklung 38
Unipolarfluß 44
Universalmotor
Unsymmetrische Bremsschaltungen 172
Untererregung 185
Unterkommutierung 42
Untersynchrone Stromrichterkaskade 159

Verbraucherschreibweise 24
Verschachtelung einer Wicklung 78
Verteilungstransformator 68
Vollpolläufer 176
Volltransformator 90

Wandertransformator 69
Wanderwelle 113
Wechselfeld 106
Wechselfeld-Nutzreaktanz 111
Wechselfeldreaktanz 111
Wellenwicklung 33, 37

Wendepol 42
Wicklungsfaktoren 110
Wicklungsoberfelder 119
Wicklungsoberlage 33
Wicklungsschritt 33
Wicklungsunterlage 33
Widerstandsbremsen 60
Widerstandskommutierung 42
Wirbelstrom-Verluste 18

Zeitkonstante, elektrische 57, 101
Zeitkonstante, mechanische 56
Zeitzeiger 65
Zonenplan 104, 132
Zonen-Wicklungsfaktor 105
Zündimpuls 52
Zusatz-Reihenschluß-Wicklung 48, 64
Zwangskommutierung 52
Zweiphasensystem 117
Zweischichtwicklung 33, 131
Zwischenkreisumrichter 205